高等职业教育工程造价专业系列教材

装饰工程计量与计价

主　编　王秀英　郭　晶　斯　庆

副主编　马丽华　谭秀岩　池树峰　范国元

参　编　冯　辉　李　娜　李　婷　徐　娜　尹晓静

主　审　庞天

机械工业出版社

本书根据高等职业教育应用型人才培养目标以及装饰工程计量与计价课程教学特点和要求，按照国家和内蒙古自治区颁布的有关新规范、新标准、新定额编写而成。本书以企业需求为依据，以就业为导向，以学生为中心，体现了教学组织的科学性和灵活性。

本书共分为十个学习情境，包括：建筑工程建筑面积计算，建设工程费用的确定，楼地面装饰工程，墙柱面装饰工程，天棚装饰工程，油漆、涂料、裱糊装饰工程，其他装饰工程，蒙元文化装饰工程，措施项目，装饰工程计算实例。

本书可作为高职高专院校工程造价等相关专业的教学用书，也可作为相关从业人士的业务参考书及培训用书。

本书配有电子课件，凡使用本书作为教材的教师可登录机械工业出版社教育服务网 www.cmpedu.com 下载。咨询电话：010-88379375。

图书在版编目（CIP）数据

装饰工程计量与计价/王秀英，郭晶，斯庆主编. —北京：机械工业出版社，2019.8（2023.1 重印）

高等职业教育工程造价专业系列教材

ISBN 978-7-111-62829-3

Ⅰ.①装…　Ⅱ.①王…②郭…③斯…　Ⅲ.①建筑装饰-计量-高等学校-教材②建筑装饰-工程造价-高等职业教育-教材　Ⅳ.①TU723.3

中国版本图书馆 CIP 数据核字（2019）第 098983 号

机械工业出版社（北京市百万庄大街 22 号　邮政编码 100037）

策划编辑：王靖辉　　责任编辑：王靖辉

责任校对：董艳蓉　刘雅娜　封面设计：陈　沛

责任印制：单爱军

北京虎彩文化传播有限公司印刷

2023 年 1 月第 1 版第 6 次印刷

184mm×260mm · 12.5 印张 · 307 千字

标准书号：ISBN 978-7-111-62829-3

定价：39.00 元

电话服务　　网络服务

客服电话：010-88361066　　机　工　官　网：www.cmpbook.com

010-88379833　　机　工　官　博：weibo.com/cmp1952

010-68326294　　金　书　网：www.golden-book.com

机工教育服务网：www.cmpedu.com

前言

“装饰工程计量与计价”课程的教学，操作性、地区性很强。本书为“校企”双元合作编写教材，综合运用工程造价专业的理论基础和行业技术发展的新成果，重点介绍新规定、新规范、新标准、新技术的应用，内容力求“专”和“新”。本书编写以国家和内蒙古地区的有关建筑业管理法规、《内蒙古自治区建设工程计价依据（2017届）》及现行建设工程造价管理文件为依据，针对高等职业教育应用型人才培养的目标及要求，在已经设置“建筑识图与房屋构造”“建筑工程施工技术”“建筑经济”等作为先导课程的基础上，力求使学生能够理解和掌握装饰工程计价的基本理论和编制方法。书中附有典型工程实例，系统性、针对性较强，通俗易懂，图文并茂，深入浅出，体现易学、易懂、易记、易操作、有代表性，有利于提高学生的实际工程应用能力的编写主旨。

本书由内蒙古建筑职业技术学院王秀英、郭晶、斯庆任主编，内蒙古建筑职业技术学院马丽华、池树峰和内蒙古自治区建设工程标准定额总站谭秀岩、范国元任副主编，内蒙古和利工程项目管理有限公司冯辉、李娜和内蒙古建筑职业技术学院李婷、徐娜、尹晓静任参编。本书具体编写分工如下：学习情境一由斯庆编写，学习情境二、学习情境九由王秀英编写，学习情境三、学习情境四由马丽华编写，学习情境五、附录由郭晶编写，学习情境六由冯辉、李娜编写，学习情境七、学习情境八由谭秀岩、范国元编写，学习情境十由池树峰、李婷、徐娜、尹晓静编写。全书由王秀英统稿，内蒙古自治区建设工程标准定额总站站长、教授级高级工程师庞天主审。

本书在编写过程中，虽经反复推敲、多次修改，但由于时间仓促，加之编者水平有限，恐有疏漏之处，恳请广大读者批评指正，以便我们加以修改，不断完善。

编　者

目 录

学习情境一 建筑工程建筑面积计算

学习目标

知识目标

- 了解建筑工程建筑面积计算规范的总则内容
- 熟悉建筑工程建筑面积计算规范的术语
- 掌握建筑面积的计算规范

能力目标

- 能够识读建筑工程建筑面积的施工图纸
- 具有正确计算建筑工程建筑面积的能力

单元一 概 述

一、《建筑工程建筑面积计算规范》

由于建筑面积是计算各项技术经济指标的重要依据，而这些指标又是衡量和评价建设规模、投资效益、工程成本等方面的重要尺度。因此，住建部颁发了《建筑工程建筑面积计算规范》（GB/T 50353—2013），自 2014 年 7 月 1 日起实施。

《建筑工程建筑面积计算规范》主要规定了三个方面的内容：①计算全部建筑面积的范围和规定；②计算部分建筑面积的范围和规定；③不计算建筑面积的范围和规定。

二、《建筑工程建筑面积计算规范》的制定和修订

我国的《建筑面积计算规则》最初是在 20 世纪 70 年代制定的，之后根据需要进行了多次修订。

第一次修订：1982 年，国家经委基本建设办公室（82）经基设字 58 号印发了《建筑面积计算规则》，对 20 世纪 70 年代制定的《建筑面积计算规则》进行了修订。

第二次修订：1995 年建设部发布《全国统一建筑工程预算工程量计算规则》（土建工程 GJDGZ-101-95），其中含建筑面积计算规则的内容，是对 1982 年的《建筑面积计算规则》进行的修订。

第三次修订：2005 年，建设部以国家标准的形式发布了《建筑工程建筑面积计算规范》（GB/T 50353—2005）。

现行 2013 版规范是在总结《建筑工程建筑面积计算规范》（GB/T 50353—2005）实施情况的基础上进行的。鉴于建筑发展中出现的新结构、新材料、新技术、新的施工方法，为了解决由于建筑技术的发展产生的面积计算问题，本着不重算、不漏算的原则，对建筑面积的计算范围和计算方法进行了修改、统一和完善。

三、总则内容

1）为规范工业与民用建筑工程建设全过程的建筑面积计算，统一计算方法，制定本规范。

2）本规范适用于新建、扩建、改建的工业与民用建筑工程建设全过程的建筑面积计算。

3）建筑工程的建筑面积计算，除应符合本规范外，尚应符合国家现行有关标准的规定。

解释：“建设全过程”是指从项目建议书、可行性研究报告至竣工验收、交付使用的过程。

四、术语解释

1. 建筑面积

建筑物（包括墙体）所形成的楼地面面积。

解释：建筑面积包括附属于建筑物的室外阳台、雨篷、檐廊、室外走廊、室外楼梯等的面积。

2. 自然层

按楼地面结构分层的楼层。

自然层示意图如图 1-1 所示。

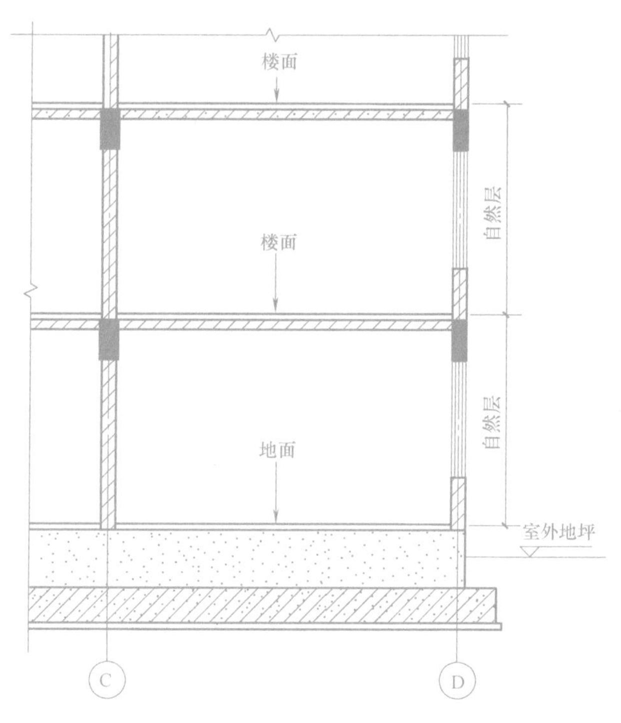

图 1-1　自然层示意图

3. 结构层高

楼面或地面结构层上表面至上部结构层上表面之间的垂直距离。

4. 围护结构

围合建筑空间的墙体、门、窗。

5. 建筑空间

以建筑界面限定的、供人们生活和活动的场所。

解释：具备可出入、可利用条件（设计中可能标明了使用用途，也可能没有标明使用用途或使用用途不明确）的围合空间，均属于建筑空间。

6. 结构净高

楼面或地面结构层上表面至上部结构层下表面之间的垂直距离。

7. 围护设施

为保障安全而设置的栏杆、栏板等围挡。

8. 地下室

室内地平面低于室外地平面的高度超过室内净高的 1/2 的房间。

地下室建筑物示意图如图 1-2 所示。

9. 半地下室

室内地平面低于室外地平面的高度超过室内净高的 1/3，且不超过 1/2 的房间。

10. 架空层

仅有结构支撑而无外围护结构的开敞空间层。

图 1-2　地下室建筑物示意图

建筑物吊脚架空层示意图如图 1-3 所示。

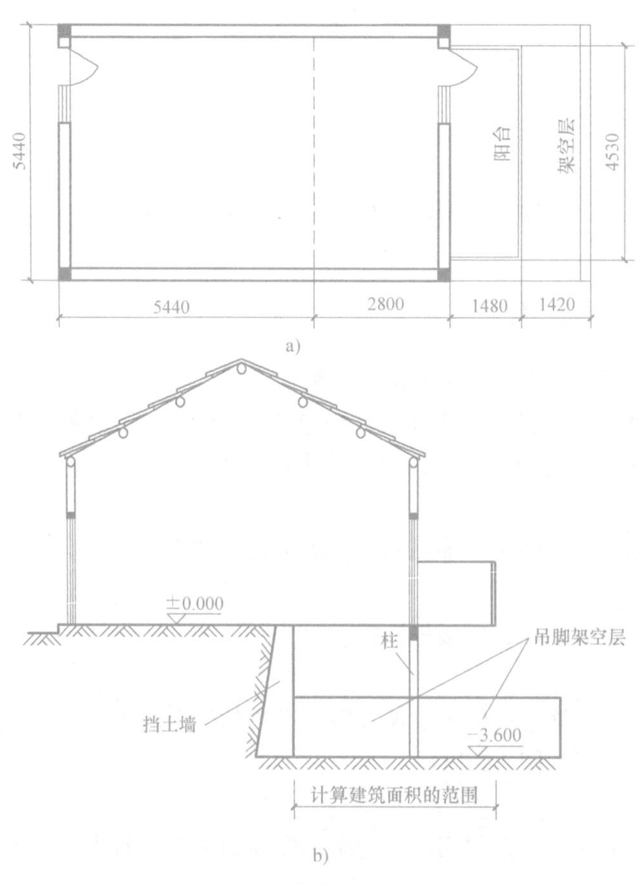

图 1-3　建筑物吊脚架空层示意图

a）平面图　b）剖面图

11. 走廊

建筑物中的水平交通空间。

走廊示意图如图 1-4 所示。

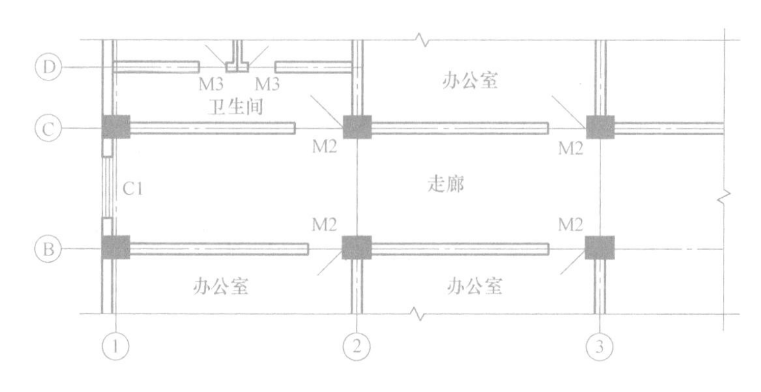

图 1-4　走廊示意图

12. 架空走廊

专门设置在建筑物的二层或二层以上，作为不同建筑物之间水平交通的空间。

架空走廊示意图如图 1-5、图 1-6 所示。

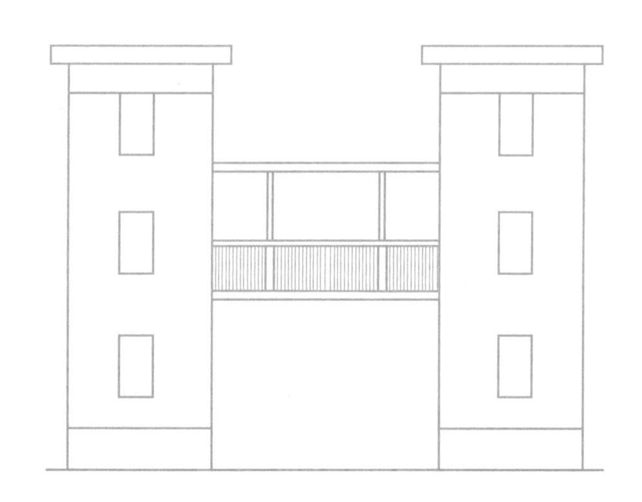

图 1-5　架空走廊示意图一

13. 结构层

整体结构体系中承重的楼板层。

解释：结构层特指整体结构体系中承重的楼层，包括板、梁等构件。结构层承受整个楼层的全部荷载，并对楼层的隔声、防火等起主要作用。

14. 落地橱窗

突出外墙面且根基落地的橱窗。

解释：落地橱窗是指在商业建筑临街面设置的下槛落地，可落在室外地坪，也可落在室内首层地板，用来展览各种样品的玻璃窗。

图 1-6　架空走廊示意图二

15. 凸窗（飘窗）

凸出建筑物外墙面的窗户。

解释：凸窗（飘窗）既作为窗，就有别于楼（地）板的延伸，也就是不能把楼（地）板延伸出去的窗称为凸窗（飘窗）。凸窗（飘窗）的窗台应只是墙面的一部分且距（楼）地面应有一定的高度。

飘窗示意图如图 1-7 所示。

图 1-7　飘窗示意图

16. 檐廊

建筑物挑檐下的水平交通空间。

檐廊示意图如图 1-8 所示。

解释：檐廊是附属于建筑物底层外墙有屋檐作为顶盖，其下部一般有柱或栏杆、栏板等的水平交通空间。

17. 挑廊

挑出建筑物外墙的水平交通空间。

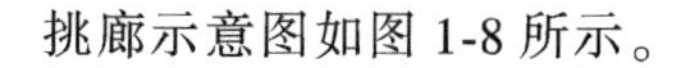
挑廊示意图如图 1-8 所示。

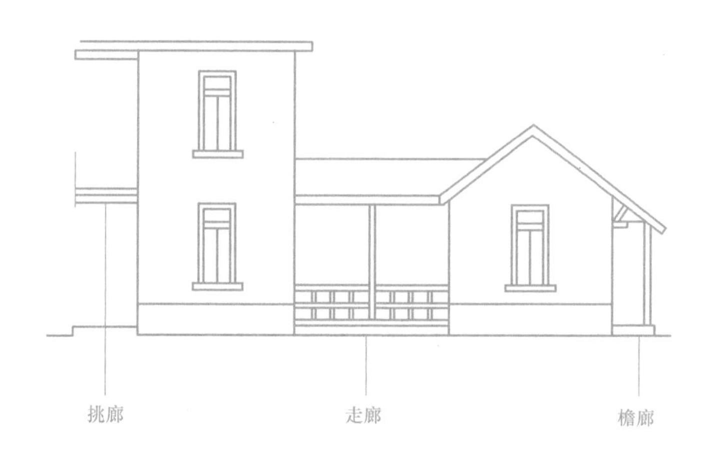

图 1-8　挑廊、走廊、檐廊示意图

18. 门斗

建筑物入口处两道门之间的空间。

有围护结构门斗示意图如图 1-9 所示。

19. 雨篷

建筑出入口上方为遮挡雨水而设置的部件。

雨篷示意图如图 1-10 所示。

解释：雨篷是指建筑物出入口上方、凸出墙面、为遮挡雨水而单独设立的建筑部件。雨篷划分为有柱雨篷（包括独立柱雨篷、多柱雨篷、柱墙混合支撑雨篷、墙支撑雨篷）和无柱雨篷（悬挑雨篷）。如凸出建筑物，且不单独设立顶盖，利用上层结构板（如楼板、阳台底板）进行遮挡，则不视为雨篷，不计算建筑面积。对于无柱雨篷，如顶盖高度达到或超过两个楼层时，也不视为雨篷，不计算建筑面积。

图 1-9　有围护结构门斗示意图

20. 门廊

建筑物入口前有顶棚的半围合空间。

解释：门廊是在建筑物出入口，无门，三面或二面有墙，上部有板（或借用上部楼板）围护的部位。

21. 楼梯

由连续行走的梯级、休息平台和维护安全的栏杆（或栏板）、扶手以及相应的支托结构组成的作为楼层之间垂直交通使用的建筑部件。

室外楼梯示意图如图 1-11 所示。

图 1-10　雨篷示意图

图 1-11　室外楼梯示意图

22. 阳台

附设于建筑物外墙，设有栏杆或栏板，可供人活动的室外空间。

阳台示意图如图 1-12、图 1-13 所示。

图 1-12　阳台示意图一

图 1-13　阳台示意图二

23. 主体结构

接受、承担和传递建设工程所有上部荷载，维持上部结构整体性、稳定性和安全性的有机联系的构造。

24. 变形缝

防止建筑物在某些因素作用下引起开裂甚至破坏而预留的构造缝。

解释：变形缝是指在建筑物因温差、不均匀沉降以及地震而可能引起结构破坏变形的敏感部位或其他必要的部位，预先设缝将建筑物断开，令断开后建筑物的各部分成为独立的单元，或者是划分为简单、规则的段，并令各段之间的缝达到一定的宽度，以能够适应变形的需要。根据外界破坏因素的不同，变形缝一般分为伸缩缝、沉降缝、抗震缝三种。

25. 骑楼

建筑底层沿街面后退且留出公共人行空间的建筑物。

解释：骑楼是指沿街二层以上用承重柱支撑骑跨在公共人行空间之上，其底层沿街面后退的建筑物。

26. 过街楼

跨越道路上空并与两边建筑相连接的建筑物。

解释：过街楼是指当有道路在建筑群穿过时，为保证建筑物之间的功能联系，设置跨越道路上空使两边建筑相连接的建筑物。

过街楼示意图如图 1-14 所示。

图 1-14　过街楼示意图

27. 建筑物通道

为穿过建筑物而设置的空间。

建筑物通道示意图如图 1-15 所示。

图 1-15　建筑物通道示意图

28. 露台

设置在屋面、首层地面或雨篷上的供人室外活动的有围护设施的平台。

解释：露台应满足四个条件：一是位置，设置在屋面、地面或雨篷顶；二是可出入；三是有围护设施；四是无盖。这四个条件须同时满足。如果设置在首层并有围护设施的平台，且其上层为同体量阳台，则该平台应视为阳台，按阳台的规则计算建筑面积。

露台示意图如图 1-16 所示。

图 1-16　露台示意图

29. 勒脚

在房屋外墙接近地面部位设置的饰面保护构造。

勒脚示意图如图 1-17、图 1-18 所示。

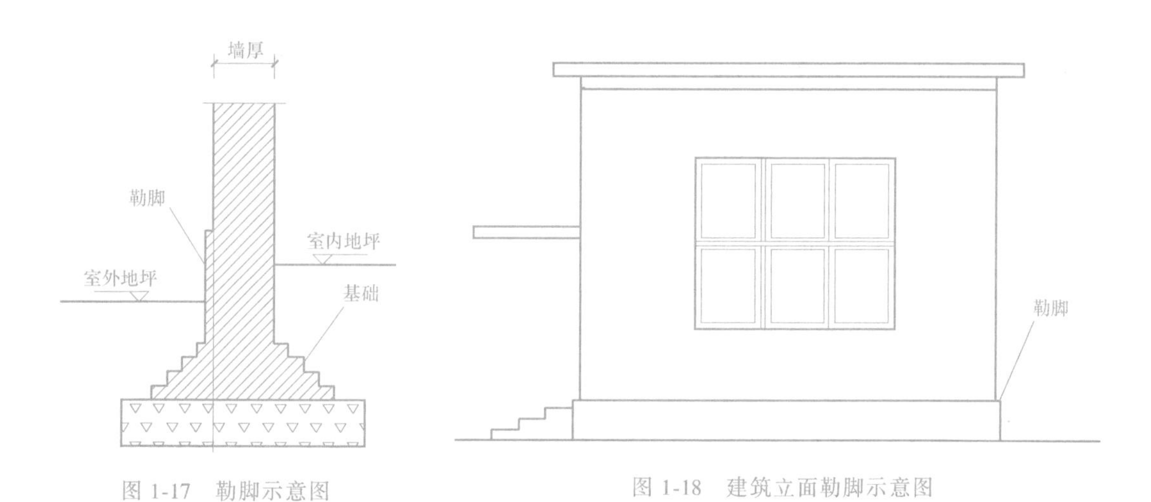

图 1-17　勒脚示意图　　　图 1-18　建筑立面勒脚示意图

30. 台阶

联系室内外地坪或同楼层不同标高而设置的阶梯形踏步。

台阶示意图如图 1-19 所示。

解释：台阶是指建筑物出入口不同标高地面或同楼层不同标高处设置的供人行走的阶梯式连接构件。室外台阶还包括与建筑物出入口连接处的平台。

图 1-19　台阶示意图

单元二　计算建筑面积的规定

1）建筑物的建筑面积应按自然层外墙结构外围水平面积之和计算。结构层高在 2.20m 及以上的，应计算全面积；结构层高在 2.20m 以下的，应计算 1/2 面积。

解释：建筑面积计算，在主体结构内形成的建筑空间，满足计算面积结构层高要求的均应按本条规定计算建筑面积。主体结构外的室外阳台、雨篷、檐廊、室外走廊、室外楼梯等按相应条款计算建筑面积。当外墙结构本身在一个层高范围内不等厚时，以楼地面结构标高处的外围水平面积计算。

2）建筑物内设有局部楼层时，对于局部楼层的二层及以上楼层，有围护结构的应按其围护结构外围水平面积计算，无围护结构的应按其结构底板水平面积计算。结构层高在2.20m及以上的，应计算全面积；结构层高在2.20m以下的，应计算1/2面积。

建筑物内的局部楼层示意图如图1-20~图1-23所示 。

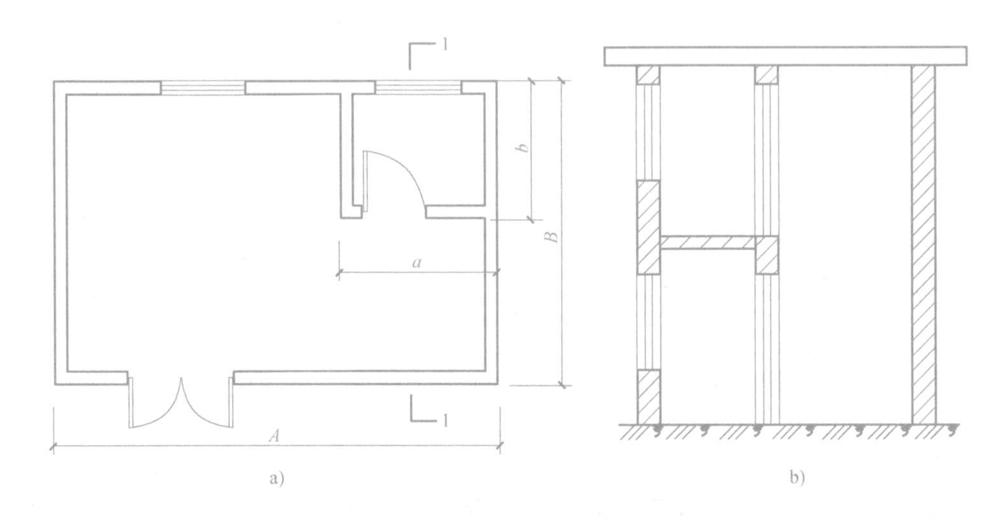

图1-20　建筑物内的局部楼层示意图一

a）平面图　b）1—1剖面图

3）形成建筑空间的坡屋顶，结构净高在2.10m及以上的部位应计算全面积；结构净高在1.20m及以上至2.10m以下的部位应计算1/2面积；结构净高在1.20m以下的部位不应计算建筑面积。

4）场馆看台下的建筑空间，结构净高在2.10m及以上的部位应计算全面积；结构净高在1.20m及以上至2.10m以下的部位应计算1/2面积；结构净高在1.20m以下的部位不应计算建筑面积。室内单独设置的有围护设施的悬挑看台，应按看台结构底板水平投影面积计算建筑面积。有顶盖无围护结构的场馆看台应按其顶盖水平投影面积的1/2计算面积。

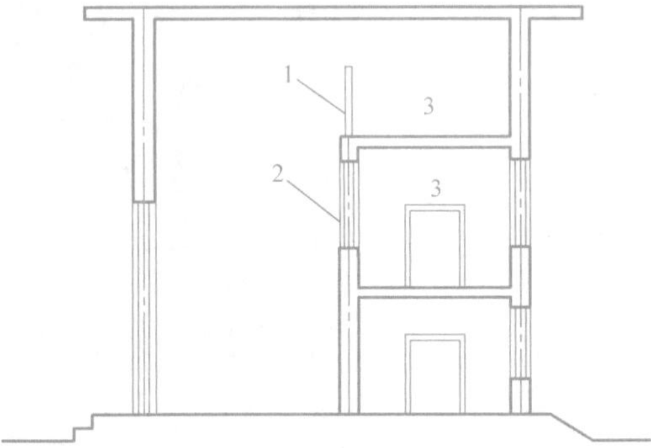

图1-21　建筑物内的局部楼层示意图二

1—围护设施　2—围护结构　3—局部楼层

解释：场馆看台下的建筑空间因其上部结构多为斜板，所以采用净高的尺寸划定建筑面积的计算范围和对应规则。室内单独设置的有围护设施的悬挑看台，因其看台上部设有顶盖且可供人使用，所以按看台板的结构底板水平投影计算建筑面积。“有顶盖无围护结构的场馆看台”中的“场馆”指各种“场”类建筑，如体育场、足球场、网球场、带看台的风雨操场等。

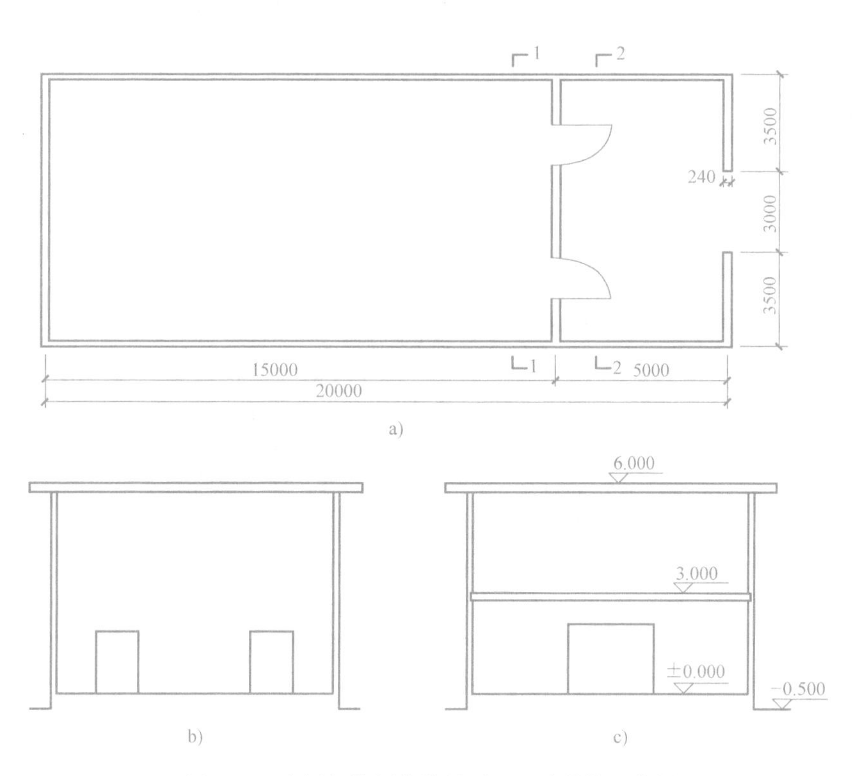

图 1-22　有局部楼层的单层平屋顶建筑物示意图

a）平面图　b）1—1 剖面图　c）2—2 剖面图

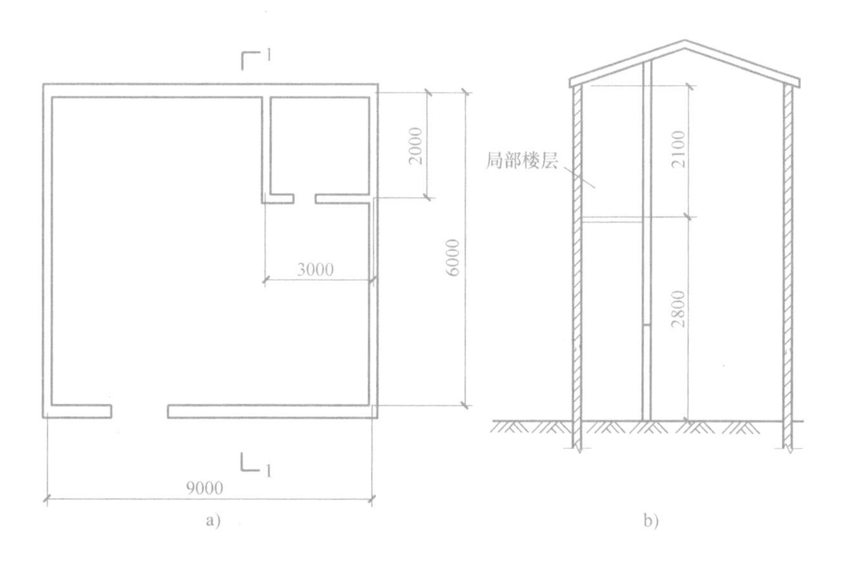

图 1-23　有局部楼层的单层坡屋顶建筑物示意图

a）平面图　b）1—1 剖面图

场馆看台示意图如图 1-24、图 1-25 所示。

图 1-24 场馆看台示意图

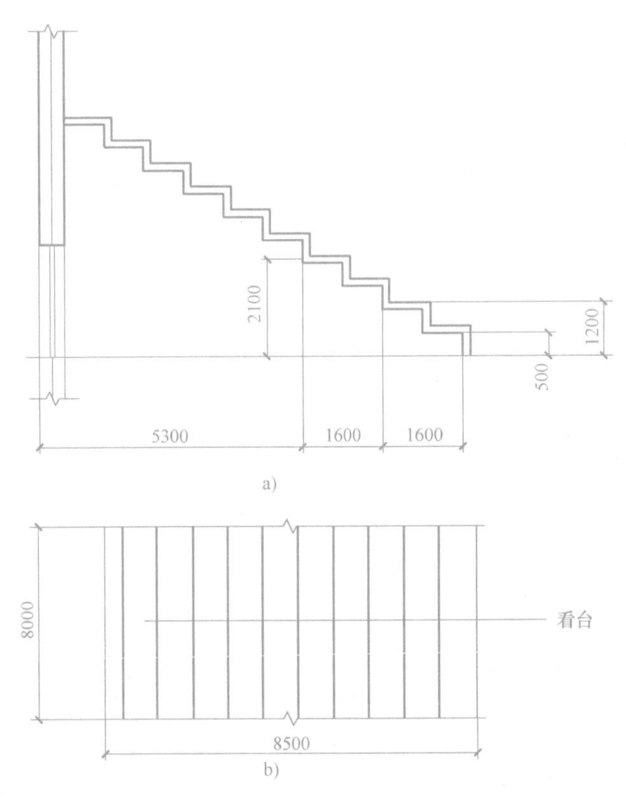

图 1-25 利用建筑物场馆看台下的建筑面积示意图

a) 剖面图 b) 平面图

5）地下室、半地下室应按其结构外围水平面积计算。结构层高在 2.20m 及以上的，应计算全面积；结构层高在 2.20m 以下的，应计算 1/2 面积。

地下室建筑物示意图如图 1-26、图 1-27 所示。

解释：地下室作为设备、管道层按本规范第 26）条执行，地下室的各种竖向井道按本规范第 19）条执行，地下室的围护结构不垂直于水平面的按本规范第 18）条规定执行。

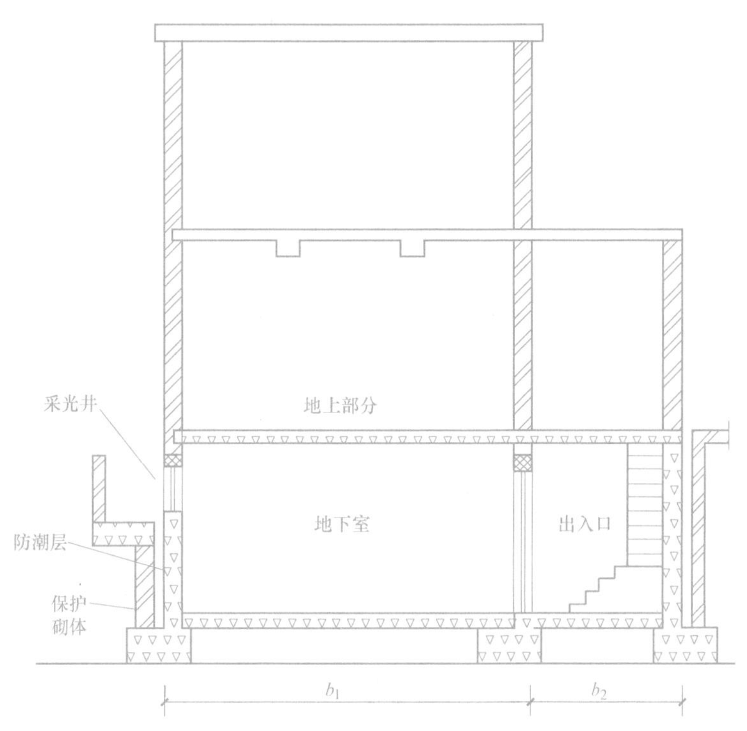

图 1-26　地下室建筑物示意图一

图 1-27　地下室建筑物示意图二

6）出入口外墙外侧坡道有顶盖的部位，应按其外墙结构外围水平面积的 1/2 计算面积。

解释：出入口坡道分为有顶盖出入口坡道和无顶盖出入口坡道，出入口坡道顶盖的挑出长度为顶盖结构外边线至外墙结构外边线的长度；顶盖以设计图纸为准，对后增加及建设单位自行增加的顶盖等，不计算建筑面积。顶盖不分材料种类（如钢筋混凝土顶盖、彩钢板顶盖、阳光板顶盖等）。

地下室出入口示意图如图 1-28 所示 。

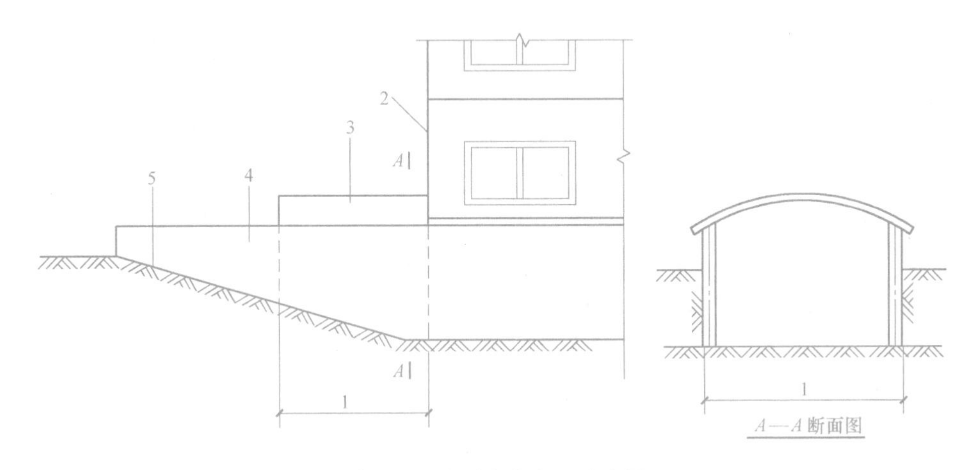

图 1-28　地下室出入口示意图

1—计算 1/2 投影面积部位　2—主体建筑　3—出入口顶盖　4—封闭出入口侧墙　5—出入口坡道

7）建筑物架空层及坡地建筑物吊脚架空层，应按其顶板水平投影计算建筑面积。结构层高在 2.20m 及以上的，应计算全面积；结构层高在 2.20m 以下的，应计算 1/2 面积。

解释：本条既适用于建筑物吊脚架空层、深基础架空层建筑面积的计算，也适用于目前部分住宅、学校教学楼等工程在底层架空或在二楼及以上某个甚至多个楼层架空，作为公共活动、停车、绿化等空间的建筑面积的计算。架空层中有围护结构的建筑空间按相关规定计算。

建筑物吊脚架空层示意图如图 1-29～图 1-32 所示 。

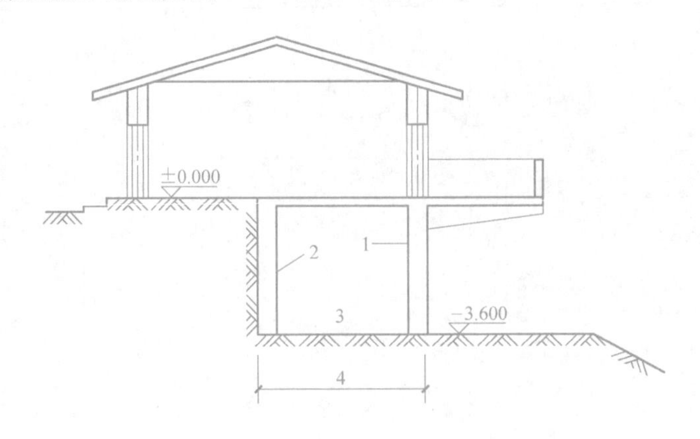

图 1-29　建筑物吊脚架空层示意图一

1—柱　2—墙　3—吊脚架空层　4—计算建筑面积部位

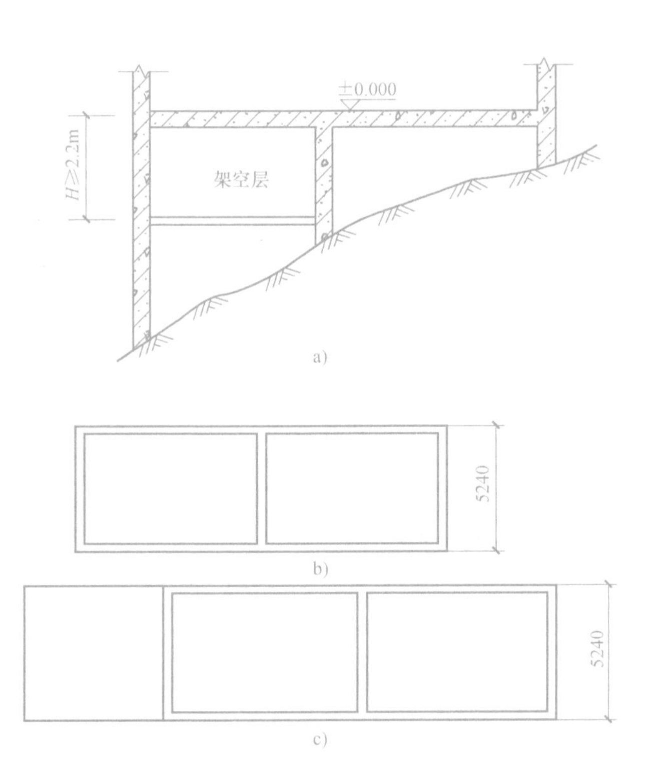

图 1-30　建筑物吊脚架空层示意图二

a）剖面示意图　b）一层平面图　c）二层平面图

8）建筑物的门厅、大厅应按一层计算建筑面积，门厅、大厅内设置的走廊应按走廊结构底板水平投影面积计算建筑面积。结构层高在 2.20m 及以上的，应计算全面积；结构层高在 2.20m 以下的，应计算 1/2 面积。

门厅、回廊示意图如图 1-33、图 1-34所示。

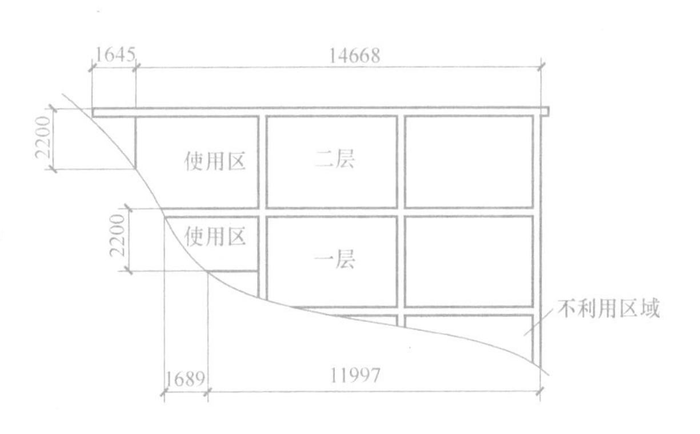

图 1-31　建筑物吊脚架空层示意图三

9）建筑物间的架空走廊，有顶盖和围护结构的，应按其围护结构外围水平面积计算全面积；无围护结构、有围护设施的，应按其结构底板水平投影面积计算 1/2 面积。

无围护结构的架空走廊示意图如图 1-35 所示 ，有围护结构的架空走廊示意图如图 1-36~图 1-38 所示。

10）立体书库、立体仓库、立体车库，有围护结构的，应按其围护结构外围水平面积计算建筑面积；无围护结构、有围护设施的，应按其结构底板水平投影面积计算建筑面积。无结构层的应按一层计算，有结构层的应按其结构层面积分别计算。结构层高在 2.20m 及以上的，应计算全面积；结构层高在 2.20m 以下的，应计算 1/2 面积。

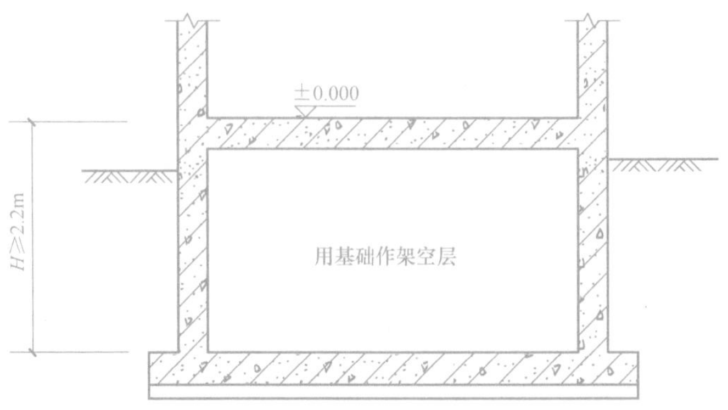

图 1-32　深基础做地下架空层示意图

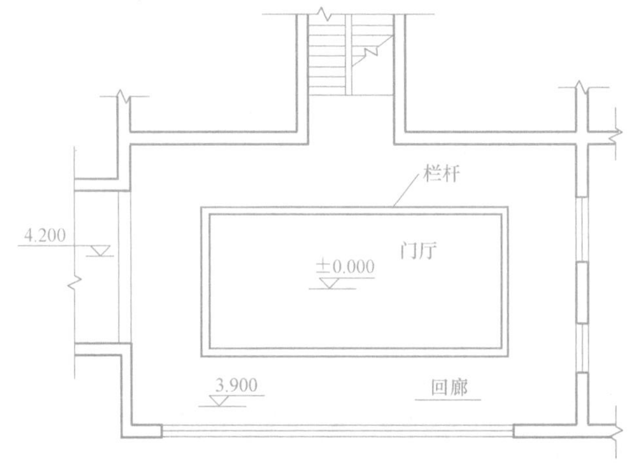

图 1-33　门厅、回廊示意图一

图 1-34　门厅、回廊示意图二

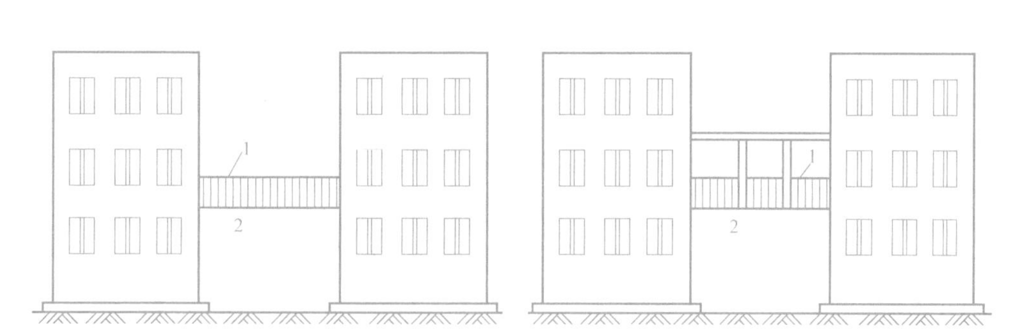

图 1-35　无围护结构的架空走廊示意图

1—栏杆　2—架空走廊

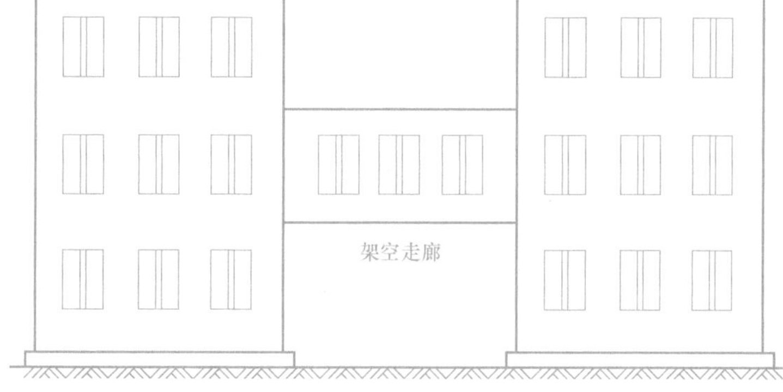

图 1-36　有围护结构的架空走廊示意图一

图 1-37　有围护结构的架空走廊示意图二

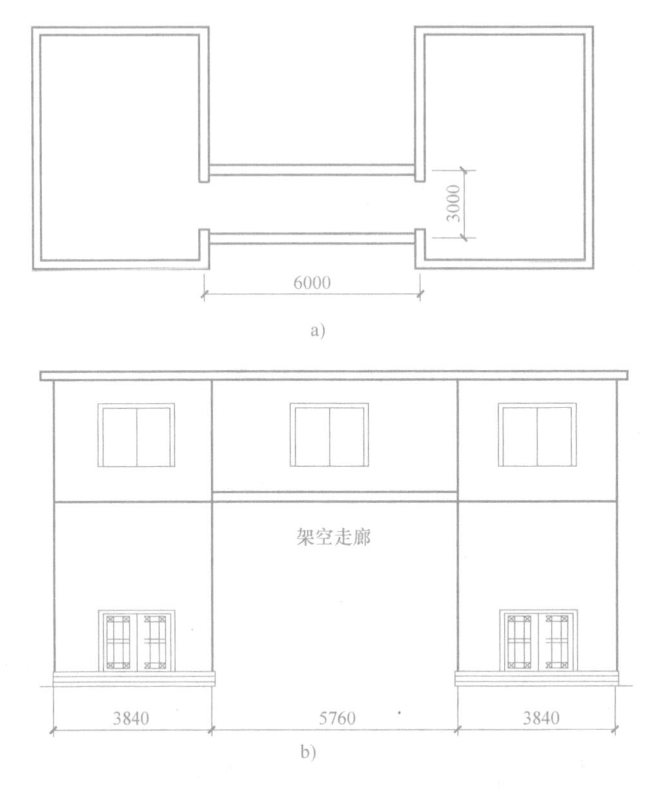

图 1-38　有围护结构的架空走廊示意图三

a）平面图　b）立面图

图书馆书架示意图如图 1-39 所示。

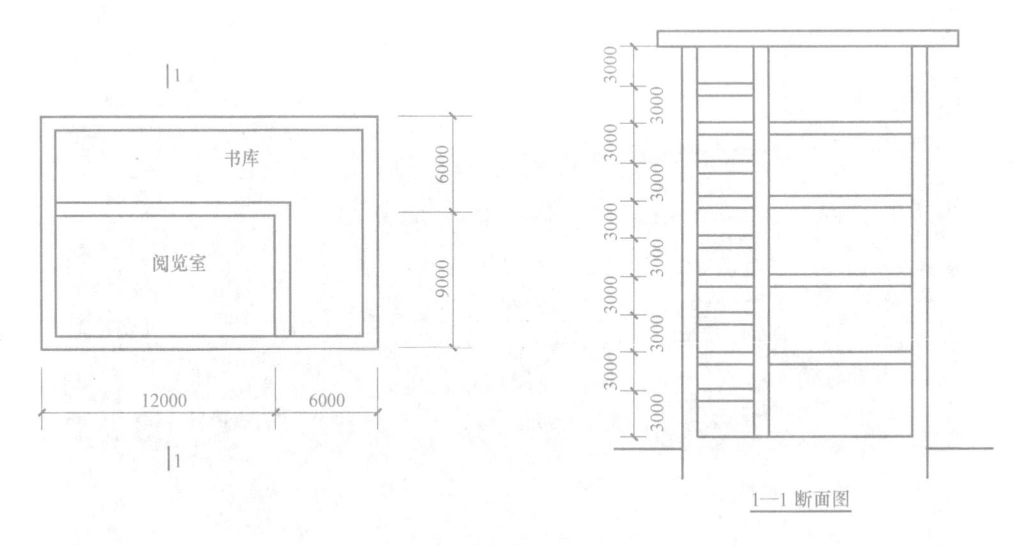

图 1-39　图书馆书架示意图

解释：本条主要规定了图书馆中的立体书库、仓储中心的立体仓库、大型停车场的立体车库等建筑的建筑面积计算规则。起局部分隔、存储等作用的书架层、货架层或可升降的立体钢结构停车层均不属于结构层，故该部分分层不计算建筑面积。

11）有围护结构的舞台灯光控制室，应按其围护结构外围水平面积计算。结构层高在 2.20m 及以上的，应计算全面积；结构层高在 2.20m 以下的，应计算 1/2 面积。

有围护结构的舞台灯光控制室示意图如图 1-40 所示。

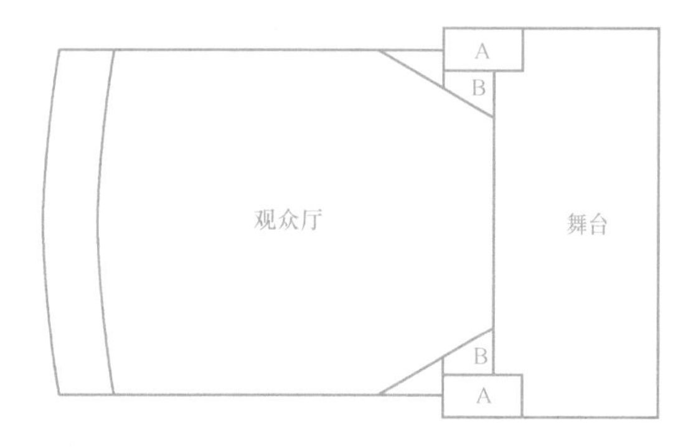

图 1-40　有围护结构的舞台灯光控制室示意图

12）附属在建筑物外墙的落地橱窗，应按其围护结构外围水平面积计算。结构层高在 2.20m 及以上的，应计算全面积；结构层高在 2.20m 以下的，应计算 1/2 面积。

13）窗台与室内楼地面高差在 0.45m 以下且结构净高在 2.10m 及以上的凸（飘）窗，应按其围护结构外围水平面积计算 1/2 面积。

14）有围护设施的室外走廊（挑廊），应按其结构底板水平投影面积计算 1/2 面积；有围护设施（或柱）的檐廊，应按其围护设施（或柱）外围水平面积计算 1/2 面积。

檐廊示意图如图 1-41 所示。

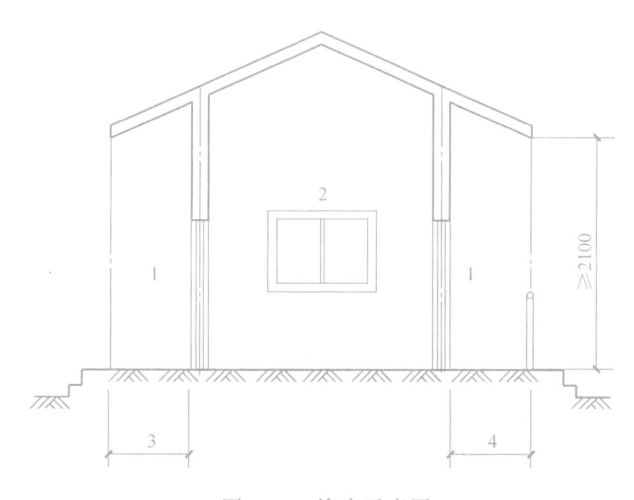

图 1-41　檐廊示意图

1—檐廊　2—室内　3—不计算建筑面积部位　4—计算 1/2 建筑面积部位

15）门斗应按其围护结构外围水平面积计算建筑面积。结构层高在 2.20m 及以上的，应计算全面积；结构层高在 2.20m 以下的，应计算 1/2 面积。

门斗示意图如图 1-42 所示 。

16）门廊应按其顶板水平投影面积的 1/2 计算建筑面积；有柱雨篷应按其结构板水平投影面积的 1/2 计算建筑面积；无柱雨篷的结构外边线至外墙结构外边线的宽度在 2.10m 及以上的，应按雨篷结构板的水平投影面积的 1/2 计算建筑面积。雨篷示意图如图 1-43 所示。

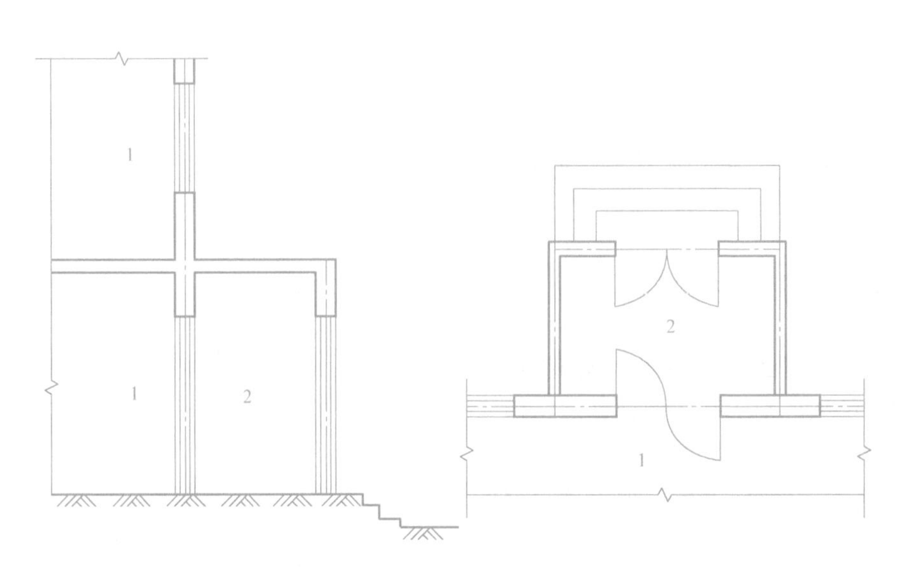

图 1-42　门斗示意图

1— 室内　2—门斗

解释：雨篷分为有柱雨篷和无柱雨篷。有柱雨篷，没有出挑宽度的限制，也不受跨越层数的限制，均计算建筑面积。无柱雨篷，其结构板不能跨层，并受出挑宽度的限制，设计出挑宽度大于或等于 2.10m 时才计算建筑面积。出挑宽度是指雨篷结构外边线至外墙结构外边线的宽度，弧形或异形时，取最大宽度。

图 1-43　雨篷示意图

17）设在建筑物顶部的、有围护结构的楼梯间、水箱间、电梯机房等，结构层高在 2.20m 及以上的应计算全面积；结构层高在 2.20m 以下的，应计算 1/2 面积。

18）围护结构不垂直于水平面的楼层，应按其底板面的外墙外围水平面积计算。结构净高在 2.10m 及以上的部位，应计算全面积；结构净高在 1.20m 及以上至 2.10m 以下的部位，应计算 1/2 面积；结构净高在 1.20m 以下的部位，不应计算建筑面积。

解释：《建筑工程建筑面积计算规范》（GB/T 50353—2005）条文中仅对围护结构向外倾斜的情况进行了规定，本次修订后的条文对于向内、向外倾斜均适用。在划分高度上，本条使用的是结构净高，与其他正常平楼层按层高划分不同，但与斜屋面的划分原则一致。由于目前很多建筑设计追求新、奇、特，造型越来越复杂，很多时候根本无法明确区分什么是围护结构、什么是屋顶，因此对于斜围护结构与斜屋顶采用相同的计算规则，即只要外壳倾斜，就按结构净高划段，分别计算建筑面积。

斜围护结构示意图如图 1-44～图 1-46 所示 。

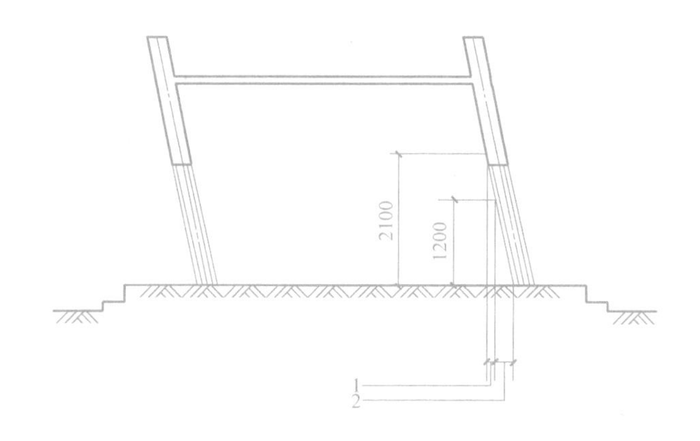

图 1-44　斜围护结构示意图一

1— 计算 1/2 建筑面积部位　2—不计算建筑面积部位

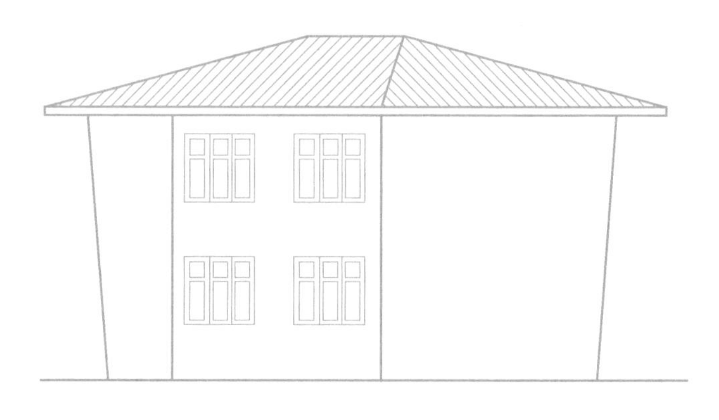

图 1-45　斜围护结构示意图二

19）建筑物的室内楼梯、电梯井、提物井、管道井、通风排气竖井、烟道，应并入建筑物的自然层计算建筑面积。有顶盖的采光井应按一层计算面积，结构净高在 2.10m 及以上的，应计算全面积，结构净高在 2.10m 以下的，应计算 1/2 面积。

解释：建筑物的楼梯间层数按建筑物的层数计算。有顶盖的采光井包括建筑物中的采光井和地下室采光井。

电梯井示意图如图 1-47 所示，地下室采光井示意图如图 1-48 所示。

图 1-46　斜围护结构示意图三

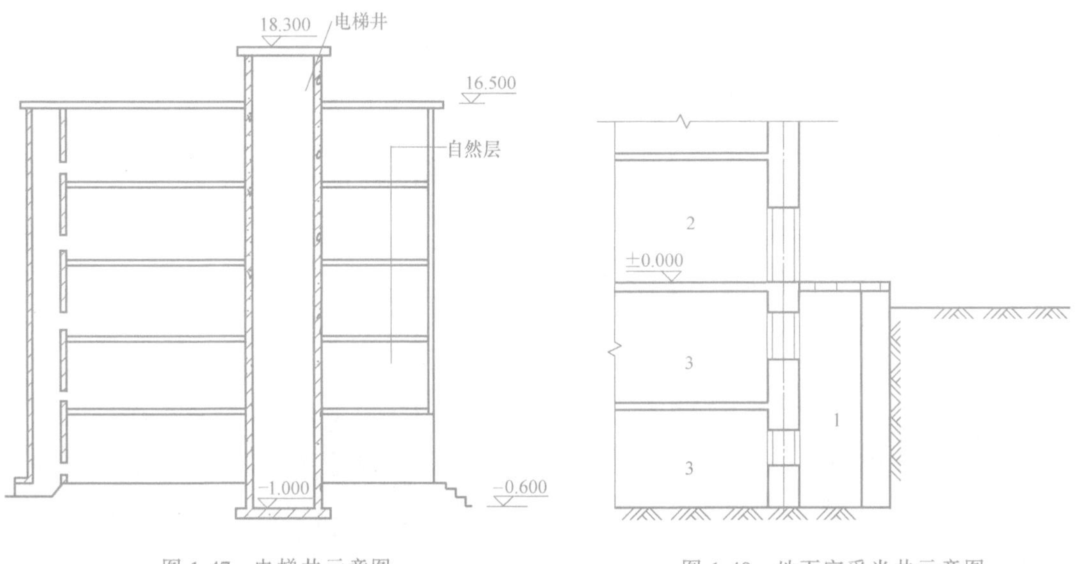

图 1-47　电梯井示意图

图 1-48　地下室采光井示意图

1—采光井　2—室内　3—地下室

20）室外楼梯应并入所依附建筑物自然层，并应按其水平投影面积的 1/2 计算建筑面积。

解释：室外楼梯作为连接该建筑物层与层之间交通不可缺少的基本部件，无论从其功能还是工程计价的要求来说，均需计算建筑面积。层数为室外楼梯所依附的楼层数，即梯段部分投影到建筑物范围的层数。利用室外楼梯下部的建筑空间不得重复计算建筑面积；利用地势砌筑的为室外踏步，不计算建筑面积。

21）在主体结构内的阳台，应按其结构外围水平面积计算全面积；在主体结构外的阳台，应按其结构底板水平投影面积计算 1/2 面积。

解释：建筑物的阳台，不论其形式如何，均以建筑物主体结构为界分别计算建筑面积。

阳台示意图如图 1-49～图 1-51 所示。

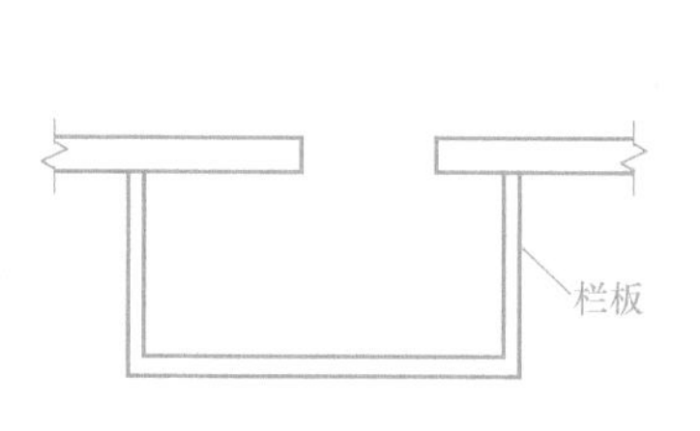

图 1-49　主体结构外的阳台

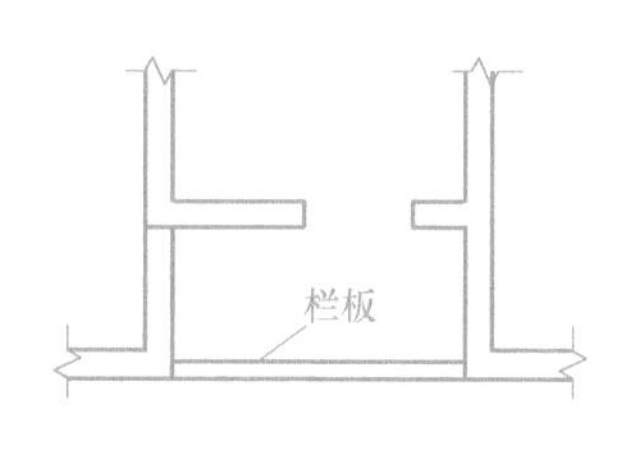

图 1-50　主体结构内的阳台

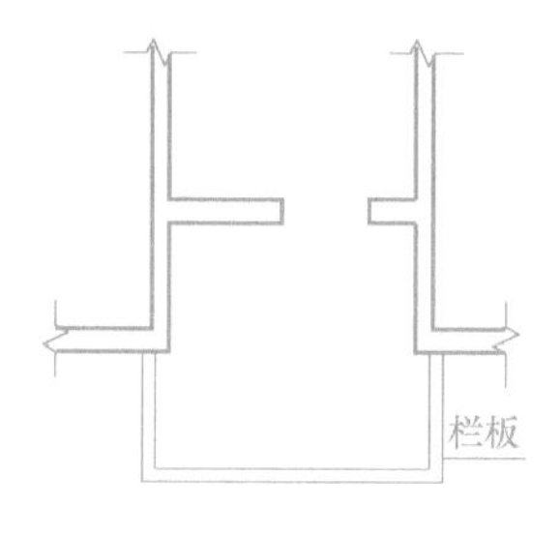

图 1-51　半主体结构外半主体结构内的阳台

22）有顶盖无围护结构的车棚、货棚、站台、加油站、收费站等，应按其顶盖水平投影面积的 1/2 计算建筑面积。

站台示意图如图 1-52 所示，加油站示意图如图 1-53 所示。

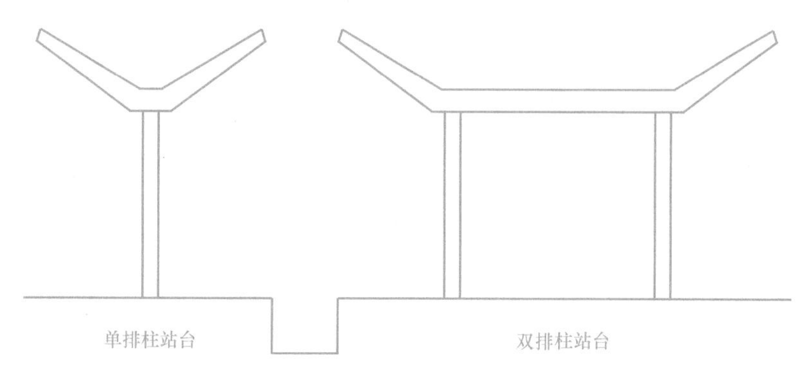

图 1-52　站台示意图

图 1-53　加油站示意图

23）以幕墙作为围护结构的建筑物，应按幕墙外边线计算建筑面积。

解释：幕墙以其在建筑物中所起的作用和功能来区分。直接作为外墙起围护作用的幕墙，按其外边线计算建筑面积；设置在建筑物墙体外起装饰作用的幕墙，不计算建筑面积。

24）建筑物的外墙外保温层，应按其保温材料的水平截面积计算，并计入自然层建筑面积。

解释：为贯彻国家节能要求，鼓励建筑外墙采取保温措施，本规范将保温材料的厚度计入建筑面积，但计算方法较《建筑工程建筑面积计算规范》（GB/T 50353—2005）有一定变化。建筑物外墙外侧有保温隔热层的，保温隔热层以保温材料的净厚度乘以外墙结构外边线长度按建筑物的自然层计算建筑面积，其外墙外边线长度不扣除门窗和建筑物外已计算建筑面积构件（如阳台、室外走廊、门斗、落地橱窗等部件）所占长度。当建筑物外已计算建筑面积的构件（如阳台、室外走廊、门斗、落地橱窗等部件）有保温隔热层时，其保温隔热层也不再计算建筑面积。外墙是斜面者按楼面楼板处的外墙外边线长度乘以保温材料的净厚度计算。外墙外保温以沿高度方向满铺为准，某层外墙外保温铺设高度未达到全部高度时（不包括阳台、室外走廊、门斗、落地橱窗、雨篷、飘窗等），不计算建筑面积。保温隔热层的建筑面积是以保温隔热材料的厚度来计算的，不包含抹灰层、防潮层、保护层（墙）的厚度。

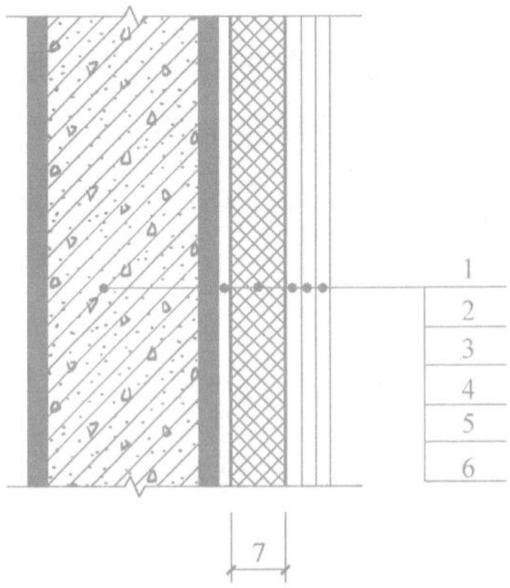

建筑外墙外保温示意图如图 1-54 所示 。

图 1-54　建筑外墙外保温示意图

1—墙体　2—黏结胶浆　3—保温材料　4—标准网　5—加强网　6—抹面胶浆　7—计算建筑面积部位

25）与室内相通的变形缝，应按其自然层合并在建筑物建筑面积内计算。对于高低联跨的建筑物，当高低跨内部连通时，其变形缝应计算在低跨面积内。

高低联跨单层建筑物示意图如图 1-55、图 1-56 所示 。

解释：本规范所指的与室内相通的变形缝，是指暴露在建筑物内，在建筑物内可以看得见的变形缝。

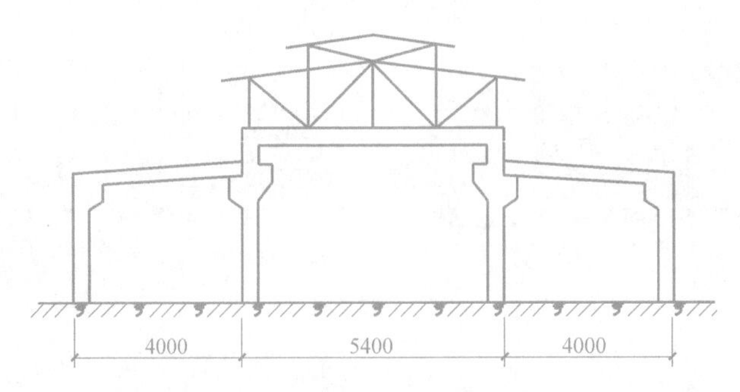

图 1-55　高低联跨单层建筑物示意图一

26）对于建筑物内的设备层、管道层、避难层等有结构层的楼层，结构层高在 2. 20m

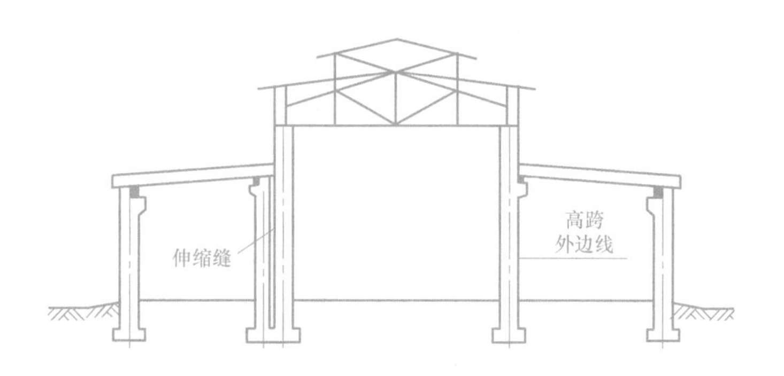

图 1-56　高低联跨单层建筑物示意图二

及以上的，应计算全面积；结构层高在 2.20m 以下的，应计算 1/2 面积。

解释：设备层、管道层虽然其具体功能与普通楼层不同，但在结构上及施工消耗上并无本质区别，且本规范定义自然层为“按楼地面结构分层的楼层”，因此设备、管道楼层归为自然层，其计算规则与普通楼层相同。在吊顶空间内设置管道的，则吊顶空间部分不能被视为设备层、管道层。

27）下列项目不应计算建筑面积：

① 与建筑物内不相连通的建筑部件。

解释：本条款指的是依附于建筑物外墙外不与户室开门连通，起装饰作用的敞开式挑台（廊）、平台，以及不与阳台相通的空调室外机搁板（箱）等设备平台部件。

② 骑楼、过街楼底层的开放公共空间和建筑物通道。

骑楼示意图如图 1-57 所示，过街楼示意图如图 1-58 所示，建筑物通道示意图如图 1-59、图 1-60 所示。

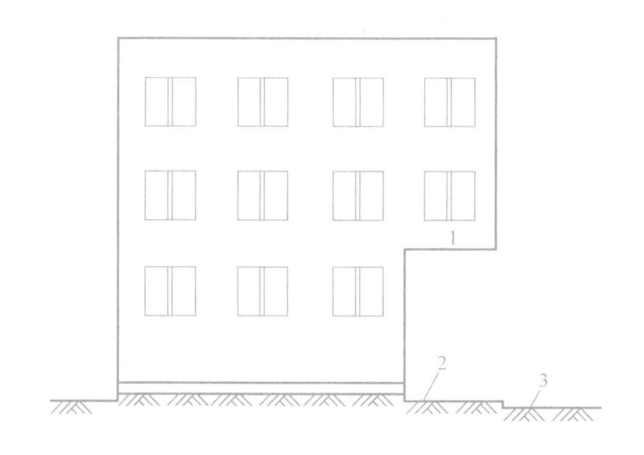

图 1-57　骑楼示意图

1—骑楼　2—人行道　3—街道

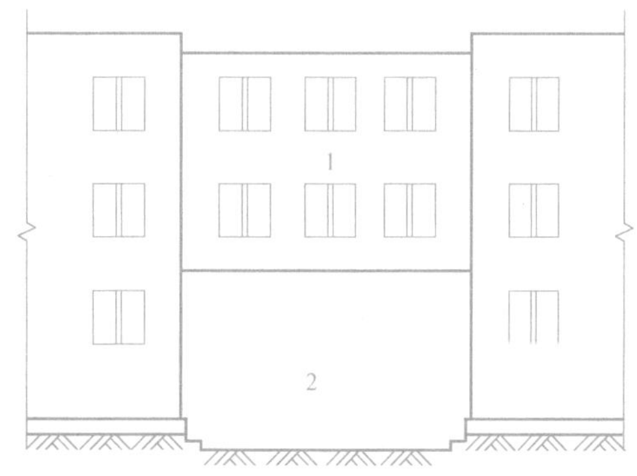

图 1-58　过街楼示意图

1— 过街楼　2—建筑物通道

③ 舞台及后台悬挂幕布和布景的天桥、挑台等。

解释：本条款指的是影剧院的舞台及为舞台服务的可供上人维修、悬挂幕布、布置灯光及布景等搭设的天桥和挑台等构件设施。

图 1-59　建筑物通道示意图一

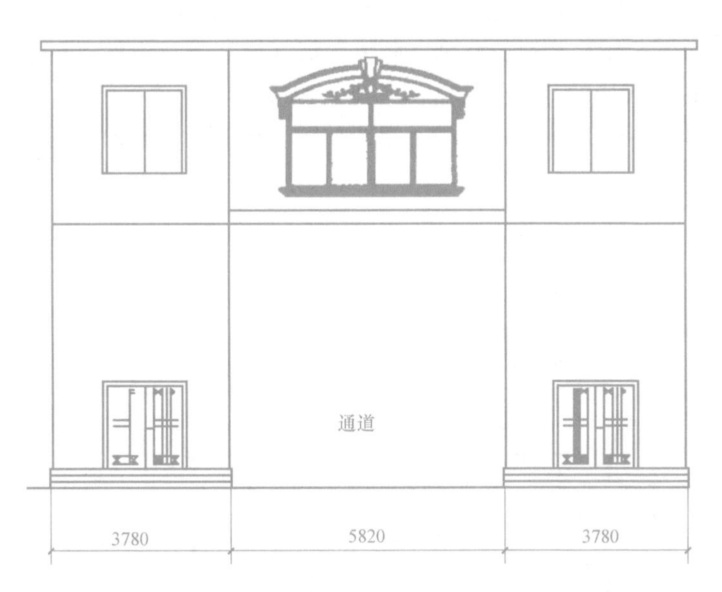

图 1-60　建筑物通道示意图二

舞台、布景天桥、布景挑台示意图如图 1-61 所示。

④ 露台、露天游泳池、花架、屋顶的水箱及装饰性结构构件。

屋顶水箱示意图如图 1-62 所示。

⑤ 建筑物内的操作平台、上料平台、安装箱和罐体的平台。

解释：建筑物内不构成结构层的操作平台、上料平台（工业厂房、搅拌站和料仓等建筑中的设备操作控制平台、上料平台等），其主要作用为室内构筑物或设备服务的独立上人

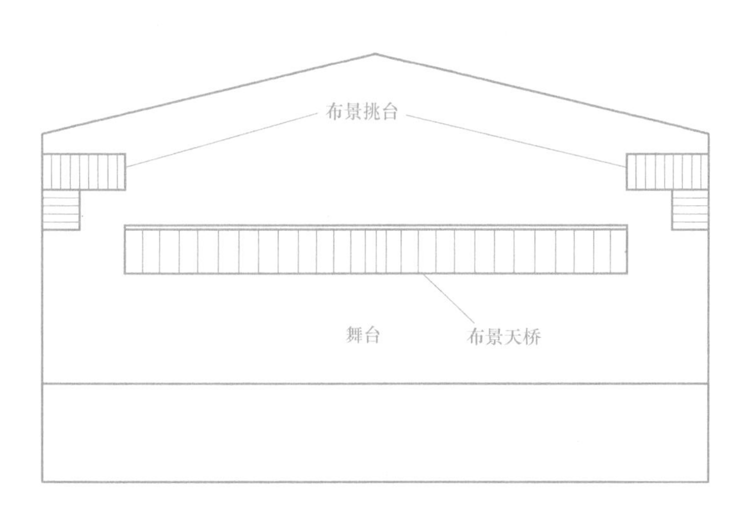

图 1-61　舞台、布景天桥、布景挑台示意图

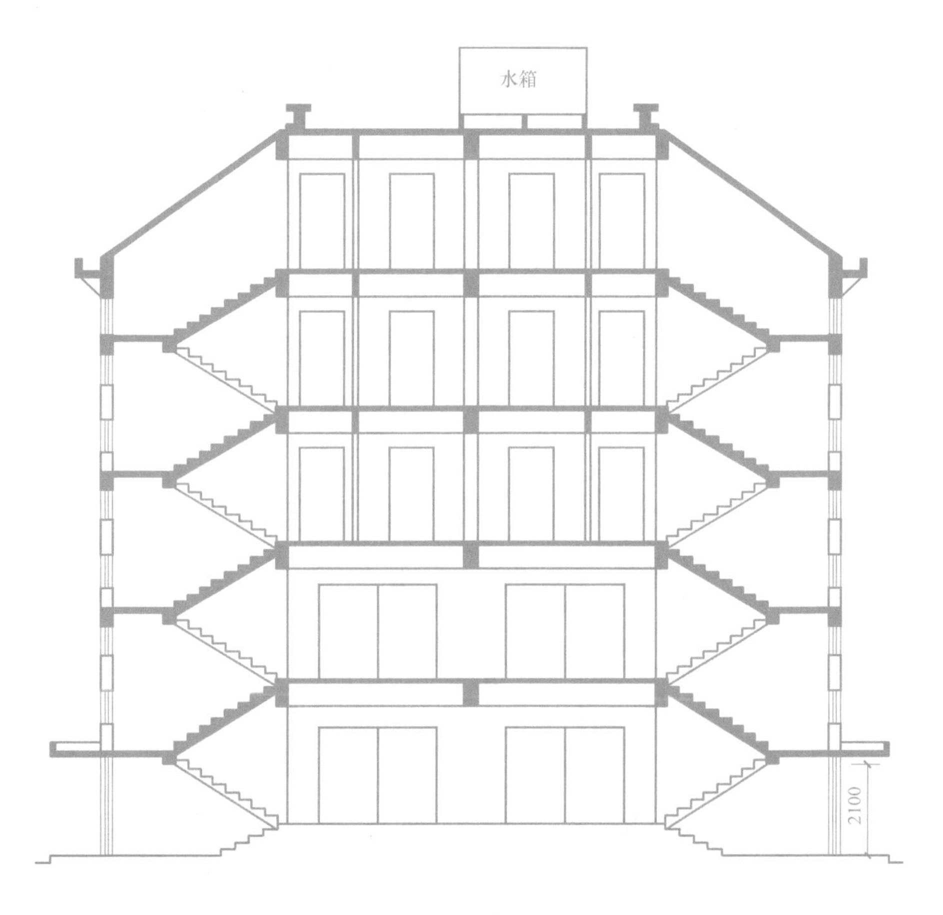

图 1-62　屋顶水箱示意图

设施，因此不计算建筑面积。

建筑物内操作平台示意图如图 1-63 所示。

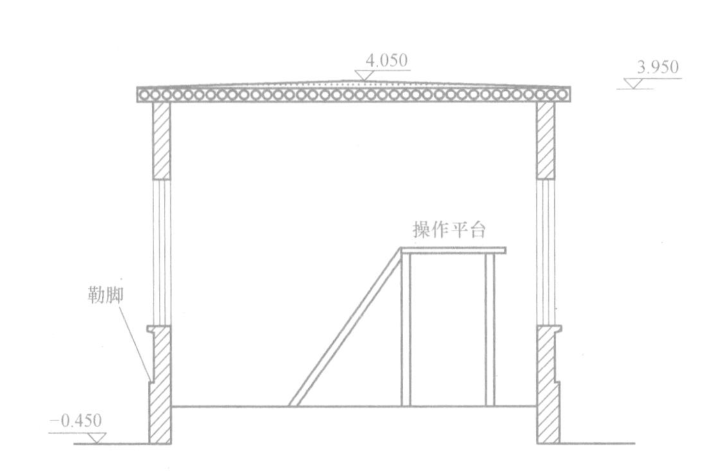

图 1-63　建筑物内操作平台示意图

⑥ 勒脚、附墙柱、垛、台阶、墙面抹灰、装饰面、镶贴块料面层、装饰性幕墙，主体结构外的空调室外机搁板（箱）、构件、配件，挑出宽度在 2.10m 以下的无柱雨篷和顶盖高度达到或超过两个楼层的无柱雨篷。

建筑物示意图如图 1-64 所示。

解释：附墙柱是指非结构性装饰柱。

图 1-64　建筑物示意图

⑦ 窗台与室内地面高差在 0.45m 以下且结构净高在 2.10m 以下的凸（飘）窗，窗台与室内地面高差在 0.45m 及以上的凸（飘）窗。

⑧ 室外爬梯、室外专用消防钢楼梯。

解释：室外钢楼梯需要区分具体用途，如专用于消防的楼梯，则不计算建筑面积，如果是建筑物唯一通道，兼用于消防，则需要按单元二计算建筑面积的规定的第20）条计算。

室外爬梯示意图如图1-65所示。

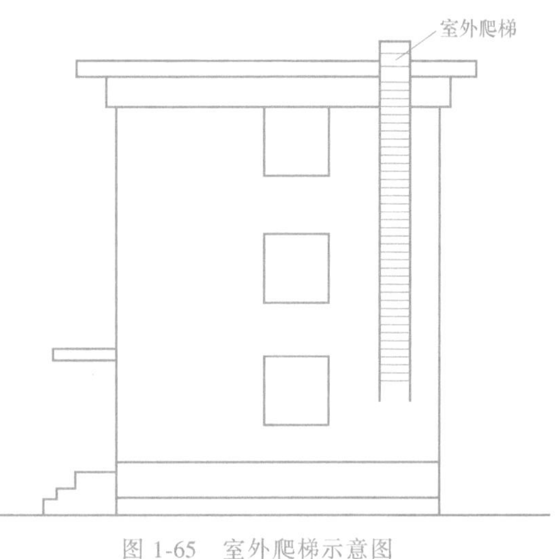

图1-65　室外爬梯示意图

⑨ 无围护结构的观光电梯。

⑩ 建筑物以外的地下人防通道，独立的烟囱、烟道、地沟、油（水）罐、气柜、水塔、贮油（水）池、贮仓、栈桥等构筑物。

单元三　建筑面积计算实例

【例1-1】 试计算如图1-66所示有局部楼层的单层平屋顶建筑物示意图的建筑面积。

解：$S=(20+0.24)\times(10+0.24)+(5+0.24)\times(10+0.24)=260.92(m^2)$

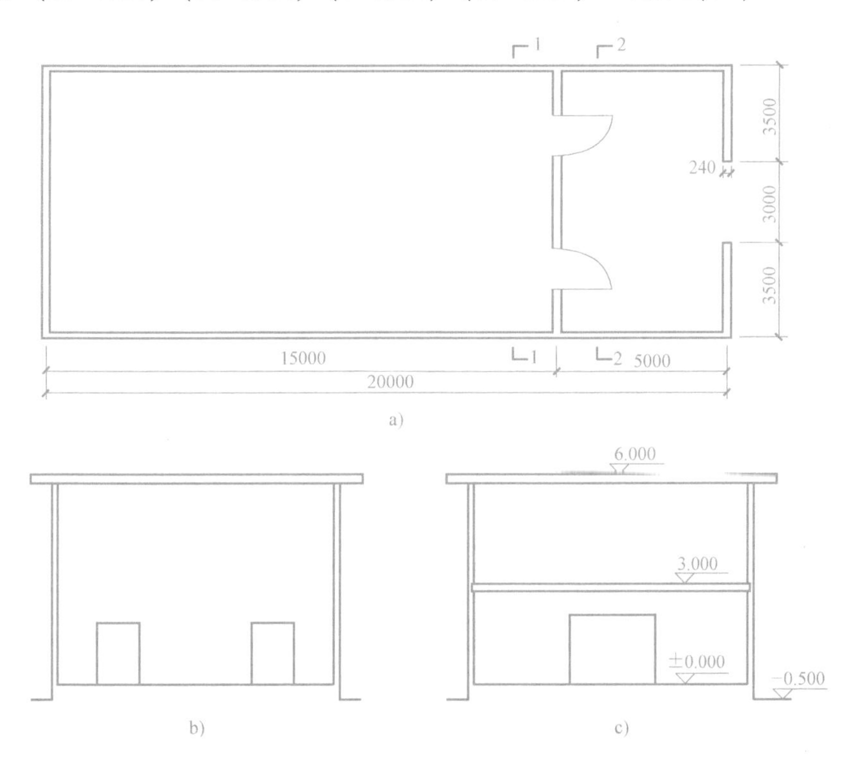

图1-66　有局部楼层的单层平屋顶建筑物示意图

a）平面图　b）1—1剖面图　c）2—2剖面图

【例 1-2】 试计算如图 1-67 所示利用建筑物场馆看台下的建筑面积示意图的建筑面积。

解：$S=8\times(5.3+1.6\times0.5)=48.8(m^2)$

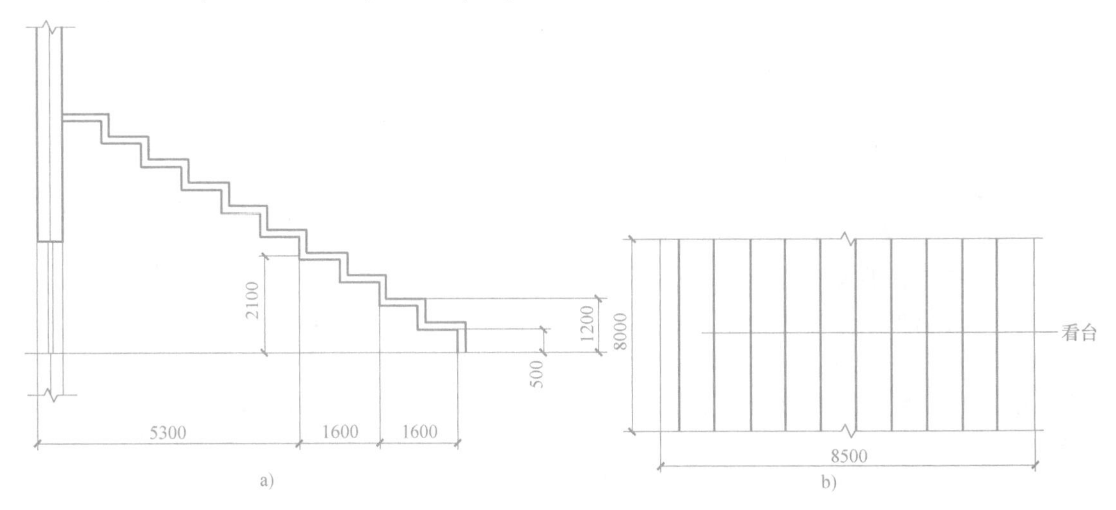

图 1-67 利用建筑物场馆看台下的建筑面积示意图

a）剖面图 b）平面图

【例 1-3】 试计算如图 1-68 所示货台建筑示意图的建筑面积。

解：$S=4.5\times1\times5\times0.5\times5=56.25(m^2)$

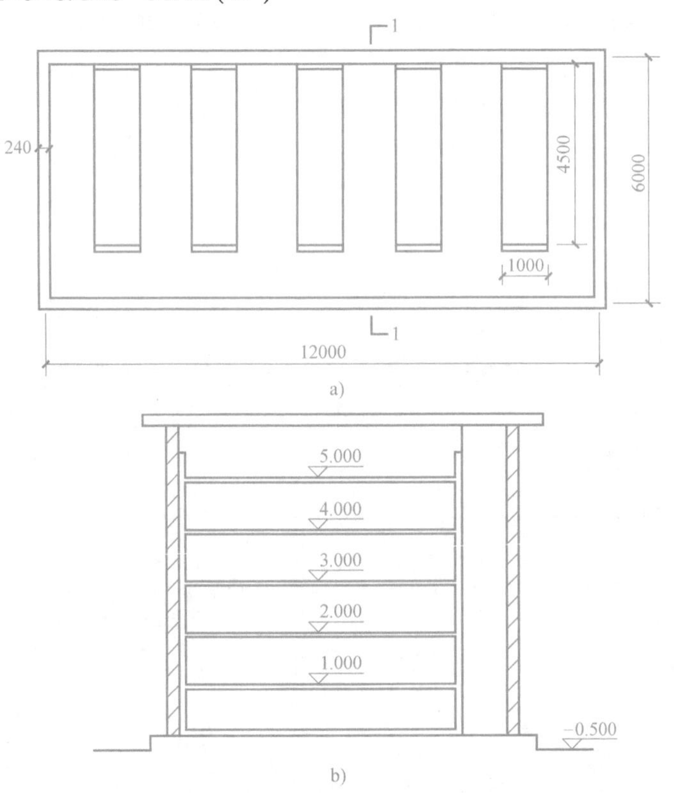

图 1-68 货台建筑示意图

a）标准层货台平面图 b）1—1 剖面图

【例 1-4】　试计算如图 1-69 所示三层建筑物室外楼梯的建筑示意图的建筑面积。（室外楼梯有永久性顶盖）

解：$S=(4-0.12)\times6.8\times0.5\times2=26.38(\text{m}^2)$

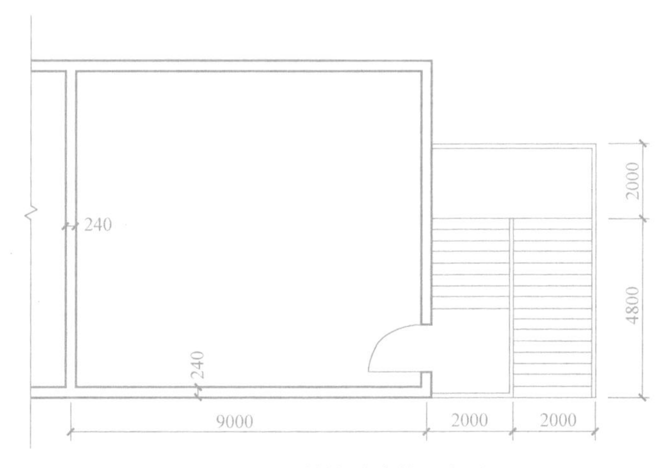

图 1-69　室外楼梯建筑示意图

同步测试

一、单项选择题

1. 建筑物的建筑面积应按自然层外墙结构外围水平面积之和计算。结构层高（　　），应计算全面积。

A. 大于 2.2m　　B. 等于 2.2m　　C. 大于等于 2.2m　　D. 小于 2.2m

2. 地下室是指室内地平面低于室外地平面的高度超过室内净高的（　　）的房间。

A. 1/2　　B. 1/3　　C. 1/4　　D. 1/5

3. 建筑物外墙外侧有保温隔热层，其建筑面积应按（　　）计算。

A. 外墙结构外边线　　B. 保温材料的水平截面积

C. 外墙结构中心线　　D. 保温隔热层中心线

4. 下列应计算建筑面积的是（　　）。

A. 建筑物的设备管道夹层　　B. 建筑物的内分割的单层房间

C. 骑楼、过街楼的底层　　D. 有围护设施而无维护结构的架空走廊

5. 下列项目应计算建筑面积的是（　　）。

A. 建筑物内的有结构层的设备层　　B. 建筑物内的操作平台

C. 室外爬梯　　D. 无维护结构的观光电梯

6. 建筑物的室内楼梯、电梯井、管道井、通风排气竖井按建筑物的（　　）计算建筑面积。

A. 首层　　B. 结构层　　C. 自然层　　D. 建筑层

二、多项选择题

1. 在建筑面积计算中，计算 1/2 建筑面积的项目有（　　）。

A. 有永久性顶盖的室外楼梯　B. 台阶　C. 主体结构外的阳台
D. 有顶盖无维护结构的加油站　E. 坡屋顶下净高 2.1m 的部分

2. 下列关于坡屋顶内空间建筑面积计算，描述正确的是（　　）。

A. 利用坡屋顶内空间时，顶板下表面至楼面的净高超过 2.1m 的部位应计算全面积；净高不足 2.1m 的部位不应计算建筑面积

B. 利用坡屋顶内空间时，层高超过 2.1m 的部位应计算全面积；层高不足 2.1m 的不应计算建筑面积

C. 利用坡屋顶内空间时，顶板下表面至楼面的净高超过 2.1m 的部位应计算全面积，净高在 1.2m 到 2.1m 的部位应计算 1/2 面积；净高不足 1.2m 的部位不计算面积

D. 利用坡屋顶内空间时，顶板下表面至楼面的净高超过 2.2m 的部位应计算全面积；净高在 1.2m 到 2.2m 的部位应计算 1/2 面积；净高不足 1.2m 的部位不计算面积

E. 当设计不利用时，也应按规定计算建筑面积

3. 不计算建筑面积的项目有（　　）。

A. 建筑物的门厅　B. 露天游泳池　C. 装饰性幕墙
D. 独立的烟囱　E. 室外专用消防钢楼梯

4. 下列项目不应计算建筑面积的有（　　）。

A. 无围护结构的观光电梯　B. 地下人防通道　C. 与室内相通的变形缝
D. 建筑物内的操作平台、上料平台　E. 挑出宽度 2.1m 内的无柱雨篷

5. 建筑物内的（　　）应按建筑物的自然层计算建筑面积。

A. 室外楼梯　B. 建筑物的外墙外保温　C. 提物井
D. 附墙烟囱　E. 烟道

三、简答题

1. 在建筑面积计算中，计算 1/2 建筑面积的项目有哪些？

2. 不应计算建筑面积的项目有哪些？

学习情境二

建设工程费用的确定

学习目标

知识目标

- 了解建设工程费用项目组成（按费用构成要素划分、按造价形成划分）
- 熟悉建设工程计价的一般规定
- 熟悉工程名称及费率适用范围
- 掌握建设工程费用计算方法和程序

能力目标

- 能够正确计算建设工程费用
- 能够正确计算劳务分包企业费用
- 能够熟练计算建设工程其他项目费

单元一 建设工程计价的一般规定

一、建设工程计价方法

建设工程计价可采用工程量清单计价（综合单价法）和工料单价法两种方法。全部使用国有资金投资或国有资金投资为主的工程建设项目，必须采用工程量清单计价。非国有资金投资的工程建设项目，是否采用工程量清单计价，由项目业主确定。国有投资的资金包括国家融资资金、国有资金为主的投资资金。

1. 国有资金投资的工程建设项目

1）使用各级财政预算资金的项目。

2）使用纳入财政管理的各种政府性专项建设资金的项目。

3）使用国有企事业单位自有资金，并且国有资产投资者实际拥有控制权的项目。

2. 国家融资资金投资的工程建设项目

1）使用国家发行债券所筹资金的项目。

2）使用国家对外借款或者担保所筹资金的项目。

3）使用国家政策性贷款的项目。

4）国家授权投资主体融资的项目。

5）国家特许的融资项目。

3. 国有资金（含国家融资资金）为主的工程建设项目

国有资金（含国家融资资金）为主的工程建设项目是指国有资金占投资总额50%以上，或虽不足50%但国有投资者实质上拥有控股权的工程建设项目。

4. 非国有资金投资的工程建设项目

1）是否采用工程量清单方式计价由项目业主自主确定。

2）当确定采用工程量清单方式计价时，则应执行《建设工程工程量清单计价规范》。

3）对不采用工程量清单方式计价的非国有资金投资工程建设项目，除不执行工程量清单计价的专门性规定外，《建设工程工程量清单计价规范》中所规定的工程价款的调整、工程计量和工程价款的支付、索赔与现场签证、竣工结算以及工程造价争议处理等内容仍应执行。

二、招标控制价

招标控制价是招标人根据国家或省级、行业建设主管部门颁发的有关计价依据和办法，以及拟定的招标文件和招标工程量清单，结合工程具体情况编制的招标工程的最高设标限价。

招标控制价应由具有编制能力的招标人或受其委托具有相应资质的工程造价咨询人编制和复核。工程造价咨询人接受招标人委托编制招标控制价，不得再就同一工程接受投标人委托编制投标报价。

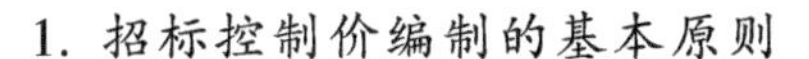

1. 招标控制价编制的基本原则

1）招标工程量清单必须作为招标文件的组成部分，其准确性和完整性由招标人负责。招标控制价不应上调或下浮（为体现招标的公开、公平、公正性，防止招标人有意抬高或压低工程造价，给投标人错误信息，根据《建设工程质量管理条例》第十条“建设工程发包单位不得迫使承包方以低于成本的价格竞标”的规定，招标人应在招标文件中如实公布招标控制价，不得对所编制的招标控制价进行上调或下浮）。

采用工程量清单方式招标发包，工程量清单必须作为招标文件的组成部分，招标人应将工程量清单连同招标文件的其他内容一并发（或发售）给投标人。招标人对编制的工程量清单的准确性和完整性负责。投标人依据工程量清单进行投标报价，对工程量清单不负有核实的义务，更不具有修改和调整的权力。工程量清单作为投标人报价的共同平台，其准确性（数量不算错）、完整性（不缺项漏项），均应由招标人负责。

如招标人委托工程造价咨询人编制，其责任仍应由招标人承担。因为，中标人与招标人签订工程施工合同后，在履约过程中发现工程量清单漏项或错算，引起合同价款调整的，应由发包人（招标人）承担，而非其他编制人，所以此处规定仍由招标人负责。因为工程造价咨询人的错误应承担的责任，则由招标人与工程造价咨询人通过合同约定处理或协商解决。

2）暂估价是招标人在工程量清单中提供的用于支付必然发生但暂时不能确定价格的材料、工程设备的单价以及专业工程的金额。暂估价中的材料单价应按照工程造价管理机构发布的工程造价信息或参照市场价格确定。暂估价中的专业工程暂估价应分不同专业，按有关计价规定估算。

暂估价是在招标阶段预见肯定要发生，只是因为标准不明确或者需要由专业承包人完成，暂时又无法确定具体价格时采用的一种价格形式。

3）综合单价中应包括招标文件中划分的应由投标人承担的风险范围及其费用。招标文件中没有明确的，如是工程造价咨询人编制，应提请招标人明确；如是招标人编制，应予明确。

4）暂列金额是招标人在工程量清单中暂定并包括在合同价款中的一笔款项。其用于工程合同签订时尚未确定或者不可预见的所需材料、工程设备、服务的采购，施工中可能发生的工程变更、合同约定调整因素出现时的合同价款调整以及发生的索赔、现场签证确认等的费用。暂列金额由招标人根据工程特点、工期长短，按有关计价规定进行估算确定，一般可按分部分项工程费的10%~15%为参考。招标文件应给出估算后的具体金额。

暂列金额包括在签约合同价之内，但并不直接属于承包人所有，而是由发包人暂定并掌握使用的一笔款项。

5）招标人应在发布招标文件时公布招标控制价，同时应将招标控制价及有关资料报送工程所在地或有该工程管辖权的行业部门工程造价管理机构备查。

2. 招标控制价的编制依据

1）《建设工程工程量清单计价规范》（GB 50500—2013）。

2）国家或省级、行业建设主管部门颁发的计价定额和计价办法。

3）建设工程设计文件及相关资料。

4）拟定的招标文件及招标工程量清单。

5）与建设项目相关的标准、规范、技术资料。

6）施工现场情况、工程特点及常规施工方案。

7）工程造价管理机构发布的工程造价信息；当工程造价信息没有发布时，参照市场价。

8）其他相关资料。

3. 招标控制价的计价规定

招标控制价应严格按照《建设工程工程量清单计价规范》（GB 50500—2013）具体要求编制计日工，给定具体数值，并应按程序计取规费和税金。

4. 招标控制价的投拆和处理

投标人经复核认为招标人公布的招标控制价未按照《建设工程工程量清单计价规范》（GB 50500—2013）的规定进行编制的，应在招标控制价公布后5天内向招投标监督机构和工程造价管理机构投诉。工程造价管理机构在接到投诉书后应在2个工作日内进行审查，当招标控制价复查结论与原公布的招标控制价误差超过±3%的，应当责成招标人改正。

三、投标报价

投标报价是投标人投标时响应招标文件要求所报出的对已标价工程量清单汇总后标明的总价。投标价应由投标人或受其委托具有相应资质的工程造价咨询人编制。投标报价应按照招标文件的要求，根据工程特点，结合自身的施工技术、装备和管理水平，依据有关计价规定自主确定。投标报价不得低于成本。

1. 投标报价的编制原则

1）投标人必须按招标工程量清单填报价格。项目编码、项目名称、项目特征、计量单位、工程量必须与招标工程量清单一致。

2）综合单价中应包括招标文件中划分的应由投标人承担的风险范围及其费用，招标文件中没有明确的，应提请招标人明确。

3）分部分项工程和措施项目中的单价项目，应根据招标文件和招标工程量清单项目中的特征描述确定综合单价计算。

4）措施项目中的总价项目金额应根据招标文件及投标时拟定的施工组织设计或施工方案自主确定。

5）其他项目应按下列规定报价：

① 暂列金额应按招标工程量清单中列出的金额填写。

② 材料、工程设备暂估价应按招标工程量清单中列出的单价计入综合单价。

③ 专业工程暂估价应按招标工程量清单中列出的金额填写。

④ 计日工应按招标工程量清单中列出的项目和数量，自主确定综合单价并计算计日工金额。

⑤ 总承包服务费应根据招标工程量清单中列出的内容和提出的要求自主确定。

⑥ 招标工程量清单与计价表中列明的所有需要填写单价和合价的项目，投标人均应填写且只允许有一个报价。未填写单价和合价的项目，可视为此项费用已包含在已标价工程量清单中其他项目的单价和合价之中。当竣工结算时，此项目不得重新组价予以调整。

⑦ 投标总价应当与分部分项工程费、措施项目费、其他项目费和规费、税金的合计金

额一致。

⑧ 投标人的投标报价高于招标控制价的应予废标。

2. 投标报价的编制依据

1）《建设工程工程量清单计价规范》（GB 50500—2013）。

2）国家或省级、行业建设主管部门颁发的计价办法。

3）企业定额，国家或省级、行业建设主管部门颁发的计价定额和计价办法。

4）招标文件、招标工程量清单及其补充通知、答疑纪要。

5）建设工程设计文件及相关资料。

6）施工现场情况、工程特点及投标时拟定的施工组织设计或施工方案。

7）与建设项目相关的标准、规范等技术资料。

8）市场价格信息或工程造价管理机构发布的工程造价信息。

9）其他的相关资料。

四、风险费用

风险费用是隐含于已标价工程量清单综合单价中，用于化解发承包双方在工程合同中约定内容和范围内的市场价格波动风险的费用。

建设工程发承包，必须在招标文件、合同中明确计价中的风险内容及其范围，不得采用无限风险、所有风险或类似语句规定计价中的风险内容及范围。

发承包人应约定工程施工期间由于市场价格波动和施工条件变化等对中标价影响因素的承担人和调整方法。

1）下列影响合同价款的因素出现，应由发包人承担：

① 国家法律、法规、规章和政策发生变化。

② 省级或行业建设主管部门发布的人工费调整，但承包人对人工费或人工单价的报价高于发布的除外。

③ 由政府定价或政府指导价管理的原材料等价格进行了调整。

2）由于市场物价波动影响合同价款，应由发承包双方合理分摊并在合同中约定。合同中没有约定，发承包双方发生争议时，按下列规定实施：

① 材料、工程设备的波动幅度超过招标时的基准价格 5%时，予以调整。

② 施工机械使用费波动幅度超过招标时的基准价格 10%时，予以调整。

3）由于承包人使用机械、施工技术以及组织管理水平等自身原因造成施工费用增加的，应由承包人全部承担。

4）因不可抗力事件导致的人员伤亡、财产损失及其费用增加，发承包双方应按下列原则分别承担并调整合同价款和工期：

① 合同工程本身的损害、因工程损害导致第三方人员伤亡和财产损失以及运至施工场地用于施工的材料和待安装的设备的损害，应由发包人承担。

② 发包人、承包人人员伤亡应由其所在单位负责，并应承担相应费用。

③ 承包人的施工机械设备损坏及停工损失，应由承包人承担。

④ 停工期间，承包人应发包人要求留在施工场地的必要的管理人员及保卫人员的费用应由发包人承担。

⑤ 工程所需清理、修复费用，应由发包人承担。

5）不可抗力解除后复工的，若不能按期竣工，应合理延长工期。发包人要求赶工的，赶工费用应由发包人承担。

五、合同价

合同价是在工程发承包交易过程后，由发承包双方以合同形式确定的工程承包价格。采用招标发包的工程，其合同价应为投标人的中标价。不实行招标的工程，由发承包双方在认可的工程价款基础上，进行约定。合同价款的约定应遵循下述原则：

1）实行招标的工程合同价款应在中标通知书发出之日起30日内，由发承包双方依据招标文件和中标人的投标文件在书面合同中约定。合同约定不得违背招标、投标文件中关于工期、造价、质量等方面的实质性内容。招标文件与中标人投标文件不一致的地方，以投标文件为准。

2）实行工程量清单计价的工程，应当采用单价合同。建设规模较小，技术难度较低，工期较短，且施工图设计已审查批准的建设工程可以采用总价合同；紧急抢险、救灾以及施工技术特别复杂的建设工程可采用成本加酬金合同。

六、计价依据

内蒙古自治区计价依据包括：《内蒙古自治区建设工程费用定额》《内蒙古自治区房屋建筑与装饰工程预算定额》《内蒙古自治区通用安装工程预算定额》《内蒙古自治区市政工程预算定额》《内蒙古自治区园林绿化工程预算定额》《内蒙古自治区园林养护工程预算定额》等。内蒙古自治区计价依据是建设工程计价活动的地方性标准，在执行过程中对于房屋建筑与装饰工程、通用安装工程、市政工程、园林绿化工程、园林养护工程应遵守下述规定：

1）招标控制价是工程招标中的最高限价，招标人或其委托的咨询人应严格执行内蒙古自治区计价依据，对定额水平、计算规则和计费程序不得随意调整。

2）投标报价依据内蒙古自治区计价依据编制时，除规定不允许调整部分（如取费程序、安全文明施工费、规费、税金等）外，可结合企业的自身情况对定额水平等进行调整换算，但不得高于招标控制价。

特别注意，本书中如未特殊说明，“本定额”均指《内蒙古自治区房屋建筑与装饰工程预算定额》。

七、计价依据的管理

1）内蒙古自治区建设工程标准定额总站负责对计价依据的管理解释，适时对定额人工、机械台班单价及定额子目进行调整，补充重复使用的单位估价表。

2）本届定额对现有成熟的新技术、新材料、新工艺、新设备均已体现。本届定额颁发后，施工过程中对相关部门公布名录中新出现的新技术、新材料、新工艺、新设备，需要编制补充定额为工程计价提供技术服务时，发承包人应及时进行现场数据收集、整理、测算，申报工程造价管理机构编制补充定额。补充定额将会在人工、材料、机械消耗量上体现鼓励性措施，优先解决相应问题，从政策和管理方面推动“四新技术”的应用。

3）各盟市建设工程造价管理机构受内蒙古自治区建设工程标准定额总站的委托，在本行政区域内对计价依据进行管理解释，对定额中的材料价格（包括机械燃料）定期发布信息价格，补充一次性使用的单位估价表。

4）各盟市造价管理机构在定额解释过程中，遇有疑难问题或对工程造价影响较大的问题，应请示内蒙古自治区建设工程标准定额总站核准。出具的书面解释和答复意见应报内蒙古自治区建设工程标准定额总站备案。

5）各盟市造价管理机构应以统一格式按时公布所在地城市的人工成本信息价，但不能对定额人工、机械价格进行调整。

单元二 建设工程费用

一、建设工程费用项目组成

建设工程费按照费用构成要素划分：由人工费、材料费（包含工程设备，下同）、施工机具使用费、企业管理费、利润、规费和税金组成。其中人工费、材料费、施工机具使用费、企业管理费和利润包含在分部分项工程费、措施项目费、其他项目费中。建筑安装工程费用项目组成（按费用构成要素划分）如图 2-1 所示。

1. 人工费

人工费是指按工资总额构成规定，支付给从事建筑安装工程施工的生产工人和附属生产单位工人的各项费用。内容包括：

（1）计时工资或计件工资　按计时工资标准和工作时间或对已做工作按计件单价支付给个人的劳动报酬。

（2）奖金　对超额劳动和增收节支支付给个人的劳动报酬。如节约奖、劳动竞赛奖等。

（3）津贴、补贴　为了补偿职工特殊或额外的劳动消耗和因其他特殊原因支付给个人的津贴，以及为了保证职工工资水平不受物价影响支付给个人的物价补贴。

（4）加班加点工资　按规定支付的在法定节假日工作的加班工资和在法定日工作时间外延时工作的加点工资。

（5）特殊情况下支付的工资　根据国家法律、法规和政策规定，因病、工伤、产假、计划生育假、婚丧假、事假、探亲假、定期休假、停工学习、执行国家或社会义务等原因按计时工资标准或计时工资标准的一定比例支付的工资。

（6）劳动保险（个人缴纳部分）　企业中由个人缴纳的养老、医疗、失业保险。

（7）职工福利费　集体福利费、夏季防暑降温、冬季取暖补贴、上下班交通补贴等。

（8）劳动保护费　企业按规定发放的劳动保护用品的支出。如工作服、手套、防暑降温饮料以及在有碍身体健康的环境中施工的保健费用等。

（9）工会经费　企业按《中华人民共和国工会法》规定的全部职工工资总额比例计提的工会经费。

（10）职工教育经费　按职工工资总额的规定比例计提，企业为职工进行专业技术和职业技能培训，专业技术人员继续教育、职工职业技能鉴定、职业资格认定以及根据需要对职

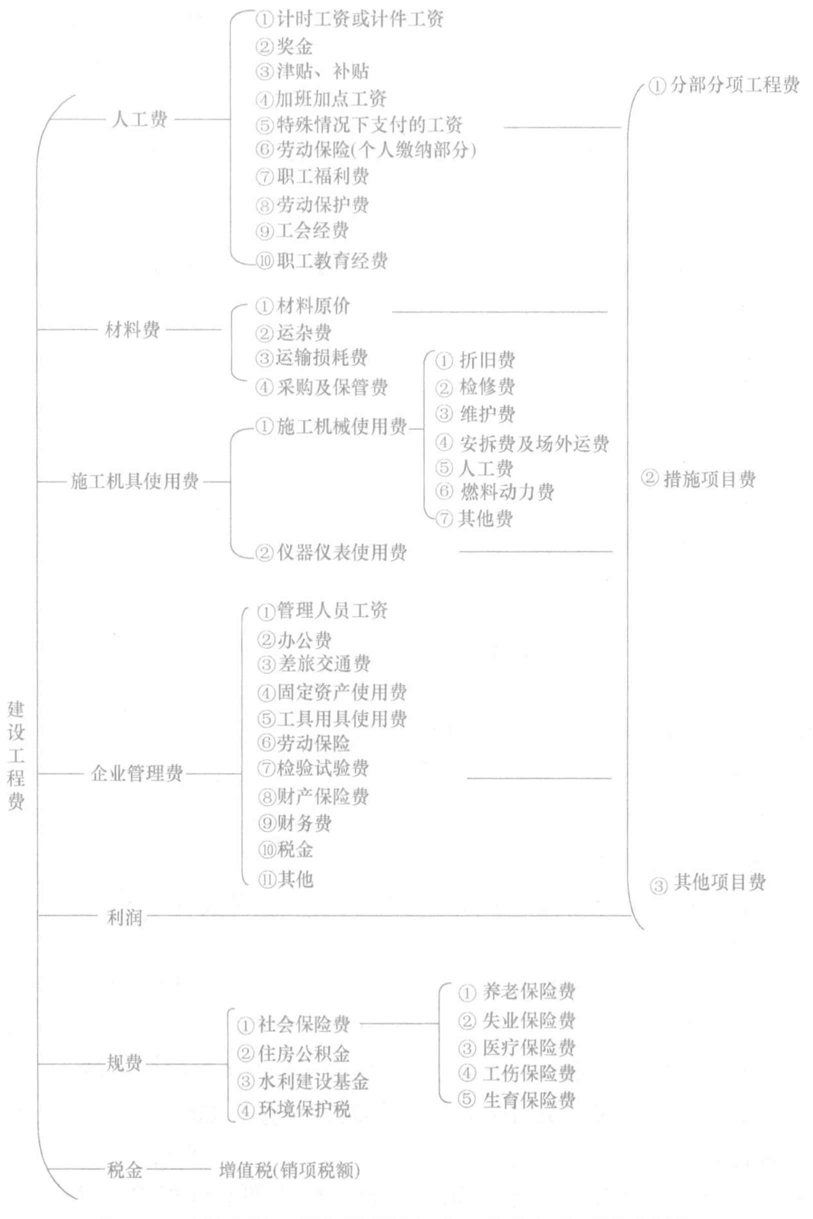

图 2-1　建筑安装工程费用项目组成（按费用构成要素划分）

工进行各类文化教育所发生的费用。

2. 材料费

材料费是指施工过程中耗费的原材料、辅助材料、构配件、零件、半成品或成品、工程设备的费用。内容包括：

（1）材料原价　材料、工程设备的出厂价格或商家的供应价格。

（2）运杂费　材料、工程设备自来源地运至工地仓库或指定堆放地点所发生的全部费用。

（3）运输损耗费　材料在运输装卸过程中不可避免的损耗费用。

（4）采购及保管费　为组织采购、供应和保管材料、工程设备的过程中所需要的各项费用，包括采购费、仓储费、工地保管费、仓储损耗。

工程设备是指构成或计划构成永久工程一部分的机电设备、金属结构设备、仪器装置及其他类似的设备和装置。

3. 施工机具使用费

施工机具使用费是指施工作业所发生的施工机械、仪器仪表使用费或其租赁费。内容包括：

（1）施工机械使用费　以施工机械台班耗用量乘以施工机械台班单价表示，施工机械台班单价应由下列七项费用组成：

1）折旧费：施工机械在规定的耐用总台班内，陆续收回其原值的费用。

2）检修费：施工机械在规定的耐用总台班内，按规定的检修间隔进行必要的检修，以恢复其正常功能所需的费用。

3）维护费：施工机械在规定的耐用总台班内，按规定的维护间隔进行各级维护和临时故障排除所需的费用。保障机械正常运转所需替换设备与随机配备工具附具的摊销费用、机械运转及日常维护所需润滑与擦拭的材料费用及机械停滞期间的维护费用等。

4）安拆费及场外运费：安拆费指施工机械在现场进行安装与拆卸所需的人工、材料、机械和试运转费用以及机械辅助设施的折旧、搭设、拆除等费用；场外运费指施工机械整体或分体自停放地点运至施工现场或由一个施工地点运至另一个施工地点的运输、装卸、辅助材料等费用。

5）人工费：机上司机（司炉）和其他操作人员的人工费。

6）燃料动力费：施工机械在运转作业中所耗用的燃料及水、电等费用。

7）其他费：施工机械按照国家规定应缴纳的车船税、保险费及检测费等。

（2）仪器仪表使用费　工程施工所需使用的仪器仪表的摊销及维修费用。

4. 企业管理费

企业管理费是指建筑安装企业组织施工生产和经营管理所需的费用。内容包括：

（1）管理人员工资　按规定支付给管理人员的计时工资、奖金、津贴补贴、加班加点工资及特殊情况下支付的工资等。

（2）办公费　企业管理办公用的文具、纸张、账表、印刷、邮电、书报、办公软件、会议、水电、烧水和集体取暖降温（包括现场临时宿舍取暖降温）等费用。

（3）差旅交通费　职工因公出差、调动工作的差旅费、住勤补助费，市内交通费和误餐补助费，职工探亲路费，劳动力招募费，职工退休、退职一次性路费，工伤人员就医路费以及管理部门使用的交通工具的油料、燃料等费用。

（4）固定资产使用费　管理和试验部门及附属生产单位使用的属于固定资产的房屋、设备、仪器等的折旧、大修、维修或租赁费。

（5）工具用具使用费　企业施工生产和管理使用的不属于固定资产的工具、器具、家具、交通工具和检验、试验、测绘、消防用具等的购置、维修和摊销费。

（6）劳动保险　由企业支付的职工退职金、按规定支付给离退休干部的经费。

（7）检验试验费　施工企业按照有关标准规定，对建筑以及材料、构件和建筑安装物进行一般鉴定、检查所发生的费用，包括自设试验室进行试验所耗用的材料等费用，不包括新结构、新材料的试验费，对构件做破坏性试验及其他特殊要求检验试验的费用和建设单位委托检测机构进行检测的费用，对此类检测发生的费用，由建设单位支付。但对施工企业提供的具有合格证明的材料进行检测不合格的，该检测费用由施工企业支付。对上述材料检验试验费未包含部分的费用，结算时应按施工企业缴费凭证据实调整；在编制招标控制价及投标报价时可参照下述标准计算，列入其他项目费。

房屋建筑与装饰工程（包括通用安装工程）的检验试验费按建筑面积计算，其中：建筑与装饰工程占60%（建筑工程占40%，装饰工程占20%）。

1）建筑面积小于10000m^2的，每平方米3元。

2）建筑面积大于10000m^2的，超过部分按上述标准乘以0.7系数。

3）房屋建筑工程的室外附属配套工程不另计算。

【例2-1】 某住宅楼工程建筑面积9000m^2，计算装饰工程的材料及产品检测费。

解：9000×3×20%=5400（元）

【例2-2】 某住宅楼工程建筑面积15000m^2，计算装饰工程的材料及产品检测费。

解：10000×3×20%=6000（元）

5000×3×20%×0.7=2100（元）

6000+2100=8100（元）

（8）财产保险费　施工管理用财产、车辆等的保险费用。

（9）财务费　企业为施工生产筹集资金或提供预付款担保、履约担保、职工工资支付担保等所发生的各种费用。

（10）税金　企业按规定缴纳的房产税、车船使用税、土地使用税、印花税等。

（11）其他　包括技术转让费、技术开发费、投标费、业务招待费、绿化费、广告费、公证费、法律顾问费、审计费、咨询费、保险费、城市维护建设税、教育费附加以及地方教育附加等。

5. 利润

利润是指施工企业完成所承包工程获得的盈利。

6. 规费

规费是指按国家法律、法规规定，由省级政府和省级有关权力部门规定必须缴纳或计取的费用。内容包括：

（1）社会保险费

1）养老保险费：企业按照规定标准为职工缴纳的基本养老保险费。

2）失业保险费：企业按照规定标准为职工缴纳的失业保险费。

3）医疗保险费：企业按照规定标准为职工缴纳的基本医疗保险费。

4）工伤保险费：企业按照规定标准为职工缴纳的工伤保险费。

5）生育保险费：企业按照规定标准为职工缴纳的生育保险费。

（2）住房公积金　企业按照规定标准为职工缴纳的住房公积金。

（3）水利建设基金　水利建设基金是用于水利建设的专项资金。根据《内蒙古自治区水利建设基金筹集和使用管理实施细则》的规定水利建设基金是可计入企业成本的费用。

（4）环境保护税　施工现场依照《中华人民共和国环境保护税法》规定缴纳的环境保护税。

7. 税金

税金是指国家税法规定的应计入建设工程造价内的增值税（销项税额）。

一般纳税人为甲供工程提供的建筑服务，可以选择适用简易计税方法。甲供工程是指全部或部分设备、材料、动力由工程发包方自行采购的建筑工程。

二、建设工程费用项目组成

建设工程费用按照工程造价形成由分部分项工程费、措施项目费、其他项目费、规费、税金组成。分部分项工程费、措施项目费、其他项目费包含人工费、材料费、施工机具使用费、企业管理费和利润。建筑安装工程费用项目组成（按造价形成划分）如图 2-2 所示。

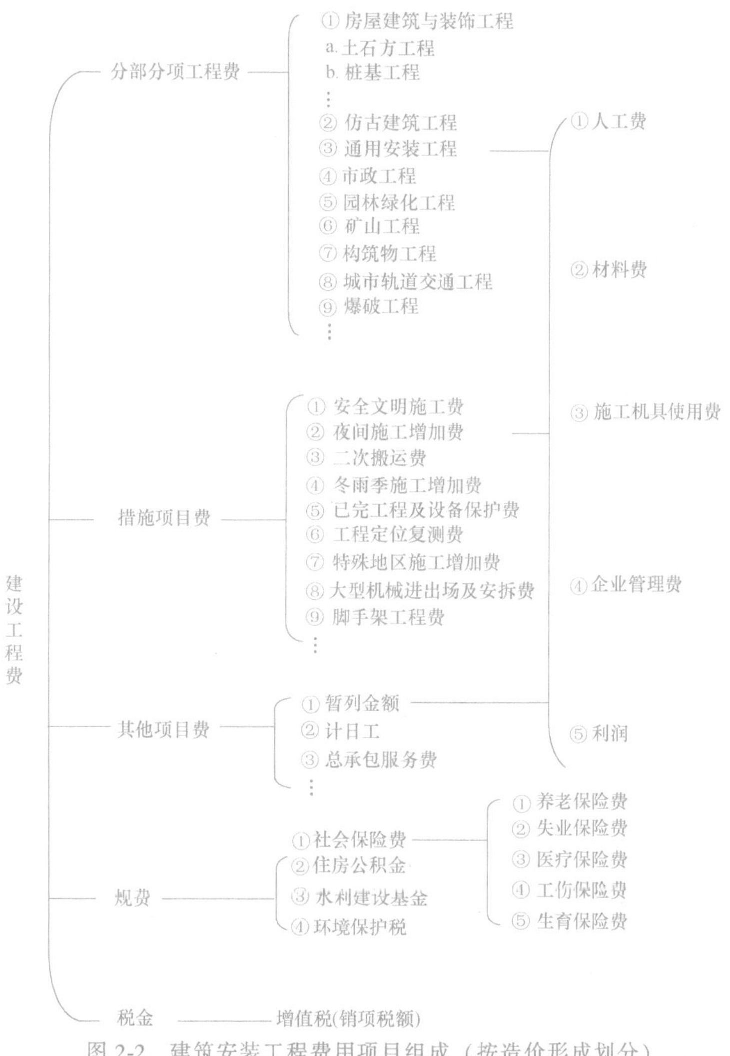

图 2-2　建筑安装工程费用项目组成（按造价形成划分）

1. 分部分项工程费

分部分项工程费是指各专业工程的分部分项工程应予列支的各项费用。

(1) 专业工程　按现行国家计量规范划分的房屋建筑与装饰工程、仿古建筑工程、通用安装工程、市政工程、园林绿化工程、矿山工程、构筑物工程、城市轨道交通工程、爆破工程等各类工程。

(2) 分部分项工程　按现行国家计量规范对各专业工程划分的项目。如房屋建筑与装饰工程划分的土石方工程、地基处理与桩基工程、砌筑工程、钢筋及钢筋混凝土工程等。

各类专业工程的分部分项工程划分见现行国家或行业计算规范。

2. 措施项目费

措施项目费是指为完成建设工程施工，发生于该工程施工前和施工过程中的技术、生活、安全、环境保护等方面的费用。措施项目费分为总价措施项目费和单价措施项目费。

(1) 安全文明施工费

1) 环境保护费：施工现场为达到环保部门要求所需要的各项费用。

2) 文明施工费：施工现场文明施工所需要的各项费用（含扬尘治理增加费）。

3) 安全施工费：施工现场安全施工所需要的各项费用（含远程视频监控增加费）。

4) 临时设施费：施工企业为进行建设工程施工所必须搭设的生活和生产用的临时建筑物、构筑物和其他临时设施费用。其包括临时设施的搭设、维修、拆除、清理费或摊销费等。

(2) 夜间施工增加费　因夜间施工所发生的夜班补助费、夜间施工降效、夜间施工照明设备摊销及照明用电等费用。施工单位在建设单位没有要求提前交工为赶工期自行组织的夜间施工不计取夜间施工增加费。

(3) 二次搬运费　因施工场地条件限制而发生的材料、构配件、半成品等一次运输不能到达堆放地点，必须进行二次或多次搬运所发生的费用。

(4) 冬雨季施工增加费　在冬季或雨季施工需增加的临时设施、防滑、排除雨雪，人工及施工机械效率降低等费用。

(5) 已完工程及设备保护费　竣工验收前，对已完工程及设备采取的必要保护措施所发生的费用。

(6) 工程定位复测费　工程施工过程中进行全部施工测量放线和复测工作的费用。

(7) 特殊地区施工增加费　工程在沙漠或其边缘地区、高海拔、高寒、原始森林等特殊地区施工增加的费用。

措施项目及其包含的内容详见内蒙古自治区各类专业工程定额。

3. 其他项目费

(1) 暂列金额　招标人在工程量清单中暂定并包括在合同价款中的一笔款项。其用于工程合同签订时尚未确定或者不可预见的所需材料、工程设备、服务的采购，施工中可能发生的工程变更、合同约定调整因素出现时的合同价款调整以及发生的索赔、现场签证确认等的费用。

(2) 计日工　在施工过程中，承包人完成发包人提出的工程合同以外的零星项目或工作所需的费用。

(3) 总承包服务费　总承包人为配合、协调发包人进行的专业工程发包，对发包人自行采购的材料、工程设备等进行保管以及施工现场管理、竣工资料汇总整理等服务所需的费用。

4. 规费

规费是指按国家法律、法规规定，由省级政府和省级有关权力部门规定必须缴纳或计取

的费用。内容包括：

（1）社会保险费

1）养老保险费：企业按照规定标准为职工缴纳的基本养老保险费。

2）失业保险费：企业按照规定标准为职工缴纳的失业保险费。

3）医疗保险费：企业按照规定标准为职工缴纳的基本医疗保险费。

4）工伤保险费：企业按照规定标准为职工缴纳的工伤保险费。

5）生育保险费：企业按照规定标准为职工缴纳的生育保险费。

（2）住房公积金　企业按照规定标准为职工缴纳的住房公积金。

（3）水利建设基金　水利建设基金是用于水利建设的专项资金。根据《内蒙古自治区水利建设基金筹集和使用管理实施细则》的规定，水利建设基金是可计入企业成本的费用。

（4）环境保护税　施工现场依照《中华人民共和国环境保护税法》规定缴纳的环境保护税。

5. 税金

税金是指国家税法规定的应计入建设工程造价内的增值税（销项税额）。

一般纳税人为甲供工程提供的建筑服务，可以选择适用简易计税方法。甲供工程是指全部或部分设备、材料、动力由工程发包方自行采购的建筑工程。

三、工程名称及费率适用范围

1. 房屋建筑与装饰工程

房屋建筑与装饰工程适用于内蒙古自治区行政区域内工业与民用建筑的新建、扩建和改建房屋的建筑与装饰工程。

2. 通用安装工程

通用安装工程适用于内蒙古自治区行政区域内工业与民用建筑的新建、扩建通用安装工程。

3. 土石方工程

土石方工程是指各类房屋建筑、市政工程施工中发生的土石方的爆破、挖填、运输工程；园林工程削山、刷坡、场地内超过30cm挖填等场地准备工程中土石方的爆破、挖填、运输工程。

4. 市政工程

市政工程适用于内蒙古自治区行政区域内城镇范围内的新建、扩建和改建的市政道路、桥涵、管网、水处理、生活垃圾处理、路灯等工程。

5. 园林绿化及养护工程

园林绿化工程适用于内蒙古自治区行政区域内园林绿化和园林建筑工程；园林养护工程适用于内蒙古自治区行政区域内的园林养护工程。

四、建设工程费用计算方法和程序

1. 分部分项工程费

分部分项工程费按与“费用定额”配套颁发的各类专业工程定额及有关规定计算。

2. 措施项目费

总价措施费中的安全文明施工费、夜间施工增加费、二次搬运费、冬雨季施工增加费、已完工程及设备保护费和工程定位复测费，按“总价措施项目费费率表”中费率计算，计算基础为人工费（不含机上人工）。

（1）安全文明施工费　除按“总价措施项目费费率表”计算安全文明施工费费用外，安全文明施工费的计算还应遵守下述规定：

1）实行工程总承包的，由总承包按相应计算基础和计算方法计算安全文明施工费，并负责整个工程施工现场的安全文明设施的搭设、维护；总承包单位依法将建筑工程分包给其他分包单位的，其费用使用和责任划分由总、分包单位依据《建设工程安全防护、文明施工措施费用及使用管理规定》在合同中约定。

2）安全文明施工费费率是以《关于发布〈内蒙古自治区建筑施工标准化图集〉的公告》（内建建［2013］426号）文件内容进行测算的基准费率。招标人有创建安全文明示范工地要求的建设项目：取得盟市级标准化示范工地的在基准费率基础上上浮15%，取得内蒙古自治区级标准化示范工地的在基准费率基础上上浮20%。

3）建设单位依法将部分专业工程分包给专业队伍施工时，分包单位应按分包专业工程及表中费率的40%计取，剩余部分费用由总包单位统一使用。

（2）夜间施工增加费　夜间施工增加费按表2-1计算。

表2-1　夜间施工增加费

费用内容	照明设施安拆、折旧、用电	工效降低补偿	夜餐补助	合计
费用标准/[元/(人·班)]	2.2	3.8	12	18

1）白天在地下室、无窗厂房、坑道、洞库内、工艺要求不间断施工的工程，可视为夜间施工，每工日按6元计夜间施工增加费；工日数按实际工作量所需定额工日数计算。

2）夜间施工增加费的计算有争议时，应由建设单位和施工单位签证确认。

（3）二次搬运费　二次搬运费按“总价措施项目费费率表”中的费率计算。

（4）冬雨季施工增加费　雨季施工增加费按“总价措施项目费费率表”中的费率计算。冬季施工增加费按下列规定计算：

1）需要冬季施工的工程，其措施费由施工单位编制冬季施工措施和冬季施工方案，连同增加费用一并报建设、监理单位批准后实施。

2）人工、机械降效费用按冬季施工工程人工费的15%计取。

3）对于冬季停止施工的工程，施工单位可以按实际停工天数计算看护费用。费用计算标准按104元/(人·天）计算，看护人数按实际签证看护人数计算。专业分包工程不计取看护费。看护费包括看护人员工资及其取暖、用水、用电费用。

4）冬季停止施工期间不得计算周转材料（脚手架、模板）及施工机械停滞费。

（5）已完工程及设备保护费　已完工程及设备保护费按“总价措施项目费费率表”中的费率计算。

（6）工程定位复测费　工程定位复测费按“总价措施项目费费率表”中的费率计算。

（7）特殊地区施工增加费　根据工程项目所在地区实际情况可按定额人工费的1.5%计取，此项费用可作为计取管理费、利润的基数。

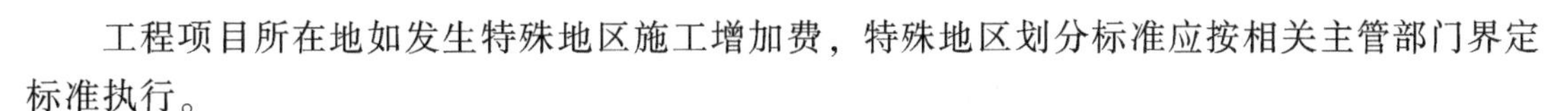

工程项目所在地如发生特殊地区施工增加费，特殊地区划分标准应按相关主管部门界定标准执行。

内蒙古自治区特殊地区：沙漠地区指巴丹吉林、腾格里、乌兰布和等沙漠；高海拔、高寒地区指牙克石、根河；原始森林指大兴安岭地区。

总价措施项目费费率表见表 2-2。

表 2-2 总价措施项目费费率表

序号	专业工程	取费基础	分项费率(%)					
			安全文明施工费		雨季施工增加费	已完工程及设备保护费	工程定位复测费	二次搬运费
			安全文明施工与环境保护费	临时设施费				
1	房屋建筑与装饰工程	人工费	5.5	2	0.5	0.8	0.3	0.01

注：人工费的占比为 25%，人工费中不含机上人工费。

3. 企业管理费

企业管理费费率是综合测算的，其计算基础为人工费（不含机上人工费）。企业管理费属于竞争性费用。编制招标控制价时，按定额规定的程序和费率计算，作为招标工程的最高限价。施工企业投标报价时，应视拟建工程的建设规模、复杂程度、技术含量、企业管理水平及投标策略自主确定管理费费率。由于近些年体现蒙元文化的建筑越来越多，本届定额对建筑设计造型新颖独特，具有民族风格特色的大型建设项目（单项工程建筑面积>15000m^2，且施工周期>18 个月），管理费费率应在招标文件中明确按原费率基础上上浮 15%；幼儿园一般规模较小、设计繁杂且在我区多体现蒙元文化，管理费费率应在招标文件中明确按原费率基础上上浮 20%。如果招标文件中没有明确，招标控制价备案时，对于国有资金投资项目，备案部门有权提出整改意见；如果未备案或其他投资项目在控制价中未计算上浮比例，且施工企业未向备案部门投诉进行投标的，属于响应了招标文件要求，施工企业在具体施工期间因建设工程项目设计造型新颖独特、工艺流程繁琐、施工技术难度大等，结算时不能按费用定额规定计取。

专业承包资质施工企业的管理费应在总承包企业管理费费率基础上乘以 0.8 系数。

企业管理费费率表见表 2-3。

表 2-3 企业管理费费率表

专业工程	房屋建筑与装饰工程
费率	20%

4. 利润

利润是按行业平均水平测算，其计算基础为人工费（不含机上人工费）。利润是竞争性费用，企业投标报价时，根据企业自身需求并结合建筑市场实际情况自主确定。利润率表见表 2-4。

表 2-4 利润率表

专业工程	房屋建筑与装饰工程
费率	16%

5. 规费

规费为不可竞争费用，无论招标控制价、投标报价，还是采用预结算方式的竣工结算价，均应按规定的费率和计取基础计算。规费费率表见表 2-5。

表 2-5　规费费率表

费用名称	养老、失业保险	基本医疗保险	住房公积金	工伤保险	生育保险	水利建设基金	合计
费率	12.5%	3.7%	3.7%	0.4%	0.3%	0.4%	21%

1）社会保险费（养老保险、失业保险、医疗保险、工伤保险、生育保险）、住房公积金、水利建设基金按规费费率表中规定的费率计算。规费不参与投标报价竞争。规费的计算基础为人工费（不含机上人工费）。

2）环境保护税。《中华人民共和国环境保护税法》于 2018 年 1 月 1 日起施行，依照该法规定征收环境保护税，其中规费中的工程排污费不再征收。

6. 税金

税金是指国家税法规定的应计入建设工程造价内的增值税（销项税额），税率为 10%。

一般纳税人为甲供工程提供的建筑服务，可以选择适用简易计税方法，征收率为 3%。

7. 费用计算程序

工程量清单计价法（综合单价法）的取费程序见表 2-6。

表 2-6　单位工程费用的计算程序

序号	费用项目	计算方法
1	分部分项工程费	Σ(分部分项工程量清单×综合单价)
2	措施项目费	Σ(措施项目清单×综合单价)
3	其他项目费	按招标文件和清单计价要求计算
4	规费	(分部分项工程费和措施项目费中的人工费)×费率
5	税金	(1+2+3+4)×税率
6	工程造价	1+2+3+4+5

8. 劳务分包企业取费

（1）劳务分包工程造价构成

1）劳务分包工程造价由人工费、施工机械使用费（发生时计取）、管理费、利润、规费和税金构成。

2）人工费是指直接从事建筑安装工程施工的生产工人开支的各项费用，包括：计时工资或计件工资、奖金、津贴补贴、加班加点工资、特殊情况下支付的工资、劳动保险（个人缴纳部分）、职工福利费、劳动保护费、工会经费、职工教育经费。

（2）劳务分包工程造价计价办法

1）劳务分包工程人工费：

① 人工费按劳务分包企业分包的工程量乘以相应定额子目人工费计算。

② 工程量应按设计图以及内蒙古自治区住建厅颁发的相关定额中的工程量计算规则计算。

③ 定额中未包括或不完全适用的项目，可按照总承包企业或专业承包企业投标时的报

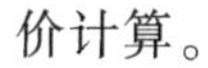

价计算。

④ 人工费调整按内蒙古自治区建设行政主管部门的相关规定执行。

2）劳务分包工程施工机械使用费应按定额中的台班含量和台班单价及相关规定计算。

3）管理费。劳务分包工程管理费按其分包工程量定额人工费的8%计取。

4）规费：

① 为职工办理养老、医疗保险，并缴纳各项费用（不含工伤保险、生育保险）的劳务企业，按所承包专业工程定额人工费的16.2%计取。

② 只为职工办理养老保险的，按所承包专业工程定额人工费的2.5%计取。劳务企业未办理养老保险、医疗保险的，视为是总承包企业或专业承包企业的内部劳务承包，不计取规费。

③ 总承包企业或专业承包企业应负责为劳务工人办理养老、医疗保险，或直接将这部分费用支付给劳务工人，由劳务工人自行办理养老保险、医疗保险。

④ 生育保险、工伤保险由总承包企业或专业承包企业缴纳，劳务分包企业不计取此项费用。

5）利润：劳务分包企业利润按分包工程定额人工费的3%计取。

6）税金：以包清工方式提供建筑劳务是指施工方不采购建筑工程所需的材料或只采购辅助材料并收取人工费、管理费及其他费用的建筑服务，可以选择采用简易计税方法计税，征收率为3%。

五、建设工程其他项目费

1. 无负荷联合试运转费

无负荷联合试运转费是指生产性建设项目按照设计要求完成全部设备安装工程之后，在验收之前所进行的无负荷（不投料）联合试运转所发生的费用。按设备安装工程人工费的3%计算。

2. 总承包服务费

总承包服务费是指总承包人为配合协调发包人进行的专业工程发包，对发包人自行采购的材料、工程设备等进行保管以及施工现场管理、竣工资料汇总整理等服务所需的费用。总承包单位依法将专业工程进行分包的，总承包单位向分包单位提供服务应收取总承包服务费，费用视服务内容的多少，由双方在合同中约定。

（1）总承包服务费的内容

1）配合分包单位施工的非生产人员（包括医务、宣传、安全保卫、烧水、炊事等工作人员）工资。

2）现场生产、生活用水电设施、管线敷设摊销费（不包括施工现场制作的非标准设备、钢结构用电）。

3）共用脚手架搭拆、摊销费（不包括为分包单位单独搭设的脚手架）。

4）共用垂直运输设备（包括人员升降设备）、加压设备的使用、折旧、维修费。

5）发包人自行采购的设备、材料的保管费，对分包单位进行的施工现场管理竣工资料汇总整理等服务所需的费用。

（2）总承包服务费的计算方法

总承包服务费应根据总承包服务范围计算，在招投标阶段或合同签订时确定。

1）当招标人仅要求对分包的专业工程进行总承包管理和协调时，按发包的专业工程估算造价的1.5%计算。

2）当招标人要求对分包的专业工程进行总承包管理和协调，并同时要求提供配合服务时，根据招标文件中列出的配合服务内容和提出的要求，按发包的专业工程估算造价的3%计算。

3）招标人自行供应材料的，按招标人供应材料价值的1%计算。

4）发包人要求总承包人为专业分包工程提供水电源并且支付水电费的，水电费的计算应进行事先约定，也可向发包人按分部分项工程费的1.2%计取。发包人支付的水电费应由发包人从专业分包工程价款中扣回。

总承包服务费应根据总承包服务范围计算，在招投标阶段或合同签订时确定。总承包服务费计算基础不包括外购设备的价值。

3. 停窝工损失费

停窝工损失费是指建筑安装施工企业进入施工现场后，由于设计变更、停水、停电（不包括周期性停水、停电）以及按规定应由建设单位承担责任的原因造成的、现场调剂不了的停工、窝工损失费用。

1）内容包括：现场在用施工机械的停滞费、现场停窝工人员生活补贴及管理费。

2）计算方法：施工机械停滞费按定额台班单价的40%乘以停滞台班数计算；停窝工人员生活补贴按每人每天40元乘以停工工日数计算；管理费按人工停窝工费的20%计算。连续7天之内累计停工小于8小时的不计算停窝工损失费。计算公式如下：

① 人工费：停窝工天数×人数×40。

② 管理费：停窝工天数×人数×40×20%。

③ 停窝工机械费：停窝工台班数×台班单价×40%。

3）对于暂时停止施工7天以上的工程，应由发承包双方协商停工期间各项费用的计算方法，并签订书面协议。

4. 工程变更及现场签证费

工程变更及现场签证费是指工程施工过程中，由于设计变更、施工条件变化，建设单位供应的材料、设备、成品及半成品不能满足设计要求，由施工单位经济技术人员提出、经设计人员或建设单位（监理单位）驻工地代表认定的费用。施工合同中没有明确规定计算方法的经济签证费用按以下规定计算：

1）设计变更引起的经济签证费用应计算工程量，按各类定额规定或投标报价中的综合单价（指工程量清单报价的）计取各项费用。

2）施工条件变化、建设单位供应的材料、设备、成品及半成品不能满足设计要求引起的经济签证，由建设单位（或监理单位）与施工单位协商确定费用。按预算定额基价、劳动定额用工数量及定额人工费单价计算的部分应该按费用定额规定计取各项费用；不按预算定额基价、劳动定额用工数量及定额人工费单价计算的，只计取税金。

5. 暂列金额

暂列金额是指招标人在工程量清单中暂定并包括在工程合同价款中的一笔款项。其用于工程合同签订时尚未确定或者不可预见的所需材料、工程设备、服务的采购，施工中可能发生的工程变更、合同约定调整因素出现时的工程合同价款调整以及发生的索赔、现场签证确认等的费用。

6. 计日工

计日工是指在施工过程中，承包人完成发包人提出的工程合同以外的零星项目或工作，按合同中约定的单价计价的一种方式。

7. 企业自有工人培训管理费

根据“建立施工总承包企业自有工人为骨干，专业承包和专业作业企业自有工人为主体，劳务派遣为补充的多元化用工方式”的改革要求，为鼓励和引导企业培养自有技术骨干工人承担结构复杂、技术含量高的建设项目，参与国际市场竞争，对于企业自有工人使用率达到总用工数量15%及以上的工程项目，结算时可在企业投标报价利润率基础上调增10%，该费用应计入招标控制价内，并在招标文件中明示；实际施工使用的自有技术工人未达到15%，结算时应扣除此项费用。企业自有技术工人的认定按内蒙古自治区住房和城乡建设厅相关规定执行。

8. 优质工程奖励费

为了鼓励创建国家和自治区各类质量奖项，推进内蒙古自治区区建设工程质量水平稳步提升，更好地将建设工程造价和质量紧密结合，体现优质优价，特做如下规定：

1）获得盟市级工程质量奖项，税前工程总造价增加0.5%。

2）获得内蒙古自治区级工程质量奖项，税前工程总造价增加1%。

3）获得国家级工程质量奖项，税前工程总造价增加1.5%。

注：工程总造价如超过5亿，超过部分按上述标准乘以0.9系数。

9. 绿色建筑施工奖励费

为了响应“创新、协调、绿色、开放、共享”五大发展理念，推进建筑业的可持续发展，合理确定绿色建筑施工的工程造价，特作如下规定：

1）获得绿色建筑一星，税前工程总造价增加0.3%。

2）获得绿色建筑二星，税前工程总造价增加0.7%。

3）获得绿色建筑三星，税前工程总造价增加1.0%。

注：工程总造价如超过5亿，超过部分按上述标准乘以0.9系数。

例如，某工程在申报优质工程奖励费和绿色建筑施工奖励费时，应先获得绿色建筑施工奖再申报优质工程奖，如没有获得绿色建筑施工奖则不能申报优质工程奖，优质工程奖包含了绿色建筑施工的内容。若同时取得了盟市级工程质量奖和内蒙古自治区级工程质量奖或内蒙古自治区级工程质量奖和国家级工程质量奖，应按高者计算。此奖项不包括各专业工程的质量奖项（如行业内评比的奖项），只针对住房和城乡建设行政主管部门管理评比的奖项。

【例2-3】 某工程，获得了盟市级工程质量奖，税前工程造价为6.5亿元，计算优质工程奖励费。

解：$5\times1.005=5.025$（亿元）

$1.5\times1.005\times0.9=1.357$（亿元）

$5.025+1.357=6.382$（亿元）

10. 施工期间未完工程保护费

在冬季及其他特殊情况下停止施工时，对未完工部分的保护费用应按照甲乙双方签证确认的方案据实结算。

11. 提前竣工（赶工补偿）

招标人应依据相关工程的工期定额合理计算工期，压缩的工期天数不得超过定额工期的20%，超过者，应在招标文件中明示增加赶工费用。

发包人要求合同工程提前竣工的，应征得承包人同意后与承包人商定采取加快工程进度的措施，并应修订合同工程进度计划。发包人应承担承包人由此增加的提前竣工（赶工补偿）费用。

发承包双方应在合同中约定提前竣工每日历天应补偿额度，此项费用应作为增加合同价款列入竣工结算文件中，应与结算款一并支付。

12. 建筑工程能效测评费

能效测评是指对建筑能源消耗量及其用能系统效率等性能指标进行计算、检测，并对其所处水平给予评价的活动。建筑工程能效测评费按表2-7计算。

表2-7 建筑工程能效测评费

工程类别	检测项目	收费标准/(元/m^2)	备注
居住建筑	能效测评	1.05	居住建筑能效测评、能效实测评估，以2万m^2为一个检测批次
	能效实测评估	1.67	
公共建筑	能效测评	2.16	公共建筑能效测评、能效实测评估，以1万m^2为一个检测批次
	能效实测评估	2.73	

注：1. 招投标阶段，招标人或其委托人在编制招标控制价时应严格执行上述费用标准。

2. 建筑工程竣工结算时，应按施工企业缴费凭证据实结算，未提供缴费凭证的建筑工程不得计取上述费用。

3. 建筑能效测评费的收费标准根据相关规定进行动态调整。

【例2-4】 某住宅小区由8个单项工程组成，其中3栋小高层每栋面积9800m^2，5栋高层每栋面积15000m^2，计取建筑工程能效测评费。

解：3栋小高层：9800×3×(1.05+1.67)=79968(元)

5栋高层：15000×5×(1.05+1.67)=204000(元)

【例2-5】 某住宅小区由8个单项工程组成，其中3栋小高层每栋面积9800m^2，5栋高层每栋面积24000m^2，计取建筑工程能效测评费。

解：3栋小高层；9800m^2×3×(1.05+1.67)=79968（元）

5栋高层；24000m^2×(1.05+1.67)=65280（元）

【例2-6】 某公共建筑单项工程建筑面积5000m^2，计取建筑工程能效测评费。

解：5000×(2.16+2.73)=24450（元）

注：居住建筑以2万m^2为一个检测批次，不足2万m^2也按2万m^2为一个检测批次算；超过2万m^2的按建筑面积计算，计算时应以单项工程为单位。公共建筑计算方法同民用建筑。

【例2-7】 银行营业部装饰工程建筑面积180m^2。已知人工费74287.70元（其中分部分项工程费中的人工费为72633.46+措施项目费中的人工费为1654.24），材料费100803.29元，机械费2002.77元，管理费14857.52元，利润11886.04元，材料价差131296.62元，不考虑辅助材料调整，试计取装饰工程的工程造价。

解：检验试验费 180×3×20%=108.00（元）

通用措施项目计价表见表2-8，通用措施项目计价分析表见表2-9，规费、税金项目计

价表见表 2-10，单位工程取费表见表 2-11。

表 2-8　通用措施项目计价表

工程名称：银行营业部装饰工程

序号	项 目 名 称	计算基础	费率(%)	金额(元)
1	安全文明施工费	定额-人工费	7.5	5447.51
1.1	安全文明施工与环境保护费	定额-人工费	5.5	3994.84
1.2	临时设施费	定额-人工费	2	1452.67
2	雨季施工增加费	定额-人工费	0.5	363.17
3	已完工程及设备保护费	定额-人工费	0.8	581.07
4	工程定位复测费	定额-人工费	0.3	217.90
5	二次搬运费	定额-人工费	0.01	7.26
合　计				6616.91

注：此表上述金额中不包括管理费和利润。

表 2-9　通用措施项目计价分析表

工程名称：银行营业部装饰工程

序号	项 目 名 称	单位	费率(%)	人工费	其他费	管理费	利润	合价(元)
1	安全文明施工费	%	7.5	1361.88	4085.63	272.376	217.9	5937.78
1.1	安全文明施工与环境保护费	%	5.5	998.71	2996.13	199.742	159.79	4354.37
1.2	临时设施费	%	2	363.17	1089.5	72.634	58.11	1583.41
2	雨季施工增加费	%	0.5	90.79	272.38	18.158	14.53	395.86
3	已完工程及设备保护费	%	0.8	145.27	435.8	29.054	23.24	633.36
4	工程定位复测费	%	0.3	54.48	163.42	10.896	8.72	237.52
5	二次搬运费	%	0.01	1.82	5.44	0.364	0.29	7.91
	小计			1654.24	4962.67	330.848	264.68	7212.43
合　计								7212.43

表 2-10　规费、税金项目计价表

工程名称：银行营业部装饰工程

序号	项 目 名 称	计算基础	费率(%)	金额(元)
1	规费	按费用定额规定计算	21	15600.40
1.1	社会保险费	按费用定额规定计算	16.9	12554.61
1.1.1	基本医疗保险	人工费×费率	3.7	2748.64
1.1.2	工伤保险	人工费×费率	0.4	297.15
1.1.3	生育保险	人工费×费率	0.3	222.86
1.1.4	养老失业保险	人工费×费率	12.5	9285.96
1.2	住房公积金	人工费×费率	3.7	2748.64
1.3	水利建设基金	人工费×费率	0.4	297.15
1.4	环保税	按实计取	100	
2	税金	税前工程造价×税率	10	35580.50
合　计				51180.90

表 2-11 单位工程取费表

工程名称：银行营业部装饰工程

序号	项目名称	计算公式或说明	费率(%)	金额(元)
1	分部分项及措施项目	按规定计算		208799.98
1.1	其中:人工费	按规定计算		74287.70
1.2	其中:材料费	按规定计算		100803.29
1.3	其中:机械费	按规定计算		2002.77
1.4	其中:管理费	按规定计算		14857.52
1.5	其中:利润	按规定计算		11886.04
1.6	其中:其他	见通用措施项目计价分析表		4962.67
2	其他项目费	按费用定额规定计算		108.00
3	价差调整及主材	以下分项合计		131296.62
3.1	其中:单项材料调整	详见材料价差调整表		131296.62
3.2	其中:未计价主材费	定额未计价材料		
4	规费	按费用定额规定计算	21	15600.40
5	扣甲供材料	按规定计算		
6	税金	按费用定额规定计算	10	35580.50
7	工程造价	以上合计		391385.50

同步测试

一、单项选择题

1. 有关其他项目清单的表述，下列内容中正确的是（　　）。

A. 暂列金额能保证合同结算价格不会超过合同价格

B. 投标人应将材料暂估单价计入工程量清单综合单价报价中

C. 专业工程的暂估价是综合暂估价，应当包括管理费、利润、规费、税金在内

D. 计日工适用的零星工作一般指合同约定之内的因变更而产生的额外工作

2. 投标人应填报工程量清单计价格式中列明的所有需要填报的单价和合价，如未填报则（　　）。

A. 招标人应要求投标人及时补充

B. 招标人可认为此项费用已包含在工程量清单的其他单价和合价中

C. 投标人应该在开标之前补充

D. 投标人可以在中标后提出索赔

3. 关于招标控制价的编制，论述正确的是（　　）。

A. 计价依据包括国家或省级、行业建设主管部门颁发的计价定额和计价办法

B. 招标人在招标文件中公布招标控制价时，应只公布招标控制价总价，不得公布招标控制价各组成部分的详细内容

C. 综合单价中不包括招标文件中要求投标人所承担的风险内容及其范围产生的风险费用

D. 暂列金额一般可以分部分项工程费的15%~20%为参考

4. 下列各项中，只能用于投标报价编制，而通常不用于招标控制价编制的是（　　）。

A.《建设工程工程量清单计价规范》

B. 建设工程设计文件及相关资料

C. 与建设项目相关的标准、规范、技术资料

D. 施工现场情况、工程特点及拟定的投标施工组织设计或施工方案

5. 规费不包括（　　）费用。

A. 工程排污费　　B. 工伤保险

C. 社会保障费　　D. 环境保护税

6. 有关计日工的表述，下列说法中正确的是（　　）。

A. 计日工表中的项目名称、数量和单价应由招标人填写

B. 计日工表通常只对额外消耗的人工工时和单价进行约定

C. 计日工适用的零星工作一般是指变更而产生的、工程量清单中没有相应项目的额外工作，但通常是在合同约定之内

D. 计日工是为了解决现场发生的零星工作的计价而设立的

7. 根据《建筑安装工程费用项目组成》（建标［2013］44号）文件的规定，下列属于分部分项工程费中材料费的是（　　）。

A. 塔吊基础的混凝土费用

B. 现场预制构件地胎模的混凝土费用

C. 保护已完石材地面而铺设的大芯板费用

D. 独立柱基础混凝土垫层费用

8. 下列情况（　　）能计算夜间施工增加费。

A. 由于技术原因的加夜班　　B. 施工单位自行组织的加夜班

C. 白天在地下室工作　　D. 由于管理不善的加夜班。

9. 建设工程计取各项费用的基础是（　　）。

A. 人工费+机械费　　B. 人工费　　C. 措施费　　D. 材料费

10. 某工地一周内不定期停水，停电7小时，致使一台台班单价为75.94元的卷扬机不能正常使用，施工单位（　　　）。

A. 应计取30.38元的停滞费　　B. 应计取45.56元的停滞费

C. 应计取75.94元的停滞费　　D. 不应计取停滞费

11. 在计算停窝工损失费时，施工机械停滞费按定额台班单价的（　　）计算。

A. 20%　　B. 30%　　C. 40%　　D. 50%

12. 据现行定额建设工程其他项目费用不包括（　　）。

A. 已完工程设备保护费　　B. 总包服务费

C. 停窝工损失费　　D. 工程变更签证费

二、多项选择题

1. 下列有关暂列金额的表述，正确的是（　　）。

A. 用于施工合同签订时尚未确定或者不可预见的所需材料、设备、服务的采购

B. 用于施工中可能发生的工程变更、合同约定调整因素出现时的工程价款调整

C. 用于发生的索赔、现场签证确认等的费用

D. 用于支付必然发生但暂时不能确定价格的材料单价

E. 招标人在工程量清单中暂定但未包括在合同价款中的一笔款项

2. 有关招标控制价的理解，下列阐述中正确的是（　　）。

A. 招标控制价应在招标文件中公布，不应上调或下浮

B. 国有资金投资的工程建设项目应实行工程量清单招标，并应编制招标控制价

C. 招标控制价超过批准的概算时，招标人应将其报原概算审批部门审核

D. 投标人的投标报价高于招标控制价的，其投标应予以拒绝

E. 招标控制价类似标底，需要保密

3. 工程量清单计价的适用范围是（　　）。

A. 现阶段所有项目

B. 国有资金投资的工程建设项目

C. 国家融资资金投资的工程建设项目

D. 国有资金（含国家融资资金）为主的工程建设项目（指国有资金占投资总额50%以上）

E. 国有资金（含国家融资资金）不足50%但国有投资者实质上拥有控股权的工程建设项目

4. 总包服务费内容包括（　　）。

A. 共用水、电费及摊销费

B. 共用脚手架摊销费

C. 共用垂直运输设备费

D. 劳务分包费

E. 配合分包单位施工的非生产人员工资（包括医务、宣传、安全保卫、烧水、炊事等工作人员）

5. 下列（　　）属于建设工程费用范围内。

A. 人工费　　B. 停工损失费　　C. 设计费

D. 税金　　E. 措施项目费

6. 措施项目费是指为完成工程项目施工，发生于该工程施工前和施工过程中非工程实体项目的费用，由（　　）和（　　）组成。

A. 人工费　　B. 总价措施项目费　　C. 单价措施项目费

D. 机械费　　E. 企业管理费

三、简答题

1. 什么是人工费？它由哪些费用组成？

2. 什么是企业管理费？它由哪些费用组成？

3. 建设工程费由哪几项内容组成（按费用构成要素划分、按造价形成划分）？

4. 什么是规费？它包括哪些内容？

5. 停窝工损失费的内容是什么？如何计算？

6. 什么是总包服务费？总包服务费的内容有哪些？如何计算？

学习情境三

楼地面装饰工程

学习目标

知识目标

- 了解楼地面装饰工程施工工艺
- 熟悉楼地面装饰工程项目的设置内容
- 掌握楼地面装饰工程工程量计算规则

能力目标

- 能够识读楼地面装饰工程的施工图
- 能正确计算楼地面装饰工程分项工程量
- 能够熟练应用定额进行套价

单元一　楼地面装饰工程的组成及定额的有关说明

一、楼地面装饰工程的工程内容

楼地面工程是底层地面和楼层地面的总和。地面是房屋建筑底层地坪的总称；楼层即楼房中的中间层。楼地面直接供人使用，因此它必须坚固耐磨、防潮、隔热、平整、光洁。底层地面必须做在坚固的土层或垫层（指承受地面或基础的荷重，并均匀地传递给下面土层的一种应力分布扩散层称为垫层）上。因此，楼地面分部工程一般主要包括：找平层、整体面层、块料面层等分项工程。楼地面装饰工程定额项目分类见表3-1。

表3-1　楼地面装饰工程定额项目分类

构造分类	定额分类	包含内容
找平层	找平层	水泥砂浆找平层、沥青砂浆找平层、细石混凝土找平层
面层	整体面层	水泥砂浆、水磨石、混凝土、菱苦土等面层
	块料面层	石材、陶瓷面砖、陶瓷锦砖、缸砖、水泥花砖等面层
	橡塑面层	橡胶板、塑料板等面层
	其他面层	地毯、木地板、防静电活动地板等

二、定额的有关说明

1）水磨石楼地面项目中，当设计与定额取定的水泥石子浆配合比不同时，定额中的相关材料可以换算。

2）同一铺贴面上有不同种类、材质的材料，应分别按本定额“第十一章 楼地面装饰工程”相应项目执行。

3）厚度≤60mm的细石混凝土执行找平层项目，厚度>60mm的细石混凝土按本定额“第五章 混凝土及钢筋混凝土工程”垫层项目执行。

4）采用地暖的地板垫层，按不同材料执行相应项目，其中人工乘以系数1.3，材料乘以系数0.95。

5）块料面层。

①镶贴块料项目按规格料考虑；现场倒角、磨边时，应按本定额“第十五章 其他装饰工程”相应项目执行。

②石材楼地面拼花按成品拼花石材考虑。

③镶嵌规格在100mm×100mm以内的石材执行点缀项目。

④玻化砖按陶瓷地面砖相应项目执行。

⑤石材楼地面做分格、分色时，应按相应项目执行，其中人工乘以系数1.1。

⑥块料楼地面斜拼时，应按相应项目执行，其中人工乘以系数1.1。

⑦麻面石材表面刷保护液时，应按相应项目执行，其中定额乘以系数1.2。

6）木地板。

① 木地板安装按成品企口考虑；成品平口安装时，应按相应项目执行，其中人工乘以系数0.85。

② 木地板填充材料按本定额“第十章保温、隔热、防腐工程”相应项目执行。

7）踢脚线。

① 金属踢脚线、防静电踢脚线项目均未考虑木基层，发生时按本定额“第十二章 墙、柱面装饰工程”木基层项目执行。

② 弧形踢脚线、楼梯段踢脚线按相应项目执行，其中人工乘以系数1.15，机械乘以系数1.15。

8）石材螺旋形楼梯按弧形楼梯项目执行，其中人工乘以系数1.2。

9）零星装饰项目面层适用于楼梯侧面、台阶的牵边，小便池、蹲台、池槽，以及面积在0.5m^2以内且未列的项目。

10）圆弧形等不规则楼地面铺贴块料、饰面面层时，应按相应项目执行，其中人工乘以系数1.15，材料乘以系数1.05。

11）水磨石楼地面项目按包含酸洗打蜡考虑；其他块料项目做酸洗打蜡时，应按酸洗打蜡相应项目执行。

单元二 楼地面装饰工程的工程量计算规则

楼地面饰面面层，按使用材料和操作的不同分为整体面层和块料面层。整体面层如水泥砂浆面层、混凝土面层、水磨石面层等；块料面层如石材、陶瓷面砖、陶瓷锦砖、缸砖、水泥花砖面层等。按部位的不同有地面、楼梯、台阶和踢脚线。由于使用的材料和所做的部位不同，应分别计算工程量，执行相应的定额。

一、楼地面找平层及整体面层

楼地面找平层及整体面层按设计图示尺寸以面积计算。扣除凸出地面构筑物、设备基础、室内铁道、地沟等所占面积，不扣除间壁墙及单个面积≤0.3m^2柱、垛、附墙烟囱及孔洞所占面积。门洞、空圈、暖气包槽、壁龛的开口部分不增加面积。

二、块料面层、橡塑面层

1）块料面层、橡塑面层及其他材料面层按设计图示尺寸以面积计算。门洞、空圈、暖气包槽、壁龛的开口部分并入相应的面层面积内，如图3-1所示。

2）石材拼花按最大外围尺寸以矩形面积计算。有拼花的石材楼地面，按设计图示面积扣除拼花的最大外围矩形面积计算，如图3-2所示。

3）点缀按设计图示数量以个计算。计算铺贴楼地面面积时，不扣除点缀所占面积，如图3-3所示。

4）石材底面刷养护液包括侧面涂刷，工程量按设计图示尺寸以底面积计算。

5）石材表面刷保护液按设计图示尺寸以表面积计算。

6）石材打胶按设计图示尺寸以延长米计算。

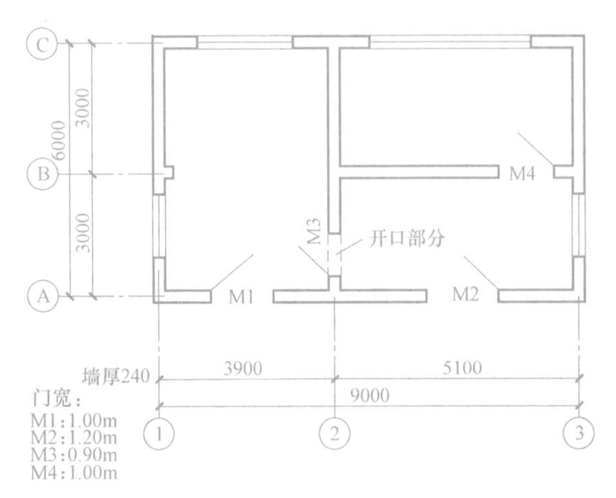

图 3-1 某建筑平面图

图 3-2 石材拼花示意图

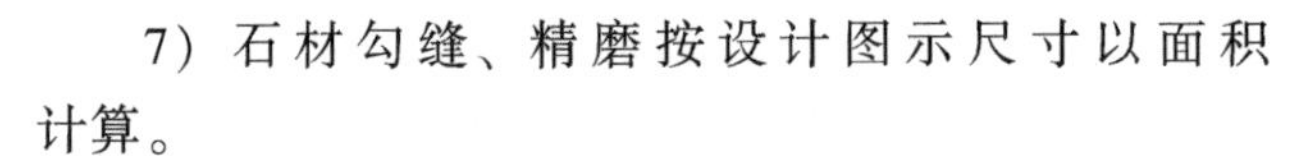

7）石材勾缝、精磨按设计图示尺寸以面积计算。

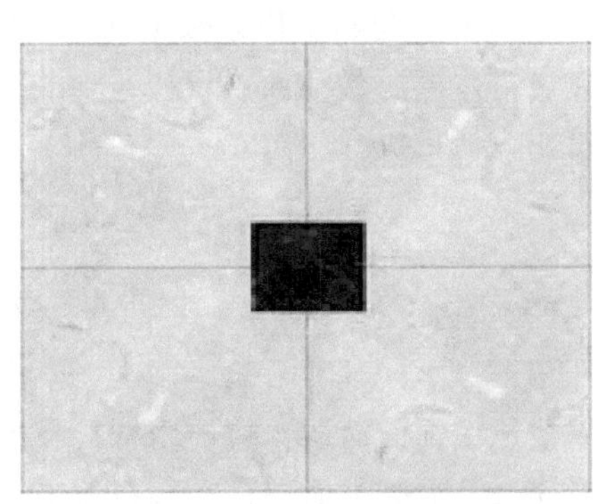

图 3-3 点缀示意图

三、踢脚线

踢脚线按设计图示长度乘以高度以面积计算。楼梯靠墙踢脚线（含锯齿形部分）贴块料按设计图示尺寸以面积计算，如图 3-4 所示。

四、楼梯面层

楼梯面层按设计图示尺寸以楼梯（包括踏步、休息平台及≤500mm 的楼梯井）水平投影面积计算。楼梯与楼地面相连时，算至梯口梁内侧边沿；无梯口梁者，算至最上一层踏步边沿加 300mm，如图 3-5 所示。

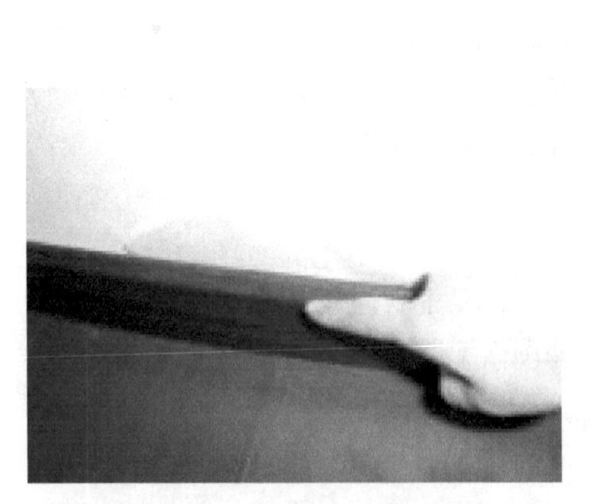

图 3-4 踢脚线示意图

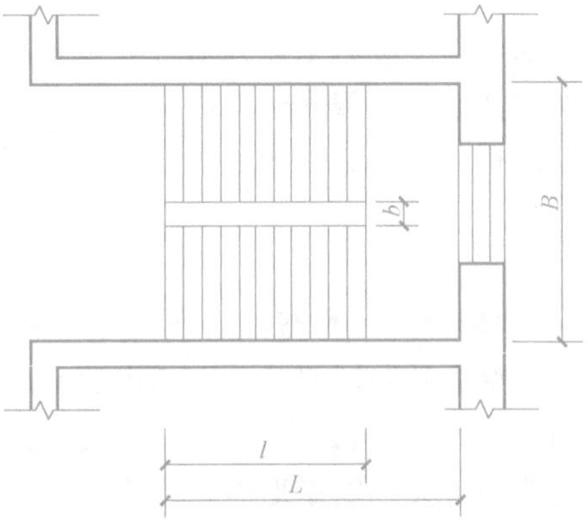

图 3-5 楼梯水平投影示意图

楼梯抹面工程量 = 楼梯间净面积×（楼层数 − 1）

楼梯间净面积 S，无梯口梁时：

当梯井宽>500mm 时，$S=[(L+0.3)\times B-l\times b]\times(n-1)$

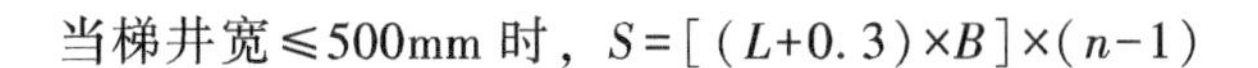

当梯井宽≤500mm 时，$S=[(L+0.3)\times B]\times(n-1)$

五、台阶面层

台阶面层按设计图示尺寸以台阶（包括最上层踏步边沿加 300mm）水平投影面积计算。

六、零星装饰项目

零星装饰项目按设计图示尺寸以面积计算。

七、分隔嵌条、防滑条

1）分隔嵌条按设计图示尺寸以延长米计算。

2）踏步防滑条按设计图示尺寸以延长米计算，设计无规定者，可按踏步两边共减 300mm 计算，如图3-6所示。

图 3-6　踏步防滑条示意图

八、块料楼地面做酸洗打蜡

块料楼地面做酸洗打蜡按设计图示尺寸以表面积计算。

单元三　楼地面装饰工程实例

【例 3-1】　某建筑办公楼如图 3-7、图 3-8 所示，要求：现拌 1∶2.5 水泥砂浆做800mm×800mm 大理石地面，胶粘剂 DTA 砂浆贴大理石踢脚线，大理石踢脚线高 120mm。试计算其工程量及分部分项工程费用。

【解】

1. 大理石地面

1）确定现拌 1∶2.5 水泥砂浆做 800mm×800mm 大理石地面应执行的定额子目。现拌 1∶2.5水泥砂浆做 800mm×800mm 大理石地面，执行定额 11-24 石材楼地面（每块面积 $0.64m^2$ 以内）项目。

2）计算 800mm×800mm 大理石地面工程量。根据本定额“第十一章 楼地面装饰工程”工程量计算规则，楼地面块料面层按设计图示尺寸以面积计算。门洞、空圈、暖气包槽、壁龛的开口部分并入相应的面层面积内。

大理石地面面层工程量 $S=(7.20-0.24)\text{m}\times(8.10-0.24)\text{m}+(3.60-0.24)\text{m}\times(3.00-0.24)\text{m}+(3.60-0.24)\text{m}\times(5.10-0.24)\text{m}-0.4\text{m}\times0.4\text{m}+1\text{m}\times0.24\text{m}\times2+1.5\text{m}\times0.24\text{m}\times2=81.35\text{m}^2$

分析：查找定额 11-24 石材楼地面（每块面积 $0.64m^2$ 以内）项目，定额中所使用的砂浆按干混地面砂浆 M20 编制。首先，先将定额中的干混地面砂浆 M20 调换为现拌 1∶2.5 水泥砂浆，砂浆消耗量 $2.04m^3$ 不变，干混砂浆罐式搅拌机调换为 200L 灰浆搅拌机，机械消耗量 0.34 台班不变。其次，人工消耗量按每立方米砂浆增加综合工 0.382 工日。其中：

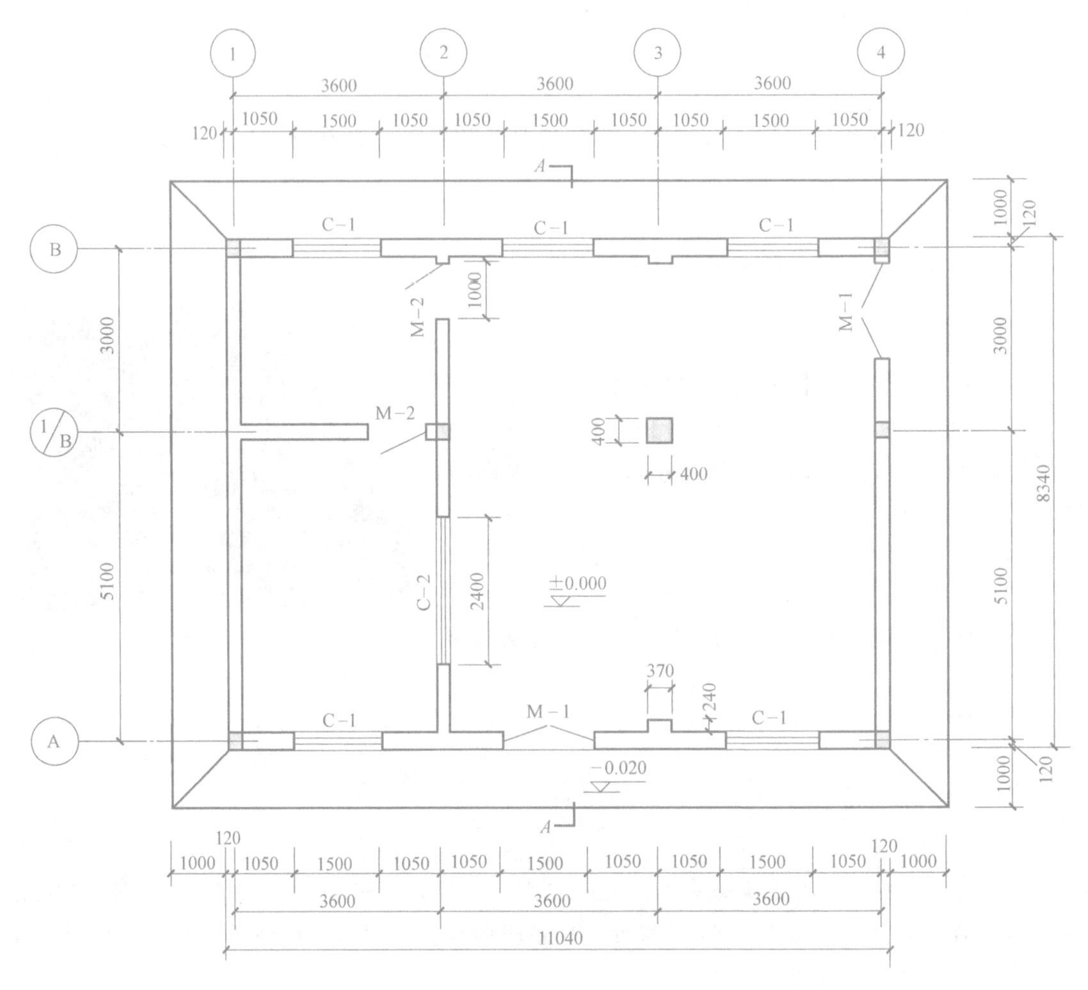

图 3-7　平面图

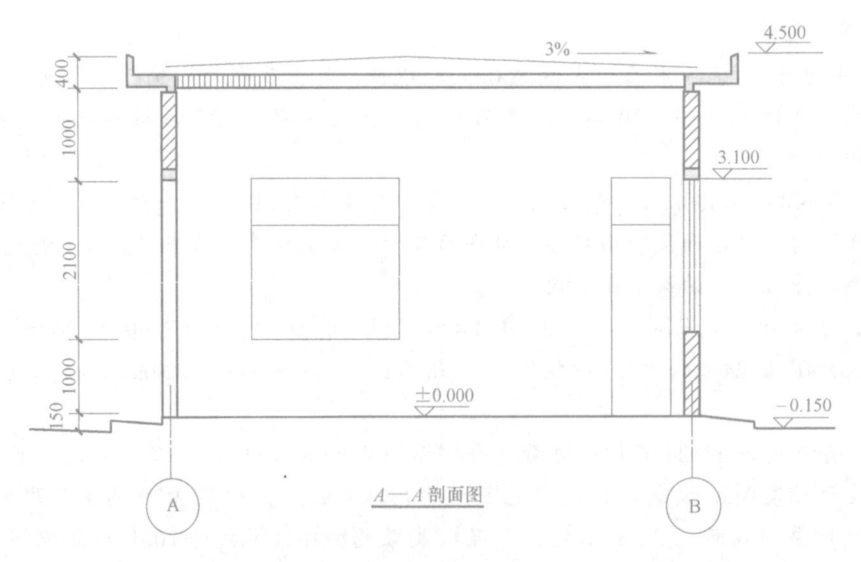

图 3-8　剖面图

人工费＝[（14.243+2.04×0.382）×127.05]元/100m^2＝1908.58元/100m^2

材料费＝11614.88元/100m^2＋（144.3－286.62）元/m^3×2.04m^3/100m^2＝11324.55元/100m^2

材差：查2018年呼和浩特市建设委员会第3期材料信息价，水（除税价）为5.41元/m^3，电（除税价）为0.59元/(kW·h)，无大理石地面800mm×800mm材料价格。经市场认价本工程使用大理石地面800mm×800mm（除税价）为207.76元/m。

大理石地面800mm×800mm消耗量＝102m^2/100m^2×80.81m^2÷100＝82.426m^2

机械费＝79.65元/100m^2＋（192.26－234.25）元/台班×0.34台班/100m^2＝65.37元/100m^2

管理费、利润＝1908.58元/100 m^2×(20%+16%)＝687.09元/100m^2

换算后的基价＝(1908.58+11324.55+65.37+687.09)元/100m^2＝13985.59元/100m^2

2. 大理石踢脚线

1）确定胶粘剂DTA砂浆贴大理石踢脚线应执行的定额子目。胶粘剂DTA砂浆贴大理石踢脚线，执行定额11-72石材踢脚线项目。

2）计算大理石踢脚线工程量。根据本定额“第十一章 楼地面装饰工程”工程量计算规则，踢脚线按设计图示长度乘以高度以面积计算，减洞口，减门框宽（90mm），加侧壁。

大理石踢脚线长度L＝(8.10+7.20−2×0.24+3.00+3.60−2×0.24+5.10+3.60−2×0.24) m×2−1.0m×4−1.5m×2+[(0.24−0.09)÷2]m×12+0.24m×4＝53.18m

大理石踢脚线工程量S＝53.18m×0.12m＝6.38m^2

分析：查找定额11-72石材踢脚线项目，其中：

人工费＝3159.99元/100m^2

材料费＝9283.62元/100m^2

材差：查2018年呼和浩特市建设委员会第3期材料信息价，水（除税价）为5.41元/m^3，电（除税价）为0.59元/(kW·h)，无大理石踢脚线材料价格。经市场认价本工程使用大理石踢脚线（除税价）为129.85元/m。

大理石踢脚线消耗量＝104m^2/100m^2×6.38m^2÷100＝6.635m^2

管理费、利润＝3159.99元/100m^2×(20%+16%)＝1137.60元/100m^2

基价＝(3159.99+9283.62+1137.60)元/100m^2＝13581.21元/100m^2

3. 材料调差

材料价差调整表见表3-2。

表3-2　材料价差调整表

工程名称：某建筑办公楼

编号	名称	单位	数量	定额价(元)	市场价(元)	价差(元)	价差合计(元)
1	大理石地面 800mm×800mm	m^2	82.426	107.25	207.76	100.51	8284.64
2	大理石踢脚线	m^2	6.635	88.37	129.85	41.48	275.22
3	水	m^3	2.768	5.27	5.41	0.14	0.39
4	电	kW·h	12.081	0.58	0.59	0.01	0.12
本页小计							8560.37

4. 定额套价

工程预算表见表3-3。

表3-3 工程预算表

工程名称：某建筑办公楼

序号	定额号	工程项目名称	单位	工程量	单价(元)	合价(元)	定额人工费(元)	
							单价	合价
1	t11-24H	石材楼地面	$100m^2$	0.808	13985.59	11300.36	1908.58	1542.13
2	t11-72	石材踢脚线	$100m^2$	0.064	13581.21	869.20	3159.99	202.24
合计						12169.56		1744.37

【例3-2】 某建筑共6层，楼梯设计如图3-9所示，试计算贴大理石面层的工程量及分部分项工程费用。

【解】

1. 确定定额子目

楼梯贴大理石面层，执行定额11-83石材楼梯面层项目。

2. 计算工程量

根据本定额"第十一章 楼地面装饰工程"工程量计算规则，楼梯面积（包括踏步、休息平台以及小于500mm宽的楼梯井）按水平投影面积计算，无梯口梁者，算至最上一层踏步边沿加300mm。

楼梯贴大理石面层的工程量 $S=[(2.70+1.60+0.30)m\times(1.60\times2+0.60)m-2.70\times0.60]m\times(6-1)=(4.60\times3.80-2.70\times0.60)m^2\times5=79.30m^2$

分析：查找定额11-83石材楼梯面层项目，其中：

人工费 = 4559.19元/$100m^2$

材料费 = 13756.36元/$100m^2$

材差：查2018年呼和浩特市建设委员会第3期材料信息价，水（除税价）为5.41元/m^3，电（除税价）为0.59元/(kW·h)，无大理石楼梯材料价格。经市场认价，本工程使用大理石楼梯价为（除税价）225.07元/m。

大理石楼梯消耗量 $=144.69m^2/100m^2\times79.30m^2\div100=114.739m^2$

机械费 = 107.52元/$100m^2$

管理费、利润 = 4559.19元/$100m^2\times(20\%+16\%)$ = 1641.31元/$100m^2$

基价 = (4559.19+13756.36+107.52+1641.31)元/$100m^2$ = 20064.38元/$100m^2$

3. 材料调差

材料价差调整表见表3-4。

表3-4 材料价差调整表

工程名称：某建筑

编号	名称	单位	数量	定额价(元)	市场价(元)	价差(元)	价差合计(元)
1	大理石楼梯面层	m^2	114.739	88.37	225.07	136.70	15684.82
2	水	m^3	3.615	5.27	5.41	0.14	0.51
3	电	kW·h	46.871	0.58	0.59	0.01	0.47
本页小计							15685.80

4. 定额套价

工程预算表见表3-5。

表3-5　工程预算表

工程名称：某建筑

序号	定额号	工程项目名称	单位	工程量	单价(元)	合价(元)	定额人工费(元)	
							单价	合价
1	t11-83	石材楼梯面层	$100m^2$	0.793	20064.38	15911.05	4559.19	3615.44
合计						15911.05		3615.44

【例3-3】　某建筑室外台阶如图3-10所示，平台和台阶均做花岗岩面层，试计算其工程量及分部分项工程费用。

【解】

1. 花岗岩台阶面层

1）确定花岗岩台阶面层应执行的定额子目。花岗岩台阶面层，执行定额11-95石材台阶项目。

2）计算花岗岩台阶面层工程量。根据本定额“第十一章 楼地面装饰工程”工程量计算规则，台阶面层（包括踏步及最上一层踏步沿300mm）按水平投影面积计算。

花岗岩台阶面层工程量 $S=(2.10+4\times0.30)\text{m}\times0.30\text{m}\times2+1.00\text{m}\times0.30\text{m}\times4=3.18\text{m}^2$

分析：查找定额11-95石材台阶项目，其中：

人工费 = 3322.49 元/100m^2

材料费 = 14891.42 元/100m^2

材差：查2018年呼和浩特市建设委员会第3期材料信息价，水（除税价）为5.41元/m^3，电（除税价）为0.59元/(kW·h)，无花岗岩台阶面层材料价格。经市场认价本工程使用花岗岩台阶面层（除税价）为95.22元/m。

花岗岩台阶面层消耗量 $=156.88\text{m}^2/100\text{m}^2\times3.18\text{m}^2\div100=4.989\text{m}^2$

机械费 = 115.49 元/100m^2

管理费、利润 = 3322.49 元/$100\text{m}^2\times(20\%+16\%)$ = 1196.10 元/100m^2

基价 = (3322.49+14891.42+115.49+1196.10)元/100m^2 = 19525.50 元/100m^2

2. 花岗岩平台面层

1）确定花岗岩平台面层应执行的定额子目。花岗岩平台面层，执行定额11-25石材楼地面（每块面积0.64m^2以外）项目。

2）计算花岗岩平台面层工程量。根据本定额“第十一章 楼地面装饰工程”工程量计算规则，楼地面块料面层按设计图示尺寸以面积计算。门洞、空圈、暖气包槽、壁龛的开口部分并入相应的面层面积内。

花岗岩平台面层工程量 $S=2.10\text{m}\times1.00\text{m}=2.10\text{m}^2$

分析：查找定额11-25石材楼地面（每块面积0.64m^2以外）项目，其中：

人工费 = 1873.48 元/100m^2

材料费 = 12052.46 元/100m^2

材差：查2018年呼和浩特市建设委员会第3期材料信息价，水（除税价）为5.41元/

m^3，电（除税价）为0.59元/(kW·h)，无花岗岩平台面层材料价格。经市场认价本工程使用花岗岩平台面层（除税价）为95.22元/m。

花岗岩平台面层消耗量 = $102m^2/100m^2 \times 2.10m^2 \div 100 = 2.142m^2$

机械费 = 79.65元/$100m^2$

管理费、利润 = 1873.48元/$100m^2$×(20%+16%) = 674.45元/$100m^2$

基价 = (1873.48+12052.46+79.65+674.45)元/$100m^2$ = 14680.04元/$100m^2$

3. 材料调差

材料价差调整表见表3-6。

表3-6 材料价差调整表

工程名称：某建筑

编号	名称	单位	数量	定额价(元)	市场价(元)	价差(元)	价差合计(元)
1	花岗岩台阶面层	m^2	4.989	88.37	95.22	6.85	34.17
2	花岗岩平台面层	m^2	2.142	111.54	95.22	-16.32	-34.96
3	水	m^3	0.228	5.27	5.41	0.14	0.03
4	电	kW·h	2.168	0.58	0.59	0.01	0.02
本页小计							-0.74

4. 定额套价

工程预算表见表3-7。

表3-7 工程预算表

工程名称：某建筑

序号	定额号	工程项目名称	单位	工程量	单价(元)	合价(元)	定额人工费(元)	
							单价	合价
1	t11-25	石材楼地面	$100m^2$	0.021	14680.04	308.28	1873.48	39.34
2	t11-95	石材踢脚线	$100m^2$	0.032	19525.50	624.82	3322.49	106.32
合计						933.10		145.66

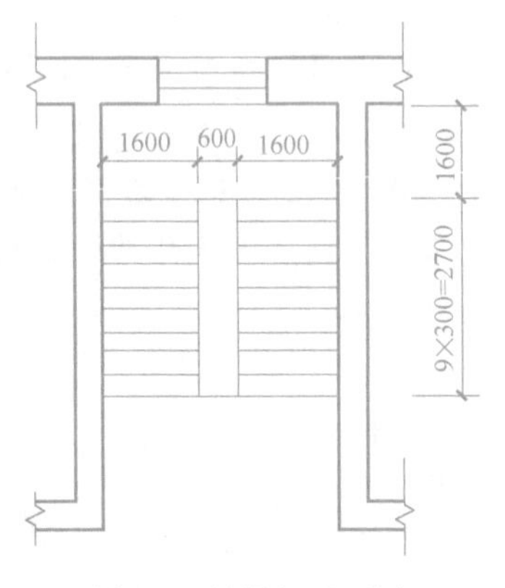

图3-9 楼梯间平面图

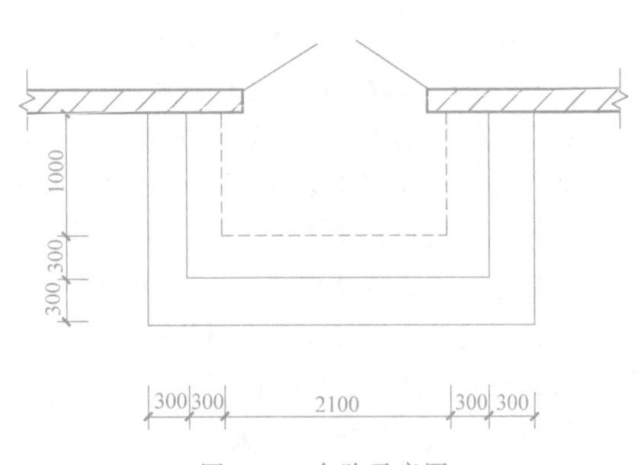

图3-10 台阶示意图

同步测试

一、单项选择题

1. 台阶面层按水平投影面积计算，包括踏步及最上一层踏步沿（　　）。

A. 200mm　　B. 250mm　　C. 300mm　　D. 350mm

2. 零星装饰项目面层适用于面积在（　　）以内且定额未列项目的项目。

A. $0.5m^2$　　B. $1.0m^2$　　C. $1.1m^2$　　D. $1.2m^2$

3. 楼地面工程中石材拼花项目按（　　）计算。

A. 净面积　　B. 实铺面积　　C. 展开面积　　D. 最大外围尺寸以矩形面积

4. 下列各项中不属于楼地面整体面层材料的是（　　）。

A. 水泥砂浆面层　　B. 混凝土面层

C. 水磨石面层　　D. 大理石面层

5. 楼梯间面层工程量为（　　）。

A. 楼梯间面积×（楼层数-1）　　B. 楼梯间净面积×（楼层数-1）

C. 楼梯间面积×楼层数　　D. 楼梯间净面积×楼层数

二、多项选择题

1. 地面工程一般由（　　）构成。

A. 垫层　　B. 找平层　　C. 结合层　　D. 基层

E. 面层

2. 对于细石混凝土找平层项目，下列说法正确的是（　　）。

A. 厚度≤50mm 执行找平层项目　　B. 厚度≤60mm 执行找平层项目

C. 厚度>50mm 执行垫层项目　　D. 厚度>60mm 执行垫层项目

E. 找平层不分厚度

3. 对于楼地面块料面层下列说法正确的是（　　）。

A. 石材楼地面做分格、分色时，应按相应项目执行，其中人工乘以系数 1.1

B. 块料楼地面斜拼时，应按相应项目执行，其中人工乘以系数 1.1

C. 麻面石材表面刷防护液时，应按相应项目执行，其中人工乘以系数 1.2

D. 石材螺旋形楼梯按弧形楼梯项目执行，其中定额乘以系数 1.2

E. 石材螺旋形楼梯按弧形楼梯项目执行，其中人工乘以系数 1.2

4. 楼梯饰面面积按水平投影面积计算，应包括（　　）。

A. 踏步　　B. 休息平台

C. 小于 50mm 的楼梯井　　D. 平台梁

E. 梯梁

三、简答题

1. 楼地面块料面层工程量如何计算？石材拼花的工程量如何计算？

2. 楼地面找平层及整体面层工程量如何计算？

3. 楼梯面层工程量如何计算？

4. 台阶面层工程量如何计算？

学习情境四

墙柱面装饰工程

学习目标

知识目标

- 了解墙柱面装饰工程施工工艺
- 熟悉墙柱面装饰工程项目的设置内容
- 掌握墙柱面装饰工程工程量计算规则

能力目标

- 能够识读墙柱面装饰工程的施工图
- 能正确计算墙柱面装饰工程分项工程量
- 能够熟练应用定额进行套价

单元一　墙柱面装饰工程的组成及定额的有关说明

一、墙柱面装饰工程的工程内容

1）一般抹灰：干混抹灰砂浆、聚合物抗裂砂浆项目。

2）装饰抹灰：水刷石、干粘石、斩假石、拉条灰、甩毛灰等项目。

3）镶贴块料面层：石材、陶瓷锦砖、玻璃马赛克、瓷板、面砖等项目。

4）墙柱饰面：墙柱龙骨基层、面层。

5）幕墙：玻璃幕墙、铝合金幕墙等项目。

6）欧式风格：罗马柱、科林斯柱头、欧式花式等项目。

二、定额的有关说明

1）圆弧形、锯齿形、异形等不规则墙面抹灰、镶贴块料、幕墙按相应项目执行，其中定额乘以系数 1.15。

2）干挂石材骨架及玻璃幕墙型钢骨架均按钢骨架项目执行。预埋铁件按本定额“第五章 混凝土及钢筋混凝土工程”铁件制作安装项目执行。

3）女儿墙（包括泛水、挑砖）内侧抹灰、镶贴块料面层时，女儿墙无泛水挑砖者按相应项目执行，其中人工乘以系数 1.1，机械乘以系数 1.1；女儿墙带泛水挑砖者按墙面相应项目执行，其中人工乘以系数 1.3，机械乘以系数 1.3。女儿墙外侧并入外墙计算。

4）抹灰面层。

① 抹灰项目中设计与定额取定的砂浆配合比不同时，定额中的相关材料可以换算；如设计与定额取定的厚度不同时，按增减厚度项目调整。

② 砖墙中的钢筋混凝土梁、柱侧面抹灰>0.5m^2的并入相应墙面项目执行。

③ 零星抹灰项目适用于各种壁柜、碗柜、飘窗板、空调隔板、暖气罩、池槽、花台以及≤0.5m^2的其他各种零星抹灰。

④ 抹灰工程的装饰线条适用于门窗套、挑檐、腰线、压顶、遮阳板外边、宣传栏边框等项目的抹灰，以及突出墙面且展开宽度≤300mm 的竖、横线条抹灰。线条展开宽度>300mm 且≤400mm 者，应按相应项目执行，其中定额乘以系数 1.33；展开宽度>400mm 且≤500mm 者，应按相应项目执行，其中定额乘以系数 1.67。

⑤ 打底找平项目中设计与定额取定的厚度不同时，按墙面相应增减厚度项目调整。

5）块料面层。

① 墙面贴块料、饰面高度在 300mm 以内时，应按本定额“第十一章 楼地面装饰工程”踢脚线项目执行。

② 勾缝镶贴面砖项目，面砖消耗量分别按缝宽 5mm 和 10mm 考虑，当设计与定额取定的宽度不同时，其块料及灰缝材料（预拌水泥砂浆）可以调整。

③ 玻化砖、干挂玻化砖或玻岩板按面砖相应项目执行。

④ 块料面层斜拼时，应按相应项目执行，其中人工乘以系数 1.1。

6）除已列有挂贴石材柱帽、柱墩项目外，其他项目的柱帽、柱墩并入相应柱面积内，每个柱帽或柱墩另增人工：抹灰 0.25 工日，块料 0.38 工日，饰面 0.5 工日。

7）木龙骨基层按双向考虑，设计为单向时按相应项目执行，其中人工乘以系数 0.55，材料乘以系数 0.55。

8）奥松板基层按胶合板基层相应项目执行。

9）隔断、幕墙。

① 玻璃幕墙中的玻璃按成品玻璃考虑；幕墙中已综合避雷装置，但幕墙的封边、封顶的费用另行计算。型钢、挂件设计与定额取定的用量不同时，定额中的相关材料用量可以调整。玻璃幕墙中的铝合金型材设计与定额取定的用量不同时，定额中的相关材料用量可以调整。

② 幕墙饰面中的结构胶与耐候胶设计与定额取定的用量不同时，定额中的相关材料用量可以调整，施工损耗按 15%计算。

③ 玻璃幕墙设计带有相同材质的平、推拉窗者，并入幕墙面积计算，窗的型材用量应予调整，窗的五金用量相应增加，五金施工损耗按 2%计算。

④ 面层、隔墙（间壁）、隔断（护壁）项目中，除注明者外均未包括压边、收边、装饰线（板），设计要求时按本定额“第十五章 其他装饰工程”相应项目执行。

⑤ 隔墙（间壁）、隔断（护壁）、幕墙等项目中，当设计与定额取定的龙骨间距、规格不同时，定额中的相关材料可以调整。

⑥ 兼墙板隔墙（断）等项目，应按本定额“第六章 金属结构工程”相应项目执行。

⑦ 浴厕隔断中门的材质与隔断相同时，并入隔断面积计算；材质不同时，应按本定额“第八章 门窗工程”相应项目执行。

10）欧式风格。

① 欧式成品构件大于 25kg 时，每增加 10kg，增加 2 个膨胀螺栓 M10×80。

② 欧式成品构件按螺栓固定考虑，较大构件通过钢架固定另计。

③ 粘贴聚苯板线条按本定额“第十章 保温、隔热、防腐工程”相应项目执行。

④ 欧式成品构件刮腻子、油漆、涂料，应按本定额“第十四章 油漆、涂料、裱糊装饰工程”相应项目执行，人工乘以系数 1.15，材料乘以系数 1.25。

11）本章设计要求做防火处理时，应按本定额“第十四章 油漆、涂料、裱糊装饰工程”相应项目执行。

单元二　墙柱面装饰工程的工程量计算规则

一、墙面抹灰

墙面抹灰按设计图示尺寸以面积计算。扣除墙裙、门窗洞口和单个面积>0.3m^2的空圈所占面积，不扣除踢脚线、挂镜线及单个面积≤0.3m^2的孔洞所占面积和墙与构件交接处的面积。门窗洞口、空圈、孔洞的侧壁及顶面不增加面积，附墙柱侧面抹灰并入相应的墙面面积内，如图 4-1、图 4-2、图 4-3 所示。

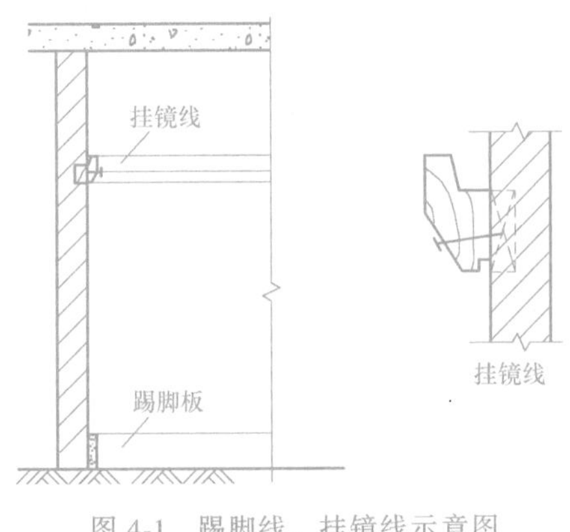

图 4-1　踢脚线、挂镜线示意图

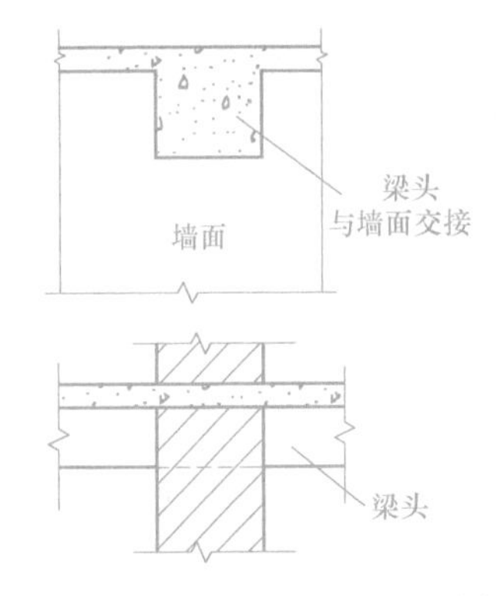

图 4-2　墙与构件交接处面积示意图

1）内墙面抹灰面积按设计图示主墙间净长乘以高度计算，其高度按设计图示室内地面至天棚底面净高计算。

2）内墙裙抹灰面积按设计图示内墙净长乘以高度计算。

3）外墙面抹灰面积按设计图示外墙垂直投影面积计算。

4）外墙裙抹灰面积按设计图示外墙裙长度以高度计算。

5）女儿墙（包括泛水，挑砖）内侧、阳台栏板（不扣除花格所占孔洞面积）内侧与阳台栏板外侧抹灰按设计图示尺寸以其投影面积计算。

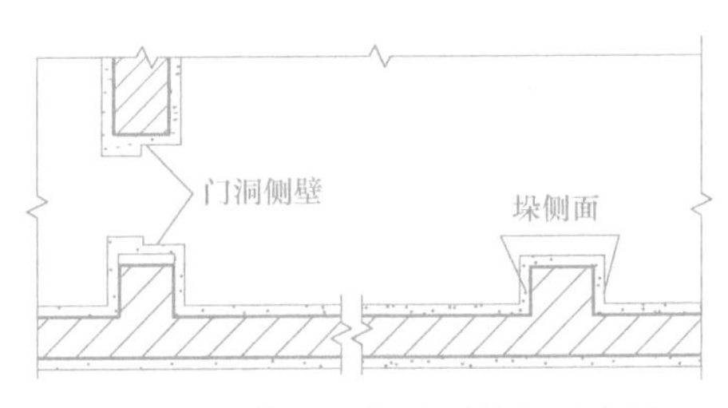

图 4-3　门窗洞口侧壁及抹灰示意图

二、其他抹灰

1）柱面抹灰按设计图示结构断面周长乘以抹灰高度计算，如图 4-4 所示。

2）装饰线条抹灰按设计图示尺寸以延长米计算。

3）装饰抹灰分格嵌缝按抹灰面面积计算。

4）零星项目抹灰按设计图示尺寸以展开面积计算。

三、块料面层

1）墙面镶贴块料面层按设计图示尺寸以镶贴表面积计算。

2）柱面镶贴块料面层按设计图示饰面外围尺寸乘以高度计算，如图 4-5 所示。

3）面砖加浆勾缝项目按设计图示面砖尺寸以面积计算。

4）镶贴零星块料石材柱墩、柱帽项目是按圆弧形成品考虑的，按设计图示其圆的最大外径以周长计算；其他类型的柱帽、柱墩项目按设计图示尺寸以展开面积计算。

5）女儿墙（包括泛水、挑砖）内侧、阳台栏板（不扣除花格所占孔洞面积）内侧与阳台栏板外侧镶贴块料面层按设计图示尺寸以展开面积计算。

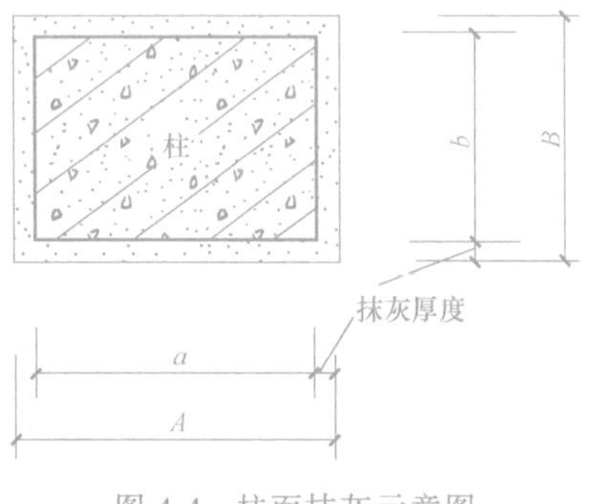

图 4-4　柱面抹灰示意图

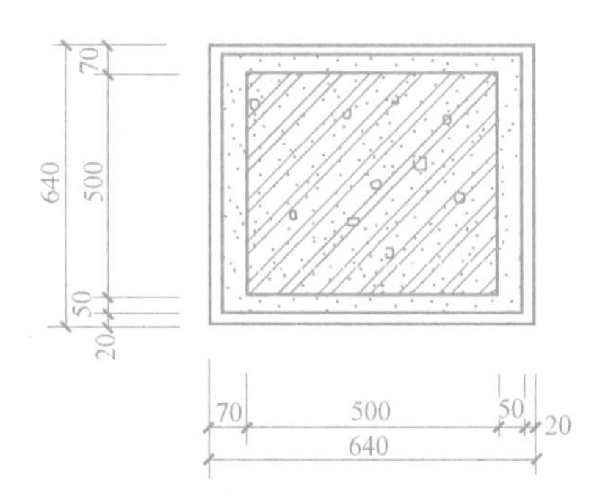

图 4-5　柱面挂贴花岗岩板示意图

四、饰面

1）墙饰面的龙骨、基层、面层项目按设计图示饰面尺寸以面积计算。扣除门窗洞口及单个面积>0.3m²的空圈所占面积，不扣除单个面积≤0.3m²的孔洞所占面积。门窗洞口、孔洞的侧壁及顶面不增加面积。

2）柱（梁）饰面的龙骨、基层、面层项目按设计图示饰面尺寸以面积计算，柱帽、柱墩饰面并入相应的柱面面积内。

五、幕墙、隔断

1）玻璃幕墙、铝板幕墙按设计图示框外围尺寸以面积计算。

2）半玻璃隔断、全玻璃幕墙如有加强肋者，按设计图示尺寸以展开面积计算。

3）隔断按设计图示框外围尺寸以面积计算，扣除门窗洞口及单个面积>0.3m²的孔洞所占面积。

六、欧式风格

1）欧式花饰及其刷漆按设计图示尺寸以面积计算。不规则或多边形欧式花饰及其刷漆按其设计图示外接矩形、外接三角形以面积计算。

2）欧式附墙罗马柱身按设计图示尺寸以高度计算，如图 4-6 所示。

3）欧式附墙柱头、柱墩按设计图示数量以个计算，如图 4-7 所示。

图 4-6　欧式罗马柱示意图

图 4-7　欧式柱头、柱墩示意图

4）欧式扶手头、饰物块按设计图示数量以件计算。

单元三 墙柱面装饰工程实例

【例 4-1】 如图 3-7、图 3-8 所示为某高校实习工厂，内墙面及独立柱：底层为现拌 1：3水泥砂浆，面层为 1：2 水泥砂浆抹灰，腻子刮平；外墙丙烯酸涂料涂两遍。外墙上 C-1：1500mm×2100mm，C-2：2400mm×2100mm，均为铝合金双扇推拉窗（型材为 60 系列，框宽为 60mm），M-1：1500mm×3100mm，M-2：1000mm×3100mm，铝合金平开门（型材框宽为 60mm，居中立樘）。试计算墙柱面装饰工程量及分部分项工程费。

【解】

1. 内墙抹灰

1）确定内墙抹灰应执行的定额子目。内墙抹灰执行定额 12-1 内墙一般抹灰（14mm+6mm）项目。

2）计算内墙抹灰工程量。根据本定额“第十二章 墙柱面装饰工程”工程量计算规则，内墙抹灰按设计图示尺寸以面积计算，扣除墙裙、门窗洞口和单个面积>0.3m^2的空圈所占面积，不扣除踢脚线、挂镜线及单个面积≤0.3m^2孔洞所占面积和墙与构件交接处的面积。门窗洞口、空圈、孔洞的侧壁及顶面不增加面积，附墙柱侧面抹灰并入相应的墙面面积内。

内墙净长线长 =（8.10−0.24+7.20−0.24+3.00−0.24+3.60−0.24+5.10−0.24+3.60−0.24）m×2 = 58.32m

① 内墙面积 S_1 = 58.32m×4.10m = 239.11m^2

② 门窗洞口面积 S_2 = 1.50m×2.10m×5+2.40m×2.10m×2+1.50m×3.10m×2+1.00m×3.10m×2×2 = 47.53m^2

③ 附墙垛两侧面积 S_3 = 0.24m×4.10m×4 = 3.94m^2

内墙面抹灰总计 $S=S_1-S_2+S_3$ = (239.11−47.53+3.94)m^2 = 195.52m^2

分析：查找定额 12-1 内墙一般抹灰（14mm+6mm）项目，定额中所使用的砂浆按干混抹灰砂浆（底层）M10、干混抹灰砂浆（面层）M10 编制。首先，先将定额中的干混抹灰砂浆（底层）M10 调换为现拌 1：3 水泥砂浆，砂浆消耗量为 1.624m^3，干混抹灰砂浆（面层）M10 调换为 1：2 水泥砂浆，砂浆消耗量为 0.696m^3，干混砂浆罐式搅拌机调换为 200L 灰浆搅拌机，机械消耗量为 0.386 台班不变。其次，人工消耗量按每立方米砂浆增加综合工 0.382 工日。其中：

人工费 = [13.078 + (1.624 + 0.696) × 0.382] 工日/100m^2 × 127.05 元/工日 = 1774.16 元/100m^2

材料费 = 617.32 元/100m^2 + (131.84−264.21) 元/m^3×1.624m^3/100m^2 + (152.62−264.21) 元/m^3×0.696m^3/100m^2 = 324.68 元/100m^2

材差：查 2018 年呼和浩特市建设委员会第 3 期材料信息价，水（除税价）为 5.41 元/m^3，电（除税价）为 0.59 元/(kW · h)。

机械费 = 90.42 元/100m^2 + (192.26 − 234.25) 元/台班 × 0.386 台班/100m^2 = 74.21 元/100m^2

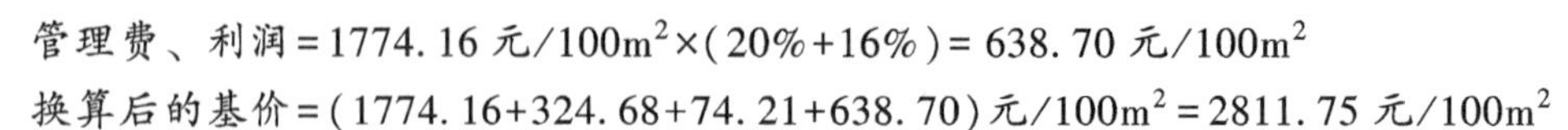

管理费、利润 = 1774.16 元/$100m^2$×(20%+16%) = 638.70 元/$100m^2$

换算后的基价 = (1774.16+324.68+74.21+638.70)元/$100m^2$ = 2811.75 元/$100m^2$

2. 独立柱抹灰

1）确定独立柱抹灰应执行的定额子目。独立柱抹灰执行定额 12-29 独立矩形柱（梁）面抹灰项目。

2）计算独立柱抹灰工程量。根据本定额“第十二章 墙柱面装饰工程”工程量计算规则，独立柱抹灰应按结构断面周长乘以抹灰高度计算。

独立柱抹灰面积 S = 4.10m×0.40m×4 = 6.56m^2

分析：查找定额 12-29 独立矩形柱（梁）面抹灰项目，定额中所使用的砂浆按干混抹灰砂浆（底层）M10、干混抹灰砂浆（面层）M10 编制。首先，先将定额中的干混抹灰砂浆（底层）M10 调换为现拌 1∶3 水泥砂浆，砂浆消耗量为 1.564m^3，干混抹灰砂浆（面层）M10 调换为 1∶2 水泥砂浆，砂浆消耗量为 0.696m^3，干混砂浆罐式搅拌机调换为 200L 灰浆搅拌机，机械消耗量为 0.377 台班不变。其次，人工消耗量按每立方米砂浆增加综合工 0.382 工日。其中：

人工费 = [16.914 + (1.564 + 0.696) × 0.382] 工日/$100m^2$ × 127.05 元/工日 = 2258.61 元/$100m^2$

材料费 = 601.41 元/$100m^2$+(131.84−264.21)元/m^3×1.564m^3/$100m^2$+(152.62−264.21)元/m^3×0.696m^3/$100m^2$ = 316.72 元/$100m^2$

材差：查 2018 年呼和浩特市建设委员会第 3 期材料信息价，水（除税价）为 5.41 元/m^3，电（除税价）为 0.59 元/(kW·h)。

机械费 = 88.31 元/$100m^2$ + (192.26 − 234.25) 元/台班 × 0.377 台班/$100m^2$ = 72.48 元/$100m^2$

管理费、利润 = 2258.61 元/$100m^2$×(20%+16%) = 813.10 元/$100m^2$

换算后的基价 = (2258.61+316.72+72.48+813.10)元/$100m^2$ = 3460.91 元/$100m^2$

3. 内墙刮腻子

1）确定内墙刮腻子应执行的定额子目。内墙刮腻子执行定额 14-251 墙面刮腻子满刮二遍项目。

2）计算内墙刮腻子工程量。根据本定额“第十二章 墙柱面装饰工程”工程量计算规则，内墙刮腻子应扣除门窗洞口面积，应增加洞口的侧壁和顶面面积。

门洞口侧壁和顶面 S_4 = [(3.10 ×2+1.50)×2+(3.10×2+1.0)×4]m×(0.24−0.06)m÷2 = 3.98m^2

窗洞口侧壁和顶面 S_5 = [(2.10×2+1.50)×5+(2.10×2+2.40)×2]m×(0.24−0.06)m÷2 = 3.75m^2

内墙刮腻子工程量 S = (195.52+3.98+3.75)m^2 = 203.25m^2

分析：查找定额 14-251 墙面刮腻子满刮二遍项目，其中：

人工费 = 787.20 元/$100m^2$

材料费 = 116.53 元/$100m^2$

材差：查 2018 年呼和浩特市建设委员会第 3 期材料信息价，水（除税价）为 5.41 元/m^3。

管理费、利润 = 787.20 元/$100m^2$×(20%+16%) = 283.39 元/$100m^2$

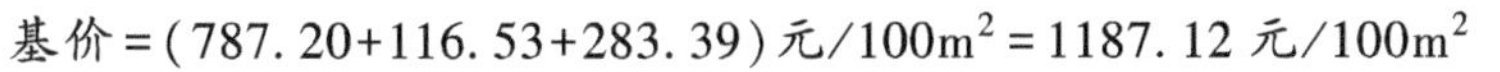
基价 = (787.20+116.53+283.39) 元/100m^2 = 1187.12 元/100m^2

4. 外墙涂料

1）确定外墙涂料应执行的定额子目。外墙涂料执行定额 14-223 外墙丙烯酸酯涂料二遍项目。

2）计算外墙涂料工程量。根据本定额“第十二章 墙柱面装饰工程”工程量计算规则，抹灰面油漆、涂料（另做说明的除外）按设计图示尺寸以面积计算。

$L_{外} = (11.04+8.34)\text{m}\times 2 = 38.76\text{m}$

外墙面积 $S_1 = 38.76\text{m}\times(4.50+0.15)\text{m} = 180.23\text{m}^2$

门窗洞口面积 $S_2 = 1.50\text{m}\times 2.10\text{m}\times 5 + 1.50\text{m}\times 3.10\text{m}\times 2 = 25.05\text{m}^2$

窗洞口侧壁和顶面 $S_3 = (2.10\times 2+1.50)\text{m}\times 5\times(0.24-0.06)\text{m}\div 2 = 2.57\text{m}^2$

门洞口侧壁和顶面 $S_4 = (3.10\times 2+1.50)\text{m}\times 2\times(0.24-0.06)\text{m}\div 2 = 1.39\text{m}^2$

外墙涂料面积 $S = S_1 - S_2 + S_3 = (180.23-25.05+2.57+1.39)\text{m}^2 = 159.14\text{m}^2$

分析：查找定额 14-223 外墙丙烯酸酯涂料二遍项目，其中：

人工费 = 1037.49 元/100m^2

材料费 = 1138.00 元/100m^2

材差：查 2018 年呼和浩特市建设委员会第 3 期材料信息价，水（除税价）为 5.41 元/m^3。

管理费、利润 = 1037.49 元/100m^2×(20%+16%) = 373.50 元/100m^2

基价 = (1037.49+1138.00+373.50) 元/100m^2 = 2548.99 元/100m^2

5. 材料调差

材料价差调整表见表 4-1。

表 4-1　材料价差调整表

工程名称：某高校实习工厂

编号	名称	单位	数量	定额价(元)	市场价(元)	价差(元)	价差合计(元)
1	水	m^3	3.445	5.27	5.41	0.14	0.48
2	电	kW·h	6.711	0.58	0.59	0.01	0.07
本页小计							0.55

6. 定额套价

工程预算表见表 4-2。

表 4-2　工程预算表

工程名称：某高校实习工厂

序号	定额号	工程项目名称	单位	工程量	单价(元)	合价(元)	定额人工费(元)	
							单价	合价
1	t12-1H	内墙一般抹灰(14mm+6mm)	100m^2	1.955	2811.75	5496.97	1774.16	3468.48
2	t14-251	墙面刮腻子满刮二遍	100m^2	2.033	1187.12	2413.41	787.20	1600.38
3	t12-29H	独立矩形柱(梁)面抹灰	100m^2	0.066	3460.91	228.42	2258.61	149.07
4	t14-223	外墙丙烯酸酯涂料二遍	100m^2	1.591	2548.99	4055.44	1037.49	1650.65
合计						12194.24		6868.58

【例 4-2】 某单层职工食堂，天棚轻钢龙骨纸面石膏板吊顶，吊顶标高为 3.8m。室内主墙间的净面积为 35.76m× 20.76m，外墙墙厚为 240mm，外墙上设有 1500mm× 2700mm 铝合金双扇地弹门 2 樘（型材框宽为 101.6mm，居中立樘），1800mm× 2700mm 铝合金双扇推拉窗 14 樘（型材为 60 系列，框宽为 60mm），设置大理石窗台板，外墙内壁需贴 300mm× 400mm 瓷砖，试计算贴块料的工程量。

【解】

1. 确定定额子目。外墙内壁贴 300mm×400mm 瓷砖，执行定额 12-57 粉状型建筑胶贴剂贴瓷板（每块面积 $0.025m^2$ 以外）项目。

2. 计算工程量。根据本定额“第十二章 墙柱面装饰工程”工程量计算规则，墙面镶贴块料面层按设计图示尺寸以镶贴表面积计算。

外墙内壁面积：$S_1=(35.76+20.76)m\times2\times3.8m=429.55m^2$

门洞口面积：$S_2=1.50m\times2.70m\times2=8.10m^2$

窗洞口面积：$S_3=1.80m\times2.70m\times14=68.04m^2$

应增门洞侧壁和顶面：

门洞侧壁和顶面宽为：$b_1=(0.24-0.1016)m\div2=0.069m$

门洞侧壁和顶面面积：$S_4=(2.70\times2+1.50)m\times0.069m\times2=0.95m^2$

应增窗洞侧壁和顶面：

窗洞侧壁和顶面宽为：$b_2=(0.24-0.06)m\div2=0.09m$

窗洞侧壁和顶面面积：$S_5=(1.80+2.70\times2)m\times0.09m\times14=9.07m^2$

内墙贴瓷砖块料工程量为：$S=S_1-S_2-S_3+S_4+S_5=429.55m^2-8.10m^2-68.04m^2+0.95m^2+9.07m^2=363.43m^2$

分析：查找定额 12-57 粉状型建筑胶贴剂贴瓷板（每块面积 $0.025m^2$ 以外）项目，其中：

人工费 = 3980.22 元/$100m^2$

材料费 = 4548.81 元/$100m^2$

材差：查 2018 年呼和浩特市建设委员会第 3 期材料信息价，水（除税价）为 5.41 元/m^3，电（除税价）为 0.59 元/(kW·h)，300mm×400mm 瓷砖（除税价）为 51.94 元/m^2。

300mm×400mm 瓷砖消耗量 $=104m^2/100m^2\times363.43m^2\div100=377.967m^2$

机械费 = 60.44 元/$100m^2$

管理费、利润 = 3980.22 元/$100m^2\times(20\%+16\%)$ = 1432.88 元/$100m^2$

基价 = (3980.22+4548.81+60.44+1432.88) 元/$100m^2$ = 10022.35 元/$100m^2$

3. 材料调差

材料价差调整表见表 4-3。

表 4-3 材料价差调整表

工程名称：某单层职工食堂

编号	名称	单位	数量	定额价(元)	市场价(元)	价差(元)	价差合计(元)
1	300mm×400mm 瓷砖	m^2	377.967	32.60	51.94	19.34	7309.88
2	水	m^3	4.364	5.27	5.41	0.14	0.61
3	电	kW·h	52.028	0.58	0.59	0.01	0.52
本页小计							7311.01

4. 定额套价

工程预算表见表 4-4。

表 4-4　工程预算表

工程名称：某单层职工食堂

序号	定额号	工程项目名称	单位	工程量	单价(元)	合价(元)	定额人工费(元)	
							单价	合价
1	t12-57	粉状型建筑胶贴剂贴瓷板	$100m^2$	3.634	10022.35	36421.22	3980.22	14464.12
合　计						36421.22		14464.12

同步测试

一、单项选择题

1. 外墙、内墙抹灰的计算长度（　　）计算。

A. 外墙按中心线，内墙按净长线　　B. 内墙按中心线，外墙按净长线

C. 内、外墙按净长线　　D. 内、外墙按轴线

2. 墙面镶贴块料面层按设计图示尺寸以（　　）计算。

A. 垂直投影面积　　B. 展开面积

C. 实贴面积　　D. 镶贴表面积

3. 下列按设计图示尺寸以延长米计算的是（　　）。

A. 装饰线条抹灰　　B. 装饰抹灰分格嵌条　　C. 踢脚线　　D. 挂镜线

4. 柱面镶贴块料工程量按设计图示以（　　）计算。

A. 柱体积　　B. 柱结构周长×高度

C. 饰面外围尺寸×高度　　D. 长度

5. 柱抹灰工程量按（　　）计算。

A. 柱体积　　B. 柱结构断面周长×抹灰高度

C. 柱装饰截面周长×抹灰高度　　D. 长度

6. 圆弧形、锯齿形、异形等不规则墙面抹灰、镶贴块料、幕墙按相应项目执行，其中（　　）。

A. 人工乘以 1.15　　B. 材料乘以 1.05　　C. 定额乘以 1.15　D. 定额乘以 1.05

二、多项选择题

1. 装饰抹灰有（　　）。

A. 水刷石　　B. 干粘石　　C. 斩假石　　D. 大理石　　E. 花岗岩

2. 对于墙柱面装饰工程下列说法正确的是（　　）。

A. 打底找平项目中设计与定额取定的厚度不同时，按墙面相应增减厚度项目调整

B. 墙面镶贴块料，饰面高度无论多高均按墙面项目执行

C. 奥松板基层按胶合板基层相应项目执行

D. 大理石墙柱面执行大理石相应项目

E. 欧式附墙罗马柱身按设计图示尺寸以高度计算

3. 抹灰工程的装饰线条适用于（　　）。

A. 门窗套　　B. 挑檐　　C. 腰线　　D. 窗台线　　E. 宣传栏边框

4. 下列按设计图示尺寸按展开面积计算的有（　　）。

A. 女儿墙（包括泛水）内镶贴块料面层

B. 阳台栏板外侧镶贴块料面层

C. 墙面镶贴块料面层

D. 零星项目抹灰

E. 外墙裙抹灰

三、简答题

1. 内墙面抹灰按规定应扣除哪些面积？

2. 女儿墙内侧抹灰、镶贴块料面层时，定额对其有何规定？

3. 墙饰面的龙骨、基层、面层工程量如何计算？

4. 如何计算幕墙、隔断工程量？

学习情境五

天棚装饰工程

学习目标

知识目标

- 了解天棚装饰工程施工工艺
- 熟悉天棚装饰工程项目的设置内容
- 掌握天棚装饰工程工程量计算规则

能力目标

- 能够识读天棚装饰工程的施工图
- 能正确计算天棚装饰工程分部分项工程量
- 能够熟练应用定额进行套价

单元一　天棚装饰工程的组成及定额的有关说明

一、天棚装饰工程的工程内容

1）天棚抹灰：混合砂浆、石灰砂浆、水泥砂浆、其他砂浆等。

2）天棚龙骨：木龙骨、轻钢龙骨、铝合金龙骨等。天棚龙骨示意图如图 5-1 所示，木龙骨和轻钢龙骨示意图如图 5-2 所示。

3）天棚面层：铝塑板、矿棉板、塑料板、石膏板、镜面玲珑板等。天棚面层示意图如图 5-3 所示。

4）其他：送风口、回风口、灯光孔等。

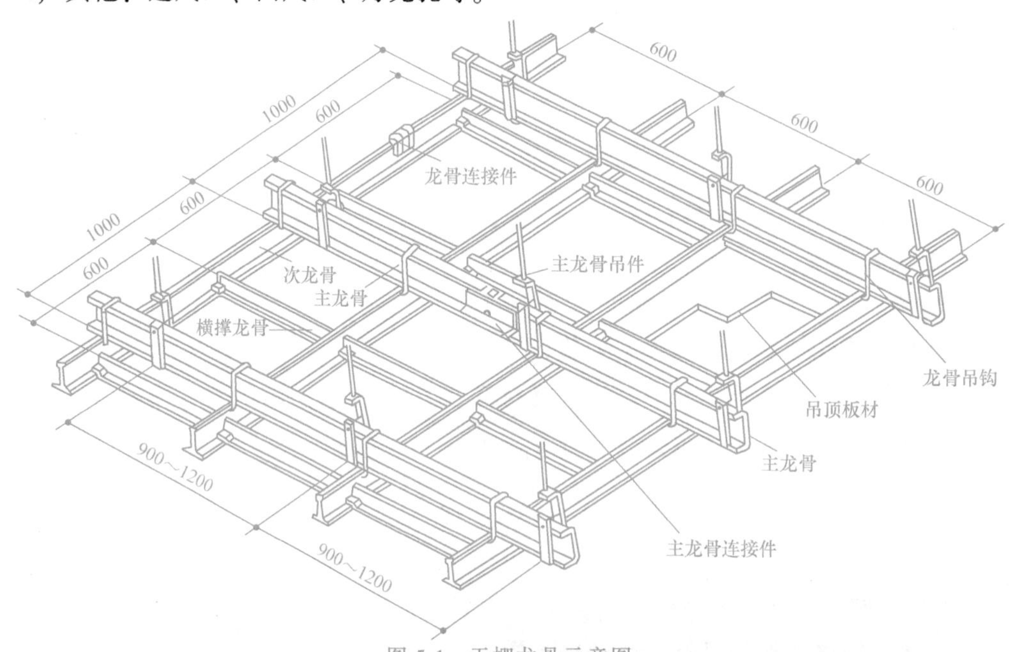

图 5-1　天棚龙骨示意图

a)　　b)

图 5-2　木龙骨和轻钢龙骨示意图

a）木龙骨　b）轻钢龙骨

a)

b)

图 5-3　天棚面层示意图

a）矿棉板　b）塑料板

二、定额的有关说明

1）天棚装饰工程定额包括天棚抹灰、天棚吊顶、天棚其他装饰三节。

2）抹灰项目中设计与定额取定的砂浆配合比不同时，定额中的相关材料可以换算；如设计与定额取定的厚度不同时，按增减厚度项目调整。

3）混凝土天棚刷素水泥浆、界面剂时，应按本定额“第十二章 墙、柱面装饰工程”相应项目执行，其中人工乘以系数 1.15。

4）吊顶天棚

① 除烤漆龙骨天棚为龙骨、面层合并列项外，其余均为天棚龙骨、基层、面层分别列项。

② 龙骨的种类、间距、规格和基层、面层材料的型号、规格按常用材料和常规做法考虑，当设计与定额取定的龙骨种类、间距、规格和基层、面层材料的型号、规格不同时，定额中的相关材料可以调整。

③ 吊顶天棚龙骨需要进行加工（例如煨曲线等），其加工费应另行计算。

④ 天棚面层在同一标高者为平面天棚，天棚面层不在同一标高者为跌级天棚。跌级天棚示意图如图 5-4 所示。跌级天棚面层按相应项目执行，其中人工乘以系数 1.3。

图 5-4　跌级天棚示意图

⑤ 轻钢龙骨、铝合金龙骨项目中龙骨按双层双向结构考虑，即中、小龙骨紧贴大龙骨底面吊挂，双层骨架构造示意图如图 5-5 所示；若为单层结构时，即大、中龙骨底面在同一水平上者，应按相应项目执行，其中人工乘以系数 0.85，单层骨架构造示意图如图 5-6 所示。

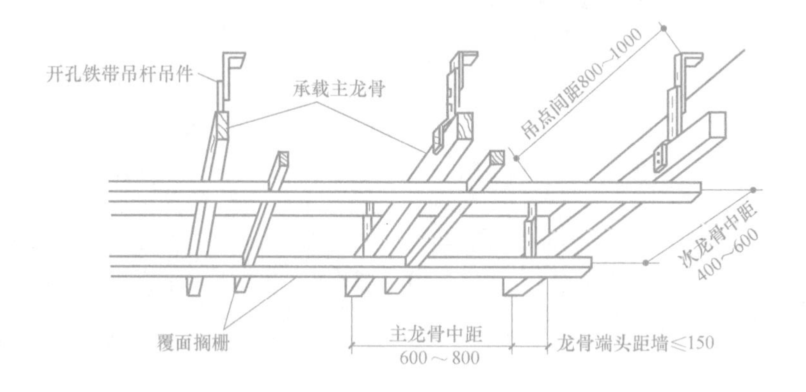

图 5-5　双层骨架构造示意图

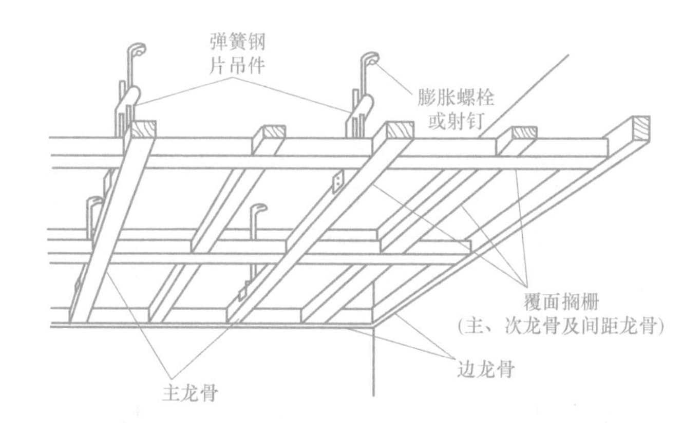

图 5-6　单层骨架构造示意图

⑥ 轻钢龙骨、铝合金龙骨项目中，面层规格与定额不同时，应按相近面层的项目执行。

⑦ 轻钢龙骨和铝合金龙骨不上人型吊杆长度为 0.6m，上人型吊杆长度为 1.4m。当设计与定额取定的吊杆长度不同时，定额中的相关材料可以调整。

⑧ 塑料板、钢板网、铝板网、铝塑板、矿棉板天棚面层项目中，主材不同，可以换算。

⑨ 胶合板穿孔面板、铝合金穿孔面板天棚面层项目中，穿孔面板按现场打孔考虑，若是成品按人工乘系数 0.5 执行。

⑩ 矿棉吸音板、石膏吸音板安在 U 型龙骨上时，增加自攻螺栓 34.5 个/m^2。

⑪ 条形铝方通天棚项目中，材料不同，可以换算。条形铝方通天棚示意图如图 5-7 所示。

⑫ 铝合金格栅吊顶天棚项目中，铝格栅规格不同时，可以换算。格栅吊顶天棚示意图如

图 5-7　条形铝方通天棚示意图

图 5-8 所示。

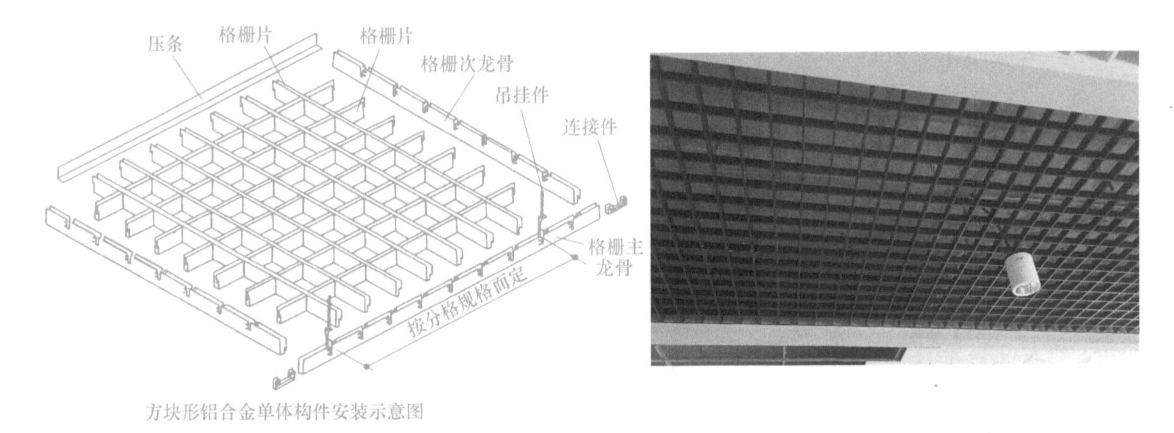

图 5-8　格栅吊顶天棚示意图

⑬ 平面天棚和跌级天棚指一般直线形天棚，不包括灯光槽的制作安装；灯光槽制作安装按本定额“第十三章 天棚装饰工程”相应项目执行。艺术造型天棚项目包括灯光槽的制作安装。

⑭ 天棚面层不在同一标高，且高差在 400mm 以下或跌级三级以内的一般直线形平面天棚按跌级天棚相应项目执行；高差在 400mm 以上且跌级超过三级，以及圆弧形、拱形等造型天棚按艺术造型天棚相应项目执行。艺术造型天棚示意图如图 5-9 所示。

⑮ 天棚项目已包括检查孔的工料，不另行计算。

⑯ 龙骨、基层、面层的防火处理及天棚龙骨的刷防腐油，石膏板刮嵌缝膏、贴绷带，应按本定额“第十四章 油漆、涂料、裱糊装饰工程”相应项目执行。

⑰ 细木工板基层按胶合板基层相应项目执行。当细木工板厚度大于 9mm 时，应按胶合板基层 9mm 项目执行，其中人工乘以系数 1.1。

5）附加式灯槽展开宽度为 300mm，宽度不同时，材料用量可以换算。

悬挑式灯槽是指灯槽底板和平面吊顶板在同一平面，与其他吊顶连在一起，一般悬挑式灯槽最为常见。悬挑式灯槽示意图如图 5-10 所示。附加式灯槽则是单独的灯槽。附加式灯槽示意图如图 5-11 所示。

图 5-9　艺术造型天棚示意图

图 5-10　悬挑式灯槽示意图

6）开灯光口、风口以方形为准，如为圆形者，其人工乘以系数 1.3。风口和灯光口示意图如图 5-12 所示。

7）天棚压条、装饰线条按本定额“第十五章 其他装饰工程”相应项目执行。

8）板式楼梯底面抹灰按本定额“第十三章 天棚装饰工程”相应项目执行；锯齿形楼梯底面抹灰按相应项目执行，其中人工乘以系数 1.35。

图 5-11　附加式灯槽示意图

图 5-12　风口和灯光口示意图

单元二　天棚装饰工程的工程量计算规则

一、天棚抹灰

1. 天棚抹灰面积

按设计结构尺寸以展开面积计算天棚抹灰。不扣除间壁墙、垛、柱、附墙烟囱、检查口和管道所占的面积。带梁天棚的梁两侧抹灰面积并入天棚面积内。带梁天棚示意图如图 5-13 所示。

2. 板式楼梯底面抹灰面积

板式楼梯底面抹灰面积（包括踏步、休息平台以及≤500mm 宽的楼梯井）按水平投影面积乘以系数 1.15 计算。板式楼梯示意图如图 5-14 所示。

3. 锯齿形楼梯底板抹灰面积

锯齿形楼梯底板抹灰面积（包括踏步、休息平台以及≤500mm 宽的楼梯井）按水平投影面积乘以系数 1.37 计算。锯齿形楼梯示意图如图 5-15 所示。

图 5-13　带梁天棚示意图

二、天棚吊顶

1. 天棚龙骨

天棚龙骨按主墙间水平投影面积计算，不扣除间壁墙、垛、柱、附墙烟囱、检查口和管道所占的面积，扣除单个面积>0.3m² 的孔洞、独立柱及与天棚相连的窗帘盒所占的面积。斜面龙骨按斜面计算。独立柱和窗帘盒示意图如图 5-16 所示。

图 5-14　板式楼梯示意图

图 5-15　锯齿形楼梯示意图

a)

b)

图 5-16　独立柱和窗帘盒示意图

a）独立柱　b）窗帘盒

2. 天棚吊顶的基层和面层

天棚吊顶的基层和面层均按设计图示尺寸以展开面积计算。天棚面中的灯槽及跌级、阶梯式、锯齿形、吊挂式、藻井式天棚按展开面积计算。不扣除间壁墙、垛、柱、附墙烟囱、检查口和管道所占的面积，扣除单个面积>0.3m² 的孔洞、独立柱及与天棚相连的窗帘盒所占的面积。阶梯式、锯齿形、吊挂式、藻井式天棚造型示意图如图5-17所示。

三、天棚其他装饰

1）灯带（槽）按设计图示尺寸以框外围面积计算。

2）送风口、回风口及灯光孔按设计图示数量计算。

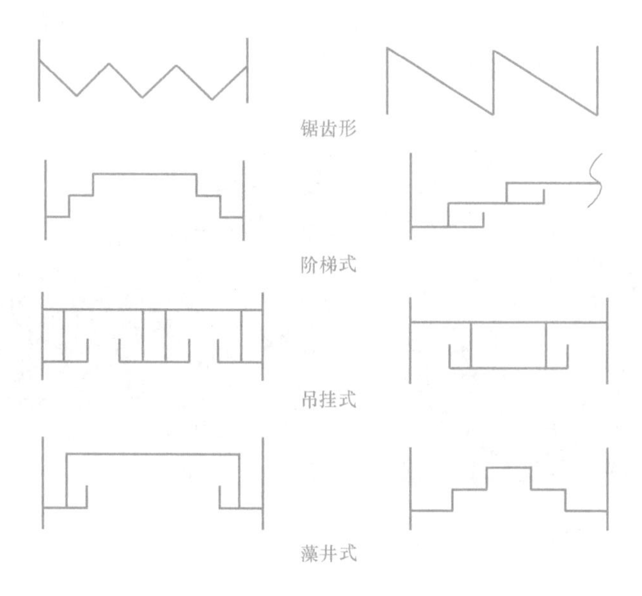

图 5-17　部分吊顶天棚断面示意图

单元三　天棚装饰工程实例

【例 5-1】　某办公室钢筋混凝土天棚示意图如图 5-18 所示，天棚面层一次抹灰采用现拌混合砂浆 1∶1∶4，抹灰厚度为 10mm，试计算天棚抹灰工程量及分部分项工程费用。

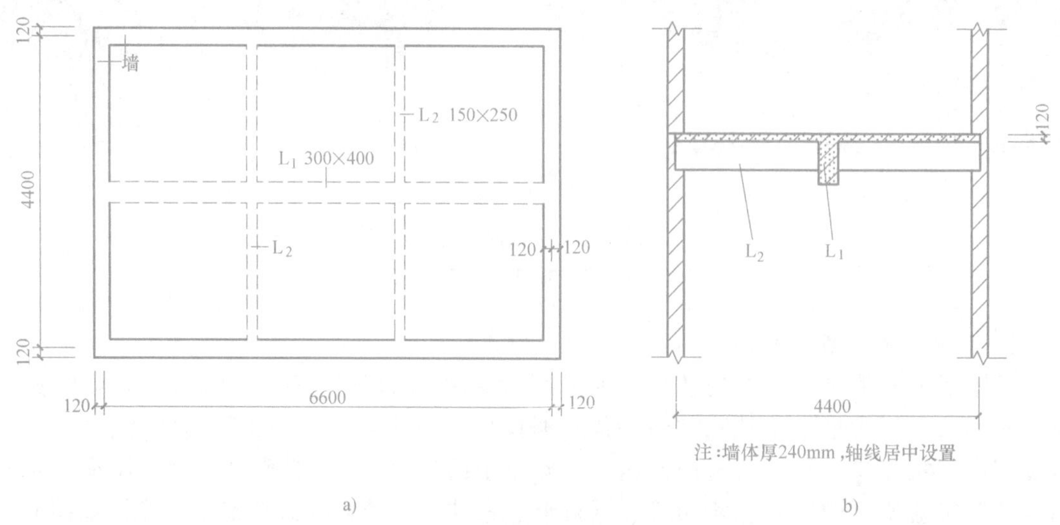

图 5-18　钢筋混凝土天棚示意图

a）平面图　b）立面图

【解】

1. 天棚抹灰

1）确定天棚抹灰应执行的定额子目。天棚抹灰执行定额 13-1 混凝土天棚一次抹灰项目。

2）计算天棚抹灰工程量。根据本定额“第十三章 天棚装饰工程”工程量计算规则，天棚抹灰按设计结构尺寸以展开面积计算。不扣除间壁墙、垛、柱、附墙烟囱、检查口和管道所占的面积，带梁天棚的梁两侧抹灰面积并入天棚面积内。

主墙间净面积 $S_1=(6.6-0.12\times2)\text{m}\times(4.4-0.12\times2)\text{m}=26.46\text{m}^2$

L_1 侧面面积 $S_2=L_1$ 梁侧面积－与 L_2 梁交叉面积 $=(6.6-0.12\times2)\text{m}\times(0.4-0.12)\text{m}\times2-(0.25-0.12)\text{m}\times0.15\text{m}\times4=3.48\text{m}^2$

L_2 侧面面积 $S_3=(4.4-0.12\times2-0.3)\text{m}\times(0.25-0.12)\text{m}\times4=2.01\text{m}^2$

天棚抹灰总工程量 $S=S_1+S_2+S_3=(26.46+3.48+2.01)\text{m}^2=31.95\text{m}^2$

3）计算分部分项工程费。根据预算定额、砂浆配合比价格、灰浆搅拌机项目进行计算。

天棚抹灰定额项目表见表 5-1，抹灰砂浆配合比表见表 5-2，灰浆搅拌机项目表见表 5-3。

表 5-1　天棚抹灰定额项目表　　（单位：100m²）

定额编号				13-1	13-2	13-3
项目名称				混凝土天棚		
				一次抹灰（10mm）	砂浆每增减 1mm	拉毛
基价（元）				2362.81	234.88	3539.45
其中	人工费（元）			1483.06	147.76	2221.72
	材料费（元）			301.81	29.95	451.62
	机械费（元）			44.04	3.98	66.29
	管理费、利润（元）			533.90	53.19	799.82
名称		单位	单价（元）	数量		
人工	综合工日	工日	127.05	11.673	1.163	17.487
材料	干混抹灰砂浆 M10	m³	264.21	1.130	0.113	1.695
	水	m³	5.27	0.617	0.018	0.717
机械	干混砂浆罐式搅拌机 20000L	台班	234.25	0.188	0.017	0.283
其他	管理费	%	—	20.000	20.000	20.000
	利润	%	—	16.000	16.000	16.000

查找定额 13-1 混凝土天棚一次抹灰项目。题中天棚抹灰采用现拌混合砂浆 1∶1∶4，而定额项目表中采用的是干混抹灰砂浆 M10，按照《2017 版内蒙古自治区建设工程计价依据》总说明中规定“本定额中所使用的砂浆均按干混预拌砂浆编制，若实际使用现拌砂浆的，除将定额中的干混预拌砂浆调换为现拌砂浆外，按每立方米砂浆增加人工 0.382 工日，同时将原定额中干混砂浆罐式搅拌机调换为 200L 灰浆搅拌机，台班含量不变”，故需进行定额换算。

表 5-2 抹灰砂浆配合比表 (单位：m^3)

定额编号			80050380	80050001	80050002
项目名称			混合砂浆(水泥：石灰：砂)		
			1：3：9	1：1：2	1：1：4
价格(元)			116.88	138.59	93.80
名称	单位	单价(元)	数量		
32.5级水泥	t	188.76	0.144	0.379	0.207
砂子中粗砂	m^3	48.50	1.020	0.638	0.698
石灰膏	m^3	102.96	0.360	0.320	0.172
水	m^3	5.27	0.600	0.600	0.600

表 5-3 灰浆搅拌机项目表 (单位：台班)

定额编号				990610010	990610020
项目名称				灰浆搅拌机	
				拌桶容量(L)	
				200	400
台班基价(元)				192.26	197.63
其中	人工费(元)			173.00	173.00
	燃料费(元)			4.99	8.80
	其他费(元)			14.27	15.83
名称		单位	单价(元)	数量	
人工	机上人工	工日	124.46	1.390	1.390
燃料	电	kW·h	0.58	8.610	15.170
其他	折旧费	元	—	2.560	3.480
	检修费	元	—	0.320	0.440
	维护费	元	—	1.410	1.930
	安拆费及场外运费	元	—	9.980	9.980

查找定额 13-1 干混抹灰砂浆 M10 单价为 264.21 元/m^3，含量为 1.130m^3/100m^2；查《混凝土及砂浆配合比价格》80050002 得：现拌混合砂浆 1：1：4 单价为 93.80 元/m^3；查《施工机械台班费用定额》990610010 得：200L 灰浆搅拌机单价为 192.26 元/台班。其中：

人工费 =(11.673+1.13×0.382)工日/100m^2×127.05 元/工日 =1537.90 元/100m^2

材料费 =301.81 元/100m^2+(93.80−264.21)元/m^3×1.13m^3/100m^2 = 109.25 元/100m^2

机械费 = 44.04 元/100m^2 + (192.26 − 234.25)元/台班 × 0.188 台班/100m^2 = 36.15 元/100m^2

管理费、利润 = 1537.90 元/100m^2×(20%+16%) = 553.64 元/100m^2

换算后的基价 =(1537.90+109.25+36.15+553.64)元/100m^2 = 2236.94 元/100m^2

2. 材料调差

根据材料消耗量和呼和浩特市 2018 年第 3 期材料信息价，对题中的材料进行价差调整。

信息价：32.5 级水泥为 268.35 元/t，中粗砂为 63.11 元/m^3，石灰膏为 216.41 元/m^3，

水为 5.41 元/m^3，电为 0.59 元/(kW·h)。

现拌混合砂浆 1∶1∶4 中，各项材料含量：

32.5 级水泥 (1.13÷100×31.95×0.207)t=0.075t

中粗砂 (1.13÷100×31.95×0.698)m^3=0.252m^3

石灰膏 (1.13÷100×31.95×0.172)m^3=0.062m^3

水 (1.13÷100×31.95×0.600)m^3=0.217m^3

200L 灰浆搅拌机中，用电量为 0.188÷100×31.95×8.61kW·h=0.517kW·h

水的总用量为(0.617÷100×31.95+0.217)m^3=0.414m^3

材料价差调整表见表 5-4。

表 5-4　材料价差调整表

工程名称：某办公室

编号	名称	单位	数量	定额价(元)	市场价(元)	价差(元)	价差合计(元)
1	32.5 级水泥	t	0.075	188.76	268.35	79.59	5.97
2	中粗砂	m^3	0.252	48.50	63.11	14.61	3.68
3	石灰膏	m^3	0.062	102.96	216.41	113.45	7.03
4	水	m^3	0.414	5.27	5.41	0.14	0.06
5	电	kW·h	0.517	0.58	0.59	0.01	0.01
本页小计							16.75
合　计							16.75

3. 定额套价

工程预算表见表 5-5。

表 5-5　工程预算表

工程名称：某办公室

序号	定额号	工程项目名称	单位	工程量	单价(元)	合价(元)	定额人工费(元)	
							单价	合价
1	t13-1H	混凝土天棚一次抹灰 10mm	100m^2	0.320	2236.94	715.82	1537.90	492.13
合　计						715.82		492.13

【例 5-2】　某房间天棚吊顶如图 5-19 所示，设计要求进行 U 型轻钢龙骨干挂铝塑板吊顶（规格 450mm×450mm，不上人型），并在中间做 5560mm×5360mm 的天池，立面高 150mm。试计算天棚吊顶工程量及分部分项工程费。

【解】

1. U 型轻钢龙骨

1）确定 U 型轻钢龙骨应执行的定额子目。U 型轻钢龙骨执行定额 13-32 装配式 U 型轻钢天棚龙骨（规格 450mm×450mm，不上人型）项目。天棚龙骨定额项目表见表 5-6，交流弧焊机项目表见表 5-7。

2）计算 U 型轻钢龙骨工程量。根据本定额“第十三章 天棚装饰工程”工程量计算规则，天棚龙骨按主墙间水平投影面积计算，不扣除间壁墙、垛、柱、附墙烟囱、检查口和管道所占的面积，扣除单个面积>0.3m^2 的孔洞、独立柱及与天棚相连的窗帘盒所占的面积。

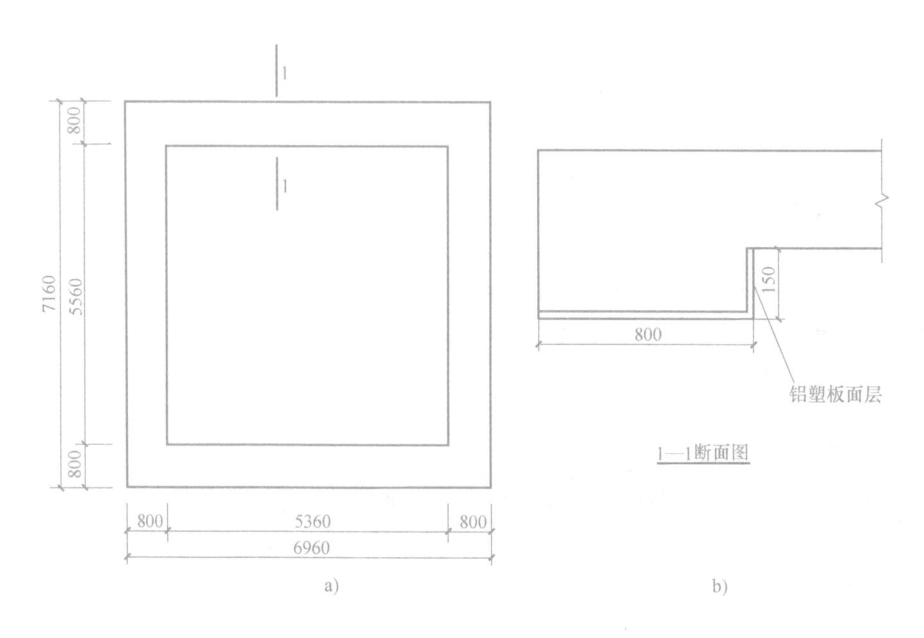

图 5-19　天棚吊顶示意图

a）平面图　b）1—1 断面图

轻钢龙骨工程量 S = 7. 16m×6. 96m = 49. 83m^2

查找定额 13-32 装配式 U 型轻钢天棚龙骨（规格 450mm×450mm，不上人型）项目，其中：

人工费 = 2188. 82 元/100m^2

材料费 = 2718. 59 元/100m^2

材差：查 2018 年呼和浩特市建设委员会第 3 期材料信息价，电（除税价）为 0. 59 元/(kW · h)，轻钢龙骨不上人型（跌级）450mm×450mm（除税价）为 23. 37 元/m^2，扁钢综合（除税价）为 3. 72 元/kg。

轻钢龙骨不上人型（跌级）450mm × 450mm 消耗量 = 105m^2/100m^2 × 49. 83m^2 ÷ 100 = 52. 322m^2

扁钢综合消耗量 = 1. 54kg/100m^2×49. 83m^2÷100 = 0. 767kg

电消耗量 = 0. 369 台班/100m^2×96. 53 (kW · h)/台班×49. 83m^2÷100 = 17. 749kW · h

机械费 = 26. 82 元/100m^2

管理费、利润 = 787. 97 元/100m^2

基价 = 5722. 20 元/100m^2

2. 干挂铝塑板吊顶

1）确定干挂铝塑板吊顶应执行的定额子目。铝塑板天棚面层执行定额 13-101 铝塑板天棚面层干挂在龙骨上（压边）项目。铝塑板天棚面层项目表见表 5-8。

2）计算干挂铝塑板吊顶工程量。根据本定额“第十三章 天棚装饰工程”工程量计算规则，天棚吊顶面层按设计图示尺寸以展开面积计算，不扣除间壁墙、垛、柱、附墙烟囱、检查口和管道所占的面积，扣除单个面积>0. 3m^2 的孔洞、独立柱及与天棚相连的窗帘盒所占的面积。

表 5-6　天棚龙骨定额项目表　　（单位：100m²）

定额编号				13-29	13-30	13-31	13-32
项目名称				装配式 U 型轻钢龙骨(不上人型)			
				规格(mm)			
				300×300		450×450	
				平面	跌级	平面	跌级
基价(元)				5597.14	6393.40	4735.48	5722.20
其中	人工费(元)			2055.29	2284.11	1876.66	2188.82
	材料费(元)			2776.80	3259.03	2160.25	2718.59
	机械费(元)			25.15	27.98	22.97	26.82
	管理费、利润(元)			739.90	822.28	675.60	787.97
名　　称		单位	单价(元)	数　　量			
人工	综合工日	工日	127.05	16.177	17.978	14.771	17.228
材料	轻钢龙骨不上人型(平面) 300mm×300mm	m^2	24.02	105.00	—	—	—
	轻钢龙骨不上人型(跌级) 300mm×300mm	m^2	26.60	—	105.000	—	—
	轻钢龙骨不上人型(平面) 450mm×450mm	m^2	18.02	—	—	105.000	—
	轻钢龙骨不上人型(跌级) 450mm×450mm	m^2	21.45	—	—	—	105.000
	低碳钢焊条综合	kg	5.92	1.683	1.870	1.537	1.792
	射钉	10 个	0.43	15.300	15.500	15.300	15.500
	吊杆	kg	5.15	23.683	35.700	26.163	36.000
	角钢(综合)	kg	2.70	40.000	40.000	40.000	40.000
	六角螺栓带螺母综合	kg	5.15	1.590	1.700	1.890	1.800
	板枋材	m^2	1501.50	—	0.070	—	0.070
	铁件综合	kg	2.93	—	1.140	—	0.700
	方钢管 25mm×25mm×2.5mm	m	5.58	—	6.120	—	6.120
	扁钢综合	kg	2.53	—	1.540	—	1.540
	钢板综合	kg	2.53	—	0.470	—	0.470
机械	交流弧焊机 32kV·A	台班	72.68	0.346	0.385	0.316	0.369
其他	管理费	%	—	20.000	20.000	20.000	20.000
	利润	%	—	16.000	16.000	16.000	16.000

铝塑板面层工程量 $S=7.16\text{m}\times6.96\text{m}+(5.56+5.36)\text{m}\times2\times0.15\text{m}=53.11\text{m}^2$

分析：查找定额 13-101 铝塑板天棚面层干挂在龙骨上（压边）项目，天棚属于跌级天棚，人工乘以系数 1.3。其中：

人工费 = 2028.10 元/100m² × 1.3 = 2636.53 元/100m²

材料费 = 4374.55 元/100m²

材差：查 2018 年呼和浩特市建设委员会第 3 期材料信息价，铝塑板 δ3（除税价）为 38.95 元/m²。

铝塑板 δ3 消耗量 = 108m²/100m² × 53.11m² ÷ 100 = 57.359m²

表 5-7　交流弧焊机项目表　　（单位：台班）

定额编号				990610010
项目名称				交流弧焊机 容量(kV·A) 32
台班基价(元)				72.68
其中	人工费(元)			—
	燃料费(元)			55.99
	其他费(元)			16.69
名称		单位	单价(元)	数量
燃料	电	kW·h	0.58	96.530
其他	折旧费	元	—	2.440
	检修费	元	—	0.490
	维护费	元	—	1.770
	安拆费及场外运费	元	—	11.990

表 5-8　铝塑板天棚面层项目表　　（单位：$100m^2$）

定额编号				13-98	13-99	13-100	13-101
项目				铝塑板天棚面层			
				贴在			干挂在
				混凝土板下	胶合板上	龙骨底	龙骨上(压边)
基价(元)				6763.65	6673.97	5974.39	7132.77
其中	人工费(元)			1581.65	1515.71	1338.09	2028.10
	材料费(元)			4612.61	4612.61	4154.59	4374.55
	机械费(元)			—	—	—	—
	管理费、利润(元)			569.39	545.65	481.71	730.12
名称		单位	单价(元)	数量			
人工	综合工日	工日	127.05	12.449	11.930	10.532	15.963
材料	铝塑板	m^2	38.61	105.000	105.000	105.000	108.000
	胶粘剂	kg	17.16	32.550	32.550	5.859	—
	密封胶	支	4.29	—	—	—	26.880
	自攻螺钉	百个	5.15	—	—	—	17.350
其他	管理费	%	—	20.000	20.000	20.000	20.000
	利润	%	—	16.000	16.000	16.000	16.000

管理费、利润 = 2636.53 元/$100m^2$ × (20%+16%) = 949.15 元/$100m^2$

换算后的基价 = (2636.53+4374.55+949.15) 元/$100m^2$ = 7960.23 元/$100m^2$

3. 材料调差

材料价差调整表见表 5-9。

4. 定额套价

工程预算表见表 5-10。

表 5-9　材料价差调整表

工程名称：某房间

编号	名称	单位	数量	定额价(元)	市场价(元)	价差(元)	价差合计(元)
1	轻钢龙骨不上人型(跌级)450mm×450mm	m^2	52.322	21.45	23.37	1.92	100.46
2	铝塑板 δ3	m^2	57.359	38.61	38.95	0.34	19.50
3	扁钢综合	kg	0.767	2.53	3.72	1.19	0.91
4	电	kW·h	17.749	0.58	0.59	0.01	0.18
本页小计							121.05

表 5-10　工程预算表

工程名称：某房间

序号	定额号	工程项目名称	单位	工程量	单价(元)	合价(元)	定额人工费(元)	
							单价	合价
1	t13-32	装配式U型轻钢天棚龙骨(不上人型)450mm×450mm 跌级	$100m^2$	0.498	5722.20	2849.66	2188.82	1090.03
2	t13-101	铝塑板面层	$100m^2$	0.531	7960.23	4226.88	2636.53	1400.00
合计						7076.54		2490.03

【例 5-3】　某办公室天棚示意图如图 5-20 所示，设计布置 2 个送风口和 2 个回风口，铝合金材质，试计算送（回）风口工程量及分部分项工程费。

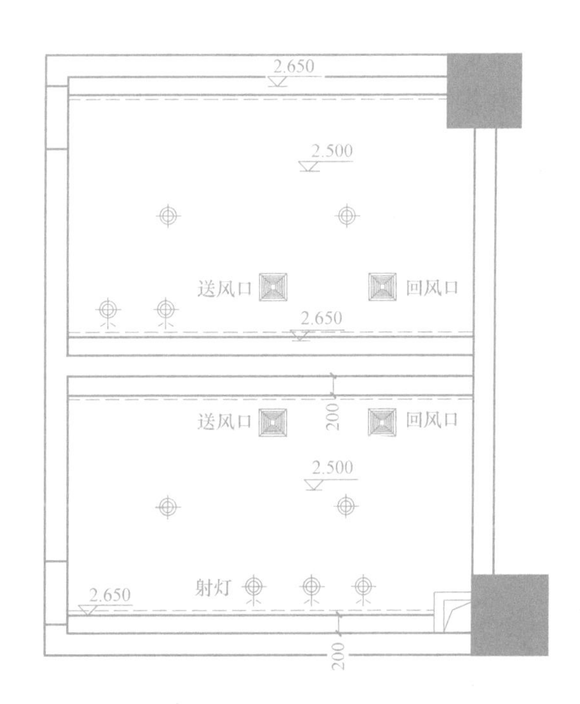

图 5-20　天棚示意图

【解】

1. 送风口

1）确定送风口应执行的定额子目。送风口执行定额 13-247 铝合金送风口项目。送风口、回风口安装项目表见表 5-11。

2）计算送风口工程量。根据本定额“第十三章 天棚装饰工程”工程量计算规则，送风口按设计图示数量计算。

送风口工程量 N=2 个

查找定额 13-247 铝合金送风口项目，其中：

人工费＝11.56 元/个

材料费＝76.58 元/个

材差：查 2018 年呼和浩特市建设委员会第 3 期材料信息价，无可调整主要材料。

管理费、利润＝4.16 元/个

表 5-11　送风口、回风口安装项目表　　(单位：个)

定额编号				13-247	13-248
项　目				铝合金	
				送风口	回风口
基　价(元)				92.30	95.73
其中	人工费(元)			11.56	11.56
	材料费(元)			76.58	80.01
	机械费(元)			—	—
	管理费、利润(元)			4.16	4.16
	名称	单位	单价(元)	数　量	
人工	综合工日	工日	127.05	0.091	0.091
材料	铝合金送风口(成品)	个	72.93	1.050	—
	铝合金回风口(成品)	个	72.93	—	1.050
	尼龙过滤网	m^2	17.16	—	0.200
机械	木工多功能机	台班	50.83		
其他	管理费	%	—	20.000	20.000
	利润	%	—	16.000	16.000

基价=92.30 元/个

2. 回风口

1）确定回风口应执行的定额子目。回风口执行定额 13-248 铝合金回风口项目。

2）计算回风口工程量。根据本定额“第十三章 天棚装饰工程”工程量计算规则，回风口按设计图示数量计算。

回风口工程量 N=2 个

查找定额 13-248 铝合金回风口项目，其中：

人工费=11.56 元/个

材料费=80.01 元/个

材差：查 2018 年呼和浩特市建设委员会第 3 期材料信息价，无可调整主要材料。

管理费、利润=4.16 元/个

基价=95.73 元/个

3. 材料调差

无可调整主要材料。

4. 定额套价

工程预算表见表 5-12。

表 5-12　工程预算表

工程名称：某办公室

序号	定额号	工程项目名称	单位	工程量	单价(元)	合价(元)	定额人工费(元)	
							单价	合价
1	t13-247	铝合金送风口	个	2	92.30	184.60	11.56	23.12
2	t13-248	铝合金回风口	个	2	95.73	191.46	11.56	23.12
合计						376.06		46.24

同步测试

一、单项选择题

1. 天棚（　　）按主墙间水平投影面积计算，不扣除间壁墙、垛、柱、附墙烟囱、检查口和管道所占的面积，扣除单个面积>0.3m^2 的孔洞、独立柱及与天棚相连的窗帘盒所占的面积。

A. 龙骨　B. 面层　C. 基层　D. 垫层

2. 板式楼梯底面抹灰面积按（　　）计算。

A. 水平投影面积　B. 水平投影面积×1.15

C. 展开面积　D. 展开面积×1.15

3. 平面天棚是指（　　）。

A. 天棚面层在同一标高　B. 天棚面层高差在150mm以内

C. 天棚面层高差在200mm以内　D. 天棚面层高差在250mm以内

4. 天棚吊顶的基层和面层工程量按设计图示尺寸以（　　）计算。

A. 水平投影面积　B. 展开面积　C. 主墙轴线间面积　D. 主墙间净面积

5. 跌级天棚面层，其人工乘以系数（　　）。

A. 1.1　B. 1.2　C. 1.3　D. 1.4

二、多项选择题

1. 吊顶天棚一般由（　　）组成。

A. 龙骨　B. 基层　C. 找平层　D. 结合层　E. 面层

2. 天棚龙骨所用材料有（　　）。

A. 木龙骨　B. 轻钢龙骨　C. 塑料龙骨　D. 铝合金龙骨　E. 石膏龙骨

3. 天棚抹灰面积按设计结构尺寸以展开面积计算，不扣除（　　）所占的面积。

A. 间壁墙　B. 附墙烟囱　C. 检查口　D. 垛、柱　E. 管道

4.（　　）按设计图示数量计算。

A. 灯槽　B. 送风口　C. 灯光孔　D. 装饰线　E. 回风口

5. 下列关于天棚抹灰工程量计算的说法中，正确的是（　　）。

A. 锯齿形楼梯底板抹灰面积按展开面积计算

B. 带梁天棚的梁两侧抹灰面积应并入天棚抹灰工程量内计算

C. 天棚抹灰工程量的计算应扣除垛、柱所占面积

D. 天棚抹灰工程量的计算不扣除间壁墙、检查口所占面积

E. 天棚抹灰工程量的计算不扣除附墙烟囱、管道所占面积

三、简答题

1. 天棚抹灰工程量如何计算？

2. 怎样计算天棚龙骨、基层和面层工程量？

学习情境六

油漆、涂料、裱糊装饰工程

学习目标

知识目标

- 了解油漆、涂料、裱糊装饰工程施工工艺
- 熟悉油漆、涂料、裱糊装饰工程项目的设置内容
- 掌握油漆、涂料、裱糊装饰工程工程量计算规则

能力目标

- 能够识读油漆、涂料、裱糊装饰工程的施工图
- 能正确计算油漆、涂料、裱糊装饰工程分项工程量
- 能够熟练应用定额进行套价

单元一　油漆、涂料、裱糊装饰工程的组成及定额的有关说明

一、油漆、涂料、裱糊装饰工程的工程内容

油漆、涂料、裱糊装饰工程包括：木门油漆，木扶手及其他板条、线条油漆，其他木材面油漆，金属面油漆，抹灰面油漆，喷刷涂料，裱糊，其他。

二、定额的有关说明

1）当设计与定额取定的喷、涂、刷遍数不同时，应按本定额“第十四章 油漆、涂料、裱糊装饰工程”相应每增加一遍项目调整。

2）油漆、涂料项目中均已考虑刮腻子。当抹灰面油漆、喷刷涂料设计与定额取定的刮腻子遍数不同时，应按本定额“第十四章 油漆、涂料、裱糊装饰工程”喷刷涂料一节中刮腻子每增减一遍项目调整。喷刷涂料一节中刮腻子项目仅适用于单独刮腻子工程。

3）附着安装在同材质装饰面上的木线条、石膏线条油漆、喷刷涂料，与装饰面同色者，并入装饰面计算；与装饰面分色者，单独计算。

4）门窗套、窗台板、腰线、压顶、扶手（栏板上扶手）等抹灰面刷油漆、涂料，与整体墙面同色者，并入墙面计算；与整体墙面分色者，单独计算，应按墙面相应项目执行，其中人工乘以系数1.43。

5）纸面石膏板等装饰板材面刮腻子、油漆、喷刷涂料，应按抹灰面刮腻子、油漆、喷刷涂料相应项目执行。

6）附墙柱抹灰面喷刷油漆、涂料、裱糊，应按墙面相应项目执行；独立柱抹灰面喷刷油漆、涂料、裱糊，应按墙面相应项目执行，其中人工乘以系数1.2。

7）拱形、穹顶形天棚喷刷油漆、涂料、裱糊，应按天棚相应项目执行，其中人工乘以系数1.3。

8）油漆。

① 油漆浅、中、深各种颜色已在定额中综合考虑，颜色不同时，不另行调整。

② 定额综合考虑了在同一平面上的分色，但美术图案需另行计算。

③ 木材面硝基清漆项目中每增加刷理漆片一遍项目和每增加硝基清漆一遍，项目均适用于三遍以内。

④ 木材面聚酯清漆、聚酯色漆项目，当设计与定额取定的底漆遍数不同时，应按每增加聚酯清漆（或聚酯色漆）一遍项目调整，其中聚酯清漆（或聚酯色漆）调整为聚酯底漆，消耗量不变。

⑤ 木材面刷底油一遍、清油一遍按相应底油一遍、熟桐油一遍项目执行，其中熟桐油调整为清油，消耗量不变。

⑥ 木门、木扶手、其他木材面等刷漆，按熟桐油、底油、生漆二遍项目执行。

⑦ 设计要求金属面刷两遍防锈漆，按金属面防锈漆一遍项目执行，其中人工乘以系数1.74，材料均乘以系数1.9。

⑧ 金属面油漆项目均考虑了手工除锈，若实际为机械除锈，另按本定额“第六章 金属结构工程”中相应项目执行，油漆项目中的除锈用工也不扣除。

⑨ 喷塑（一塑三油）底油、装饰漆、面油，其规格划分如下：

a. 大压花：喷点压平，点面积在 $1.2cm^2$ 以上。

b. 中压花：喷点压平，点面积在 $1\sim1.2cm^2$。

c. 喷中点、幼点：喷点面积在 $1cm^2$ 以下。

⑩ 墙面真石漆、氟碳漆项目均不包括分格嵌缝，需做分格嵌缝时，另按设计图示尺寸以延长米计算。分格嵌缝条施工损耗按5%计算，人工按2.86工日/100m计算。

9）涂料。

① 木龙骨刷防火涂料按四面涂刷考虑，木龙骨刷防腐涂料按一面（接触结构基层面）涂刷考虑。

② 金属面防火涂料项目按涂料密度 $500kg/m^3$ 和项目中注明的涂料厚度考虑，当设计与定额取定的涂料密度、涂刷厚度不同时，定额中的相关材料可以调整。

③ 艺术造型天棚吊顶、墙面装饰的基层板缝粘贴胶带，应按本定额“第十四章 油漆、涂料、裱糊装饰工程”相应项目执行，其中人工乘以系数1.2。

④ 刮腻子项目按成品腻子粉考虑，当设计与定额取定的腻子品种不同时，定额中的相关材料可以调整。

单元二　油漆、涂料、裱糊装饰工程的工程量计算规则

一、木门油漆工程

执行单层木门油漆的项目，其工程量计算规则及相应系数见表6-1。

表6-1　工程量计算规则和系数表

项目		系数	工程量计算规则（设计图示尺寸）
1	单层木门	1.00	门洞口面积
2	单层半玻门	0.85	
3	单层全玻门	0.75	
4	半截百叶门	1.50	
5	全百叶门	1.70	
6	厂房大门	1.10	
7	纱门窗	0.80	
8	特种门（包括冷藏门）	1.00	
9	装饰门扇	0.90	扇外围尺寸面积
10	间壁、隔断	1.00	单面外围面积
11	玻璃间壁露明墙筋	0.8	
12	木栅栏、木栏杆（带扶手）	0.9	

注：多面涂刷按单面计算工程量。

二、木扶手及其他板条、线条油漆工程

1）执行木扶手（不带托板）油漆的项目，其工程量计算规则及相应系数见表 6-2。木材面油漆示意图如图 6-1 所示。

2）木线条油漆按设计图示尺寸以长度计算。

表 6-2　工程量计算规则和系数表

项　　目		系数	工程量计算规则（设计图示尺寸）
1	木扶手(不带托板)	1.00	延长米
2	木扶手(带托板)	2.50	
3	封檐板、顺水(博风)板	1.70	
4	黑板框、生活园地框	0.50	

三、其他木材面油漆工程

1）执行其他木材面油漆的项目，其工程量计算规则及相应系数见表 6-3。木材面油漆示意图如图 6-2 所示。

图 6-1　木材面油漆示意图一

图 6-2　木材面油漆示意图二

表 6-3　工程量计算规则和系数表

项　　目		系数	工程量计算规则（设计图示尺寸）
1	木板、胶合板天棚	1.00	长×宽
2	屋面板带檩条	1.10	斜长×宽
3	清水板条檐口天棚	1.10	长×宽
4	吸音板(墙面或天棚)	0.87	

（续）

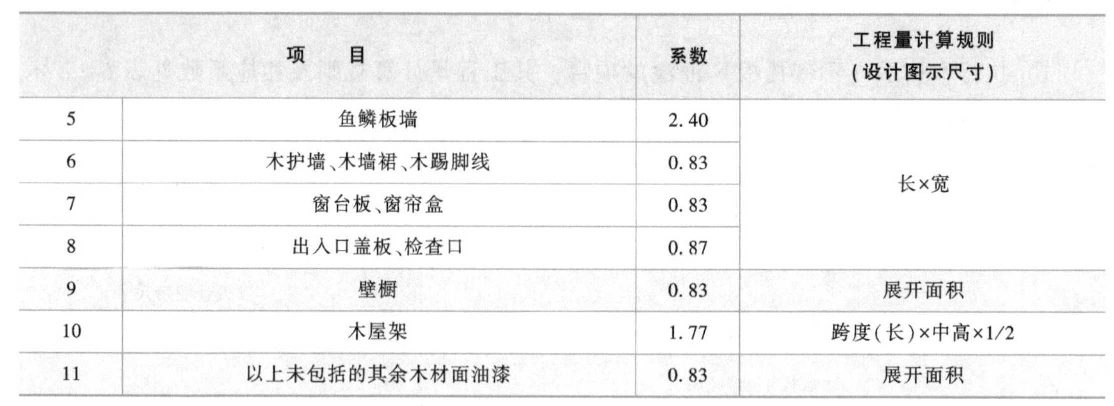

	项　目	系数	工程量计算规则（设计图示尺寸）
5	鱼鳞板墙	2.40	长×宽
6	木护墙、木墙裙、木踢脚线	0.83	
7	窗台板、窗帘盒	0.83	
8	出入口盖板、检查口	0.87	
9	壁橱	0.83	展开面积
10	木屋架	1.77	跨度（长）×中高×1/2
11	以上未包括的其余木材面油漆	0.83	展开面积

2）木地板油漆按设计图示尺寸以面积计算，空洞、空圈、暖气包槽、壁龛的开口部分并入相应的工程量内。

3）木龙骨刷防火、防腐涂料按设计图示尺寸以龙骨架投影面积计算。

4）基层板刷防火、防腐涂料按实际涂刷面积计算。

5）油漆面抛光打蜡按相应刷油部位油漆工程量计算规则计算。

四、金属面油漆工程

1）执行金属面油漆、涂料项目，其工程量按设计图示尺寸以展开面积计算。质量在500kg以内的单个金属构件，质量折算面积参考系数表见表6-4，将质量（t）折算为面积。

表6-4　质量折算面积参考系数表

	项　目	系数
1	钢栅栏门、栏杆、窗栅	64.98
2	钢爬梯	44.84
3	踏步式钢扶梯	39.90
4	轻型屋架	53.20
5	零星铁件	58.00

2）执行金属平板屋面、镀锌铁皮面（涂刷磷化、锌黄底漆）油漆的项目，其工程量计算规则及相应系数见表6-5。

表6-5　工程量计算规则和系数表

	项　目	系数	工程量计算规则（设计图示尺寸）
1	平板屋面	1.00	斜长×宽
2	瓦垄铁屋面	1.20	
3	排水、伸缩缝盖板	1.05	展开面积
4	吸气罩	2.20	水平投影面积
5	包镀锌薄钢板门	2.20	门窗洞口面积

注：多面涂刷按单面计算工程量。

五、抹灰面油漆、涂料工程

1）抹灰面油漆、涂料（另做说明的除外）按设计图示尺寸以面积计算。

2）踢脚线刷耐磨漆按设计图示尺寸长度计算。

3）槽形底板、混凝土折瓦板、有梁板底、密肋梁板底、井字梁板底刷油漆、涂料按设计图示尺寸展开面积计算。

4）墙面及天棚面刷石灰油浆、白水泥、石灰浆、石灰大白浆、普通水泥浆、可赛银浆、大白浆等涂料工程量按抹灰面积工程量计算规则计算。

5）混凝土花格窗、栏杆花饰刷（喷）油漆、涂料按设计图示洞口面积计算。

6）天棚、墙、柱面基层板缝粘贴胶带纸按相应天棚、墙、柱面基层板面积计算。

六、裱糊工程

墙面、天棚面裱糊按设计图示尺寸以面积计算。

单元三　油漆、涂料、裱糊装饰工程实例

【例 6-1】　小型房间平面图如图 6-3 所示，计算小型房间木门刮腻子一遍、底漆二遍、聚氨酯漆两遍、墙面裱糊墙纸、天棚刮腻子喷仿瓷涂料工程量及分部分项工程费用。

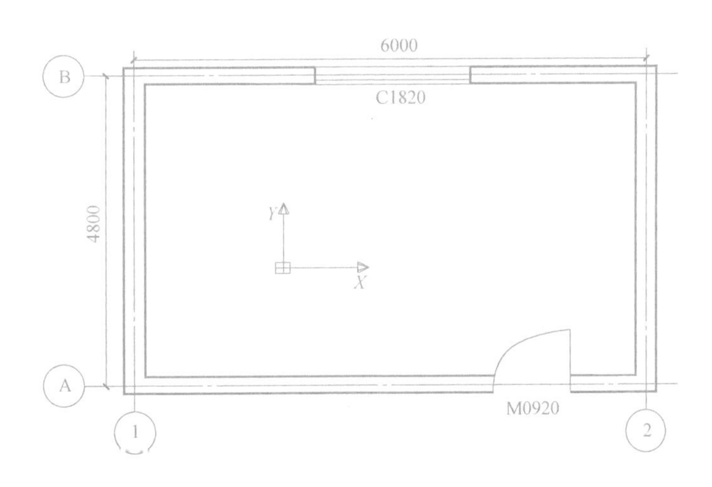

图 6-3　小型房间平面图

说明：1. 断桥铝合金窗：$b\times h=1800\text{mm}\times2000\text{mm}$ 框厚 60mm 居中安装。

2. 木门尺寸为 $b\times h=900\text{mm}\times2000\text{mm}$ 单层木门，单裁口（框断面尺寸 55mm×100mm）。

3. 房间顶棚高度 2800mm。

4. 墙体厚度为 240mm。

【解】

1. 木门封底漆、刮腻子、聚氨酯漆

1）确定木门封底漆、刮腻子、聚氨酯漆应执行的定额子目。木门封底漆、刮腻子、聚

氨酯漆，执行定额 14-13 单层木门满刮腻子、底漆二遍、聚酯清漆二遍项目。

2）计算木门封底漆、刮腻子、聚氨酯漆工程量。根据本定额“第十四章 油漆、涂料、裱糊装饰工程”工程量计算规则，单层木门油漆按设计图示尺寸以门洞口面积计算。

木门封底漆、刮腻子、聚氨酯漆工程量 $S_1=0.9\text{m}\times2.0\text{m}\times1=1.80\text{m}^2$

查找定额 14-13 单层木门满刮腻子、底漆二遍、聚酯清漆二遍项目，其中：

人工费 = 2089.21 元/100m^2

材料费 = 1857.33 元/100m^2

材差：查 2018 年呼和浩特市建设委员会第 3 期材料信息价，无可调整主要材料。

管理费、利润 = 752.12 元/100m^2

基价 = 4698.66 元/100m^2

2. 墙面裱糊墙纸

1）确定墙面裱糊墙纸应执行的定额子目。墙面裱糊墙纸执行定额 14-267 壁纸刷基膜和定额 14-259 墙面普通壁纸（对花）项目。

2）计算墙面裱糊墙纸工程量。根据本定额“第十四章 油漆、涂料、裱糊装饰工程”工程量计算规则，墙面裱糊按设计图示尺寸以面积计算。

墙面面积 $=(6-0.24+4.8-0.24)\text{m}\times2\times2.8\text{m}=57.79\text{m}^2$

门窗洞口面积 $=(3.6+1.8)\text{m}^2=5.40\text{m}^2$

洞口侧壁和顶面 $=(1.8+2)\text{m}\times2\times(0.24-0.06)\text{m}\div2+(0.9+2\times2)\text{m}\times(0.49-0.10)\text{m}\div2=1.64\text{m}^2$

墙面裱糊墙纸工程量 $S=(57.79-5.40+1.64)\text{m}^2=54.03\text{m}^2$

查找定额 14-267 壁纸刷基膜项目，其中：

人工费 = 223.61 元/100m^2

材料费 = 92.66 元/100m^2

材差：查 2018 年呼和浩特市建设委员会第 3 期材料信息价，无可调整主要材料。

管理费、利润 = 80.50 元/100m^2

基价 = 396.77 元/100m^2

查找定额 14-259 墙面普通壁纸（对花）项目，其中：

人工费 = 1129.86 元/100m^2

材料费 = 2646.45 元/100m^2

材差：查 2018 年呼和浩特市建设委员会第 3 期材料信息价，水（除税价）为 5.41 元/m^3，无壁纸材料价格。经市场认价本工程使用壁纸（除税价）为 30.30 元/m^2。

壁纸消耗量 $=116\text{m}^2/100\text{m}^2\times54.03\text{m}^2\div100=62.675\text{m}^2$

管理费、利润 = 406.75 元/100m^2

基价 = 4183.06 元/100m^2

天棚喷仿瓷涂料工程量 $=(6-0.24)\text{m}\times(4.8-0.24)\text{m}=26.27\text{m}^2$

查找定额 14-219 天棚面仿瓷涂料三遍项目，其中：

人工费 = 1508.72 元/100m^2

材料费 = 640.35 元/100m^2

材差：查 2018 年呼和浩特市建设委员会第 3 期材料信息价，无可调整主要材料。

管理费、利润 = 543.14 元/100m²

基价 = 2692.21 元/100m²

3. 材料调差

材料价差调整表见表 6-6。

表 6-6　材料价差调整表

工程名称：某小型房间

编号	名称	单位	数量	定额价(元)	市场价(元)	价差(元)	价差合计(元)
1	壁纸	m^2	62.675	20.59	30.30	9.71	608.57
2	水	m^3	0.032	5.27	5.41	0.14	0.00
本页小计							608.57

4. 定额套价

工程预算表见表 6-7。

表 6-7　工程预算表

工程名称：某小型房间

序号	定额号	工程项目名称	单位	工程量	单价(元)	合价(元)	定额人工费(元)	
							单价	合价
1	t14-13	单层木门满刮腻子、底漆二遍、聚酯清漆二遍	$100m^2$	0.018	4698.66	84.58	2089.12	37.60
2	t14-267	壁纸刷基膜	$100m^2$	0.540	396.77	214.26	223.61	120.75
3	t14-259	墙面普通壁纸(对花)	$100m^2$	0.540	4183.06	2258.85	1129.86	610.12
4	t14-219	天棚面仿瓷涂料三遍	$100m^2$	0.263	2692.21	708.05	1508.72	396.79
合　计						3265.74		1165.26

【例 6-2】　某厂房，钢结构屋架，452.75kg/榀，共 3 榀，现场制作安装，构件除锈后刷红丹防锈漆一遍，调和漆二遍，喷超薄型防火涂料，耐火时间 0.5h、涂层厚度 1.5mm。计算工程量及分部分项工程费用。

【解】　1. 钢结构屋架刷红丹防锈漆一遍、调和漆二遍，喷超薄防火涂料

1）确定钢结构屋架刷红丹防锈漆一遍、调和漆二遍，喷超薄防火涂料应执行的定额子目。钢结构屋架刷红丹防锈漆一遍、调和漆二遍，喷超薄防火涂料，执行定额 14-171 金属面红丹防锈漆一遍、定额 14-172 金属面调和漆二遍和定额 14-180 金属面喷超薄型防火涂料（0.5h、1.5mm）项目。

2）计算钢结构屋架刷红丹防锈漆一遍、调和漆二遍，喷超薄防火涂料工程量。根据本定额"第十四章 油漆、涂料、裱糊装饰工程"工程量计算规则，金属面油漆、涂料项目，其工程量按设计图示尺寸以展开面积计算，质量在 500kg 以内的单个金属构件，可按质量折算面积参考系数将质量（t）折算为面积。

钢结构屋架刷红丹防锈漆一遍、调和漆二遍，喷超薄防火涂料工程量：$S=(3\times452.75\times53.2\div1000)m^2=72.26m^2$

查找定额 14-171 金属面红丹防锈漆一遍项目，其中：

人工费 = 222.72 元/100m^2

材料费 = 120.97 元/100m^2

材差：查 2018 年呼和浩特市建设委员会第 3 期材料信息价，无可调整主要材料。

管理费、利润 = 80.18 元/100m^2

基价 = 423.87 元/100m^2

查找定额 14-172 金属面调和漆二遍项目，其中：

人工费 = 390.68 元/100m^2

材料费 = 167.32 元/100m^2

材差：查 2018 年呼和浩特市建设委员会第 3 期材料信息价，无可调整主要材料。

管理费、利润 = 140.64 元/100m^2

基价 = 698.64 元/100m^2

查找定额 14-180 金属面喷超薄型防火涂料项目，其中：

人工费 = 586.21 元/100m^2

材料费 = 1834.03 元/100m^2

材差：查 2018 年呼和浩特市建设委员会第 3 期材料信息价，电（除税价）为 0.59 元/(kW·h)。

机械费 = 325.84/100m^2

管理费、利润 = 211.04 元/100m^2

基价 = 2957.12 元/100m^2

2. 材料调差

材料价差调整表见表 6-8。

表 6-8　材料价差调整表

工程名称：某厂房

编号	名称	单位	数量	定额价(元)	市场价(元)	价差(元)	价差合计(元)
1	电	kW·h	238.942	0.58	0.59	0.01	2.39
本页小计							2.39

3. 定额套价

工程预算表见表 6-9。

表 6-9　工程预算表

工程名称：某厂房

序号	定额号	工程项目名称	单位	工程量	单价(元)	合价(元)	定额人工费(元)	
							单价	合价
1	t14-171	金属面红丹防锈漆一遍	100m^2	0.723	423.87	306.46	222.72	161.03
2	t14-172	金属面调和漆二遍	100m^2	0.723	698.64	505.12	390.68	282.46
3	t14-180	金属面喷超薄型防火涂料(0.5h、1.5mm)	100m^2	0.723	2957.12	2138.00	586.21	423.83
合计						2949.58		867.32

同步测试

一、单项选择题

1. 执行单层木门油漆的项目，其工程量计算规则正确的是（　　）。

A. 单层全玻门油漆工程量按门洞口面积乘系数 1.00 计算

B. 单层全玻门油漆工程量按门洞口面积乘系数 0.75 计算

C. 装饰门扇油漆工程量按门洞口面积乘系数 1 计算

D. 装饰门扇油漆工程量按门洞口面积乘系数 1.1 计算

2. 执行木扶手（不带托板）油漆的项目，其工程量计算规则正确的是（　　）。

A. 木扶手（不带托板）按设计图示尺寸以延长米乘以系数 1.00 计算

B. 木扶手（带托板）按设计图示尺寸以延长米乘以系数 2.00 计算

C. 封檐板、顺水（博风）板按设计图示尺寸以延长米乘以系数 1.5 计算

D. 黑板框、生活园地框按设计图示尺寸以延长米乘以系数 1.00 计算

3. 执行其他木材面油漆的项目，其工程量计算规则正确的是（　　）。

A. 木板、胶合板天棚按设计图示尺寸以长×宽计算

B. 屋面板带檩条按设计图示尺寸以斜长×宽计算

C. 壁橱按设计图示尺寸以展开面积计算

D. 木屋架按设计图示尺寸以跨度（长）×中高×1/2 计算

4. 下列构件中质量在 500kg 以内的单个金属构件，执行系数折算，将质量（t）折算为面积的说法中正确的是（　　）。

A. 钢栅栏门、栏杆、窗栅折算系数为 74.98　　B. 钢爬梯折算系数为 54.84

C. 踏步式钢扶梯折算系数为 49.90　　D. 轻型屋架折算系数为 53.20

5. 下列按延长米计算刷油工程量的是（　　）。

A. 黑板框　　B. 木踢脚线　　C. 窗台板　　D. 窗帘盒

6. 木龙骨刷防火、防腐涂料按设计图示尺寸以（　　）计算。

A. 面层展开面积　　B. 面层投影面积

C. 龙骨架展开面积　　D. 龙骨架投影面积

7. 执行金属平板屋面、镀锌铁皮面（涂刷磷化、锌黄底漆）油漆的项目，其工程量计算规则说法正确的是（　　）。

A. 平板屋面按设计图示尺寸以斜长×宽计算

B. 包镀锌薄钢板门按设计图示尺寸以门窗洞口面积计算

C. 排水、伸缩缝盖板按设计图示尺寸以展开面积计算

D. 瓦垄铁屋面按设计图示尺寸以斜长×宽计算

8. 下列说法正确的是（　　）。

A. 抹灰面油漆、涂料（另做说明的除外）按设计图示尺寸以面积计算

B. 踢脚线刷耐磨漆按设计图示尺寸以面积计算

C. 墙面及天棚面刷石灰油浆、白水泥、石灰浆、石灰大白浆、普通水泥、可赛银浆、

大白浆等涂料工程量按块料面积工程量计算

D. 天棚、墙、柱面基层板缝粘贴胶带纸按相应天棚、墙、柱面基层板面乘以 0.3 系数计算

二、多项选择题

1. 下列说明中不正确的是（　　）。

A. 独立柱抹灰面喷刷油漆、涂料、裱糊，应按墙面相应项目执行，其中人工乘以系数 1.1

B. 拱形、穹顶形天棚喷刷油漆、涂料、裱糊，应按天棚相应项目执行，其中人工乘以系数 1.3

C. 设计要求金属面刷两遍防锈漆，按金属面防锈漆一遍项目执行，其中人工乘以系数 1.74，材料均乘以系数 1.9

D. 墙面真石漆、氟碳漆项目均已包括分格嵌缝，需做分格嵌缝时，工程量不另计算

E. 槽形底板、混凝土折瓦板、有梁板底、密肋梁板底、井字梁板底刷油漆、涂料按设计图示尺寸展开面积计算

2. 木门、木扶手及其他板条、线条油漆工程下列说法正确的是（　　）。

A. 木扶手（不带托板）油漆工程按延长米计算

B. 单层全玻门油漆工程按门洞口面积计算

C. 间壁、隔断油漆工程按单面外围面积计算

D. 木线条油漆工程按设计图示尺寸以长度计算

E. 执行金属面油漆、涂料项目，其工程量按设计图示尺寸以展开面积计算

3. 下列（　　）项目执行其他木材面油漆工程。

A. 吸音板（墙面或天棚）　B. 出入口盖板、检查口　C. 木板、胶合板天棚

D. 封檐板、顺水（博风）板　E. 纱门窗

4. 下列关于涂料的说法中正确的是（　　）。

A. 木龙骨刷防火涂料按四面涂刷考虑，木龙骨刷防腐涂料按一面（接触结构基层面）涂刷考虑

B. 金属面防火涂料项目按涂料密度 500kg/m^3 和项目中注明的涂料厚度考虑，当设计与定额取定的涂料密度、涂刷厚度不同时，定额中的相关材料可以调整

C. 艺术造型天棚吊顶、墙面装饰的基层板缝粘贴胶带，应按本定额“第十四章 油漆、涂料、裱糊装饰工程”相应项目执行，其中人工乘以系数 1.2

D. 刮腻子项目按成品腻子粉考虑，当设计与定额取定的腻子品种不同时，定额中的相关材料可以调整

E. 混凝土花格窗、栏杆花饰刷（喷）油漆、涂料按设计图示洞口面积计算

5. 下列（　　）构件按门洞口面积计算后乘以系数执行单层木门油漆的项目。

A. 装饰门扇　B. 全百叶门　C. 纱门窗

D. 半截百叶门　E. 厂房大门

6. 下列（　　）构件不执行木扶手（不带托板）油漆的项目。

A. 木栅栏、木栏杆（带快手）　B. 木扶手（带托板）　C. 木板、胶合板天棚

D. 排水，伸缩缝盖板　E. 木护墙、木墙裙

7. 下列（　　）构件不是按设计图示尺寸以面积计算。

A. 墙面粘贴壁纸　　B. 混凝土花格窗、栏杆花饰　　C. 壁橱

D. 间壁、隔断　　E. 轻型屋架

8. 下列说法中正确的是（　　）。

A. 木地板油漆按设计图示尺寸以面积计算，空洞、空圈、暖气包槽、壁龛的开口部分并入相应的工程量内

B. 木龙骨刷防火、防腐涂料按设计图示尺寸以龙骨架投影面积计算

C. 基层板刷防火、防腐涂料按实际涂刷面积计算

D. 油漆面抛光打蜡按相应刷油部位油漆工程量计算规则计算

E. 木线条油漆按设计图示尺寸以长度计算

三、简答题

1. 附着安装在同材质装饰面上的木线条、石膏线条油漆、喷刷涂料工程量如何计算？如何执行定额？

2. 金属构件油漆工程量如何计算？

3. 喷塑（一塑三油）底油、装饰漆、面油工程量如何计算？

学习情境七

其他装饰工程

学习目标

知识目标

- 了解其他装饰工程施工工艺
- 熟悉其他装饰工程项目的设置内容
- 掌握其他装饰工程工程量计算规则

能力目标

- 能够识读其他装饰工程的施工图
- 能正确计算其他装饰工程分项工程量
- 能够熟练应用定额进行套价

单元一　其他装饰工程的组成及定额的有关说明

一、其他装饰工程的工程内容

其他装饰工程定额包括柜类、货架，压条、装饰线，扶手、栏杆、栏板装饰，暖气罩，浴厕配件，雨篷、旗杆，招牌、灯箱，美术字，石材、瓷砖加工等。

二、定额的有关说明

1）柜、台、架以现场加工，手工制作为主，按常用规格考虑。当设计与定额取定的材料规格不同时，定额中的相关材料可以调整。

柜、台、架项目是根据选定的样式，按现场加工制作考虑编制的。设计样式与定额选型接近时，可通过适当调整、换算相应子目，参考执行；设计样式与定额选型差别较大时，需另编制子目。

2）柜、台、架项目包括五金配件（设计有特殊要求者除外），未考虑压板拼花及饰面板上贴其他材料的花饰、造型艺术品。

3）木质柜、台、架项目中板材按胶合板考虑，当设计与定额取定的板材种类不同时，定额中的相关材料可以调整。

4）压条、装饰线均按成品安装考虑。

5）装饰线条（顶角装饰线除外）按直线形在墙面安装考虑。墙面安装圆弧形装饰线条、天棚面安装直线形、圆弧形装饰线条，按相应项目乘以系数执行。

① 墙面安装圆弧形装饰线条，应按相应项目执行，其中人工乘以系数 1.2，材料乘以系数 1.1。

② 天棚面安装直线形装饰线条，应按相应项目执行，其中人工乘以系数 1.34。

③ 天棚面安装圆弧形装饰线条，应按相应项目执行，其中人工乘以系数 1.6，材料乘以系数 1.1。

④ 装饰线条直接安装在金属龙骨上，应按相应项目执行，其中人工乘以系数 1.68。

关于天棚面安装直线形、圆弧形装饰线条，执行相应线条子目，需调整人工、材料的说明，是针对指除顶角线以外的情况。

6）扶手、栏杆、栏板项目（护窗栏杆除外）适用于楼梯、走廊、回廊及其他装饰性扶手、栏杆、栏板。

7）扶手、栏杆、栏板项目已综合考虑扶手弯头（非整体弯头）的费用。如遇木扶手、大理石扶手为整体弯头，弯头另按本定额“第十五章 其他装饰工程”相应项目执行。

8）当设计栏板、栏杆的主材消耗量与定额不同时，其消耗量可以调整。

9）弧形栏杆、扶手按相应项目执行，其中人工乘以系数 1.3。

10）挂板式是指暖气罩直接钩挂在暖气片上；平墙式是指暖气片凹嵌入墙中，暖气罩与墙面平齐；明式是指暖气片全凸或半凸出墙面，暖气罩凸出于墙外。

11）暖气罩项目未包括封边线、装饰线，发生时按本定额“第十五章 其他装饰工程”

相应装饰线条项目执行。

12）大理石洗漱台项目不包括石材磨边、倒角及开面盆洞口，发生时按本定额“第十五章 其他装饰工程”相应项目执行。

如洗漱台为成品，则开孔费用不计，均已包括在成品单价中。

13）浴厕配件项目按成品安装考虑。

14）点支式、托架式雨篷的型钢、爪件的规格、数量按常规做法考虑，当设计与定额取定的型钢、爪件的规格、数量不同时，定额中的相关材料可以调整。托架式雨篷的斜拉杆费用另计。

15）铝塑板、不锈钢面层雨篷项目按平面考虑。

16）旗杆项目按常规做法考虑，不包括旗杆基础、旗杆台座及其饰面。

17）招牌、灯箱项目，当设计与定额取定的材料品种、规格不同时，定额中的相关材料可以调整。

18）一般平面广告牌是指正立面平整无凹凸面，复杂平面广告牌是指正立面有凹凸面造型的，箱（竖）式广告牌是指具有多面体的广告牌。

19）广告牌基层以附墙方式考虑，设计为独立式时，按相应项目执行，其中人工乘以系数 1.1。

20）招牌、灯箱项目均不包括广告牌喷绘、灯饰、灯光、店徽、其他艺术装饰及配套机械。

21）美术字项目均按成品安装考虑。

22）美术字按最大外接矩形面积区分规格，按相应项目执行。

23）石材瓷砖倒角、磨制圆边、开槽、开孔等项目均按现场加工考虑。

单元二 其他装饰工程的工程量计算规则

一、柜类、货架

柜类、货架工程量按各项目计量单位计算。其中以“m^2”为计量单位的项目，其工程量均按正立面的高度（包括脚的高度在内）乘以宽度计算。

二、压条、装饰线

1）压条、装饰线条按线条中心线长度计算。

压条、装饰线均按中心线长度计算工程量。压条、装饰线带 45°割角时，按计算规则少算的材料量，在定额材料损耗率中综合考虑。

2）石膏角花、灯盘按设计图示数量计算。

三、扶手、栏杆、栏板装饰

1）扶手、栏杆、栏板、成品栏杆（带扶手）均按其中心线长度计算，不扣除弯头长度。如遇木扶手、大理石扶手为整体弯头时，扶手消耗量需扣除整体弯头的长度，设计不明

确者，每只整体弯头按400mm扣除。

栏杆、栏板项目工程量计算按扶手中心线长度（包括扶手弯头长度）计算，如设计扶手弯头为成品整体弯头，执行栏杆栏板相应子目时，其工程量计算需扣除扶手弯头的长度，成品整体扶手弯头安装另执行本定额“第十五章 其他装饰工程”相应子目。

2）单独弯头按设计图示数量计算。

扶手、栏杆、栏板定额人工已综合考虑了楼梯、走廊、回廊等情况，定额是按照标准图集中的选型计算材料消耗量，当栏杆、栏板设计样式不同于标准图集时，允许调整扶手型材、栏杆型材、玻璃等主要材料的消耗量。

四、暖气罩

暖气罩（包括脚的高度在内）按边框外围尺寸垂直投影面积计算，成品暖气罩安装按设计图示数量计算。

五、浴厕配件

1）大理石洗漱台按设计图示尺寸以展开面积计算，挡板、吊沿板面积并入其中，不扣除孔洞、挖弯、削角所占面积。

2）大理石台面面盆开孔按设计图示数量计算。

3）盥洗室台镜（带框）、盥洗室木镜箱按边框外围面积计算。

4）盥洗室塑料镜箱、毛巾杆、毛巾环、浴帘杆、浴缸拉手、肥皂盒、卫生纸盒、晒衣架、晾衣绳等按设计图示数量计算。

六、雨篷、旗杆

1）雨篷按设计图示尺寸水平投影面积计算。

2）不锈钢旗杆按设计图示数量计算。

3）电动升降系统和风动系统按套数计算。

七、招牌、灯箱

1）柱面、墙面灯箱基层，按设计图示尺寸以展开面积计算。

2）一般平面广告牌基层，按设计图示尺寸以正立面边框外围面积计算。复杂平面广告牌基层，按设计图示尺寸以展开面积计算。

3）箱（竖）式广告牌基层，按设计图示尺寸以基层外围体积计算。

4）广告牌面层，按设计图示尺寸以展开面积计算。

八、美术字

美术字按设计图示数量计算。

九、石材、瓷砖加工

1）石材、瓷砖倒角按块料设计倒角长度计算。

石材倒角子目“项目”栏内注明的宽度为切角斜边长，石材倒角项目表见表7-1。

2）石材磨边按成型圆边长度计算。

3）石材开槽按块料成型开槽长度计算。

石材开槽为装饰用凹槽，以及地面防滑需要的凹槽，目前市场中常见的石材面凹槽宽度一般为5~20mm，深度一般为5~10mm。断面$30mm^2$以内的凹槽一般用于防滑，使用切割机开槽，不需要抛光；断面$30mm^2$以外的装饰用凹槽，使用开槽机开槽，需要人工抛光。

4）石材、瓷砖开孔按成型孔洞数量计算。

石材洗面台面盆开孔不执行本定额“第十五章 其他装饰工程”石材瓷砖加工一节中石材开孔子目，在本额定“第十五章 其他装饰工程”浴厕配件一节单独设置有石材洗面台面盆开孔子目。

表7-1 石材倒角项目表 （单位：100m）

定额编号				15-227	15-228
项目				倒角、抛光（宽度）	
				≤10mm	>10mm
基价（元）				1112.62	1614.54
其中	人工费（元）			775.26	1132.02
	材料费（元）			58.27	74.99
	机械费（元）			—	—
	管理费、利润（元）			279.09	407.53
名称		单位	单价（元）	数量	
人工	综合工日	工日	127.05	6.102	8.910
材料	水	m^3	5.27	0.230	0.230
	石料切割锯片	片	21.45	1.760	2.370
	石材抛光片	片	3.95	2.640	3.560
	电	kW·h	0.58	15.300	15.300
其他	管理费	%	—	20.000	20.000
	利润	%	—	16.000	16.000

单元三 其他装饰工程实例

【例7-1】 某五层建筑物，平面图如图7-1所示，剖面图如图7-2所示，楼梯栏杆为直线形竖条式不锈钢管栏杆，ϕ60不锈钢扶手。护窗栏杆为不锈钢栏杆木扶手。试计算栏杆、扶手工程量及分部分项工程费。

【解】

1. 楼梯不锈钢栏杆、不锈钢扶手

1）确定不锈钢栏杆、不锈钢扶手应执行的定额子目。楼梯不锈钢栏杆、不锈钢扶手执行定额15-86不锈钢栏杆、不锈钢扶手项目。

2）计算不锈钢栏杆、不锈钢扶手工程量。根据本定额“第十五章 其他装饰工程”工程量计算规则，扶手、栏杆、栏板、成品栏杆（带扶手）均按其中心线长度计算，不扣除弯头长度。

楼梯梯步斜长 L=3.04m

楼梯不锈钢栏杆、不锈钢扶手工程量 L=(3.04+0.18+0.18+0.22) m×2×4+0.99m=29.95m

分析：查找定额 15-86 不锈钢栏杆、不锈钢扶手项目，其中：

人工费=563.47 元/10m

材料费=1126.69 元/10m

机械费=140.92 元/10m

管理费、利润=202.85 元/10m

基价=2033.93 元/10m

2. 护窗不锈钢栏杆木扶手

1) 确定护窗不锈钢栏杆木扶手应执行的定额子目。护窗不锈钢栏杆木扶手执行定额 15-98 护窗不锈钢栏杆木扶手项目。

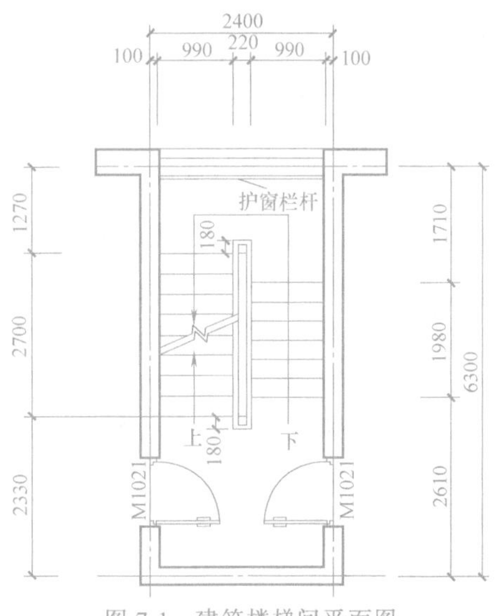

图 7-1　建筑楼梯间平面图

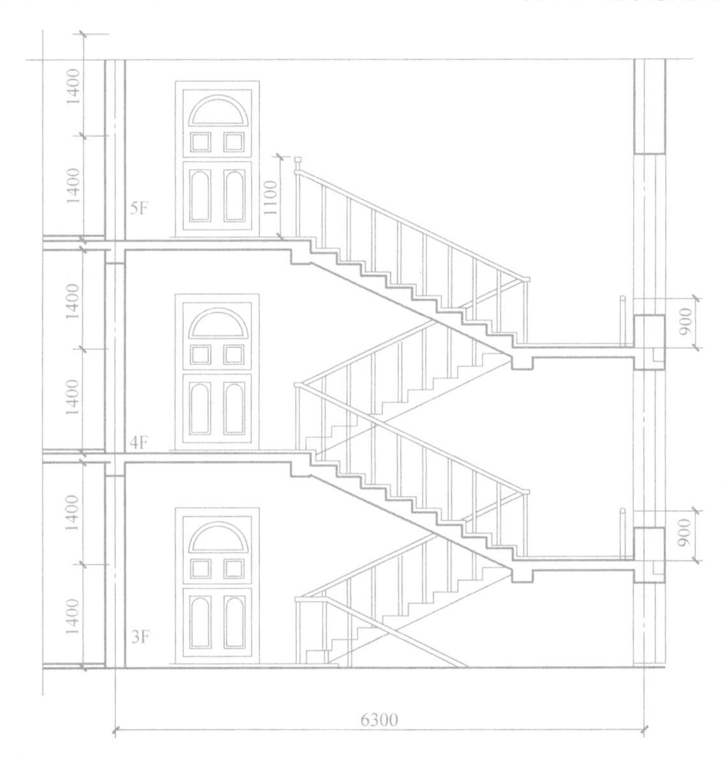

图 7-2　建筑楼梯间剖面图

2) 计算护窗不锈钢栏杆木扶手工程量。根据本定额“第十五章 其他装饰工程”工程量计算规则，扶手、栏杆、栏板、成品栏杆（带扶手）均按其中心线长度计算，不扣除弯头长度。

护窗不锈钢栏杆木扶手工程量 L=2.2m×4 层=8.80m

查找定额 15-98 护窗不锈钢栏杆木扶手项目，其中：

人工费=570.58 元/10m

材料费=704.46元/10m

机械费=1.32元/10m

管理费、利润=205.41元/10m

基价=1481.77元/10m

3. 材料调差

1）楼梯不锈钢栏杆、不锈钢扶手材差：查2018年呼和浩特市建设委员会第3期材料信息价，电（除税价）为0.59元/(kW·h)。

电消耗量=[1.6台班/10m×12.9(kW·h)/台班+0.9台班/10m×15(kW·h)/台班+0.9台班/10m×70.7(kW·h)/台班]×29.95m÷10=292.821kW·h

2）护窗不锈钢栏杆木扶手材差：查2018年呼和浩特市建设委员会第3期材料信息价，扁钢40mm×4mm（除税价）为3.72元/kg，电（除税价）为0.59元/(kW·h)，无木扶手宽65mm材料价格。经市场认价本工程使用木扶手宽65mm（除税价）为38.95元/m。

扁钢40mm×4mm消耗量=0.027kg/10m×8.80m ÷10=0.024kg

木扶手宽65mm消耗量=10.2m/10m×8.80m÷10=8.976m

电消耗量=[0.02台班/10m×4.8(kW·h)/台班+0.01台班/10m×15(kW·h)/台班+0.01台班/10m×70.7(kW·h)/台班]×8.80m÷10=0.839kW·h

3）合计电消耗量=(292.821+0.839)kW·h=293.66kW·h

材料价差调整表见表7-2。

表7-2 材料价差调整表

工程名称：某建筑楼梯间

编号	名称	单位	数量	定额价(元)	市场价(元)	价差(元)	价差合计(元)
1	扁钢40mm×4mm	kg	0.024	2.53	3.72	1.19	0.03
2	木扶手宽65mm	m	8.976	25.47	38.95	13.48	121.00
3	电	kW·h	293.660	0.58	0.59	0.01	2.94
本页小计							123.97

4. 定额套价

工程预算表见表7-3。

表7-3 工程预算表

工程名称：某建筑楼梯间

序号	定额号	工程项目名称	单位	工程量	单价(元)	合价(元)	定额人工费(元)	
							单价	合价
1	t15-86	不锈钢栏杆不锈钢扶手	10m	2.995	2033.93	6091.62	563.47	1687.59
2	t15-98	护窗不锈钢栏杆木扶手	10m	0.880	1481.77	1303.96	570.58	502.11
合计						7395.58		2189.70

【例7-2】 某宾馆标准客房卫生间平面图如图7-3所示，内设不锈钢毛巾杆、帘子杆。大理石洗漱台剖面图如图7-4所示，台面尺寸为1200mm×600mm，磨半圆边。无框镜面玻璃尺寸为1200mm×900mm。试计算15个标准卫生间不锈钢毛巾杆、帘子杆、无框镜面玻璃、大理石洗漱台及磨边的工程量及分部分项工程费。

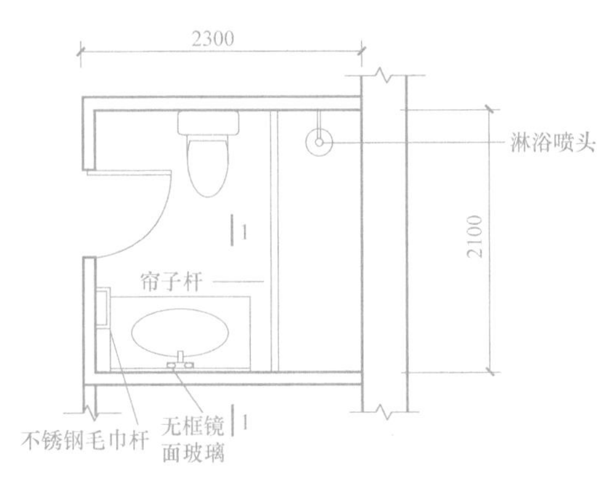

图 7-3　某宾馆标准客房卫生间平面图

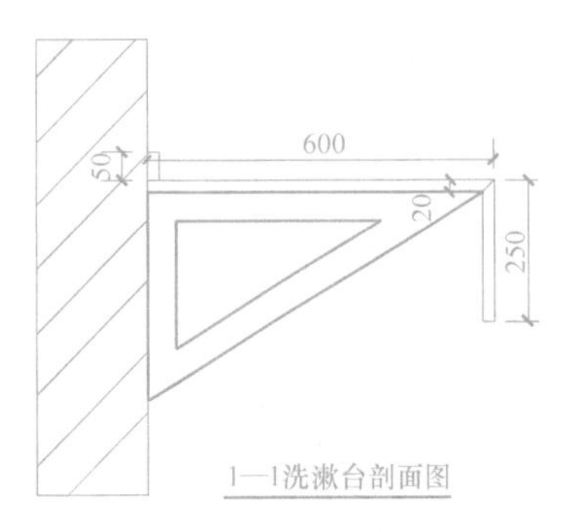

图 7-4　大理石洗漱台剖面图

【解】

1. 不锈钢毛巾杆

1）确定不锈钢毛巾杆应执行的定额子目。不锈钢毛巾杆执行定额 15-134 不锈钢毛巾杆项目。

2）计算不锈钢毛巾杆工程量。根据本定额“第十五章 其他装饰工程”工程量计算规则，盥洗室塑料镜箱、毛巾杆、毛巾环、浴帘杆、浴缸拉手、肥皂盒、卫生纸盒、晒衣架、晾衣绳等按设计图示数量计算。

不锈钢毛巾杆工程量 $N=(1\times15)$ 副 = 15 副

查找定额 15-134 不锈钢毛巾杆项目，其中：

人工费 = 5.46 元/副

材料费 = 91.34 元/副

材差：查 2018 年呼和浩特市建设委员会第 3 期材料信息价，无不锈钢毛巾架材料价格。经市场认价本工程使用不锈钢毛巾架（除税价）为 103.88 元/副。

不锈钢毛巾架消耗量 = (1.01×15) 副 = 15.150 副

管理费、利润 = 1.97 元/副

基价 = 98.77 元/副

2. 不锈钢帘子杆

1）确定不锈钢帘子杆应执行的定额子目。不锈钢帘子杆执行定额 15-137 不锈钢浴帘杆项目。

2）计算不锈钢帘子杆工程量。根据本定额“第十五章 其他装饰工程”工程量计算规则，盥洗室塑料镜箱、毛巾杆、毛巾环、浴帘杆、浴缸拉手、肥皂盒、卫生纸盒、晒衣架、晾衣绳等按设计图示数量计算。

不锈钢帘子杆工程量 $N=(1\times15)$ 副 = 15 副

查找定额 15-137 不锈钢浴帘杆项目，其中：

人工费 = 2.80 元/副

材料费 = 107.81 元/副

材差：查 2018 年呼和浩特市建设委员会第 3 期材料信息价，无不锈钢帘子杆（浴巾杆）材料价格。经市场认价本工程使用不锈钢帘子杆（浴巾杆）（除税价）为 129.85

元/副。

不锈钢帘子杆（浴巾杆）消耗量=(1.01×15)副=15.150副

管理费、利润=1.01元/副

基价=111.62元/副

3. 无框镜面玻璃

1）确定无框镜面玻璃应执行的定额子目。无框镜面玻璃执行定额15-131盥洗室台镜不带框>1.0m^{2}项目。

2）计算无框镜面玻璃工程量。根据本定额“第十五章 其他装饰工程”工程量计算规则，盥洗室台镜（带框）、盥洗室木镜箱按边框外围面积计算。

无框镜面玻璃工程量 S=(1.20×0.90×15)m^2=16.20m^2

查找定额15-131，盥洗室台镜不带框>1.0m^{2}项目，其中：

人工费=260.20元/10m^2

材料费=1188.15元/10m^2

材差：查2018年呼和浩特市建设委员会第3期材料信息价，镜面玻璃磨边 δ6（除税价）为64.92元/m^2，胶合板 δ5（除税价）为9.95元/m^2。

镜面玻璃磨边 δ6 消耗量=10.2m^2/10m^2×16.20m^2÷10=16.524m^2

胶合板 δ5 消耗量=10.5m^2/10m^2×16.20m^2÷10=17.010m^2

管理费、利润=93.67元/10m^2

基价=1542.02元/10m^2

4. 大理石洗漱台

1）确定大理石洗漱台应执行的定额子目。大理石洗漱台执行定额15-126大理石洗漱台>1.0m^{2}项目。

2）计算大理石洗漱台工程量。根据本定额“第十五章 其他装饰工程”工程量计算规则，大理石洗漱台按设计图示尺寸以展开面积计算，挡板、吊沿板面积并入其中，不扣除孔洞、挖弯、削角所占面积。

大理石洗漱台工程量 S=1.20m×(0.60+0.25+0.05)m×15=16.20m^2

查找定额15-126大理石洗漱台>1.0m^{2}项目，其中：

人工费=2213.59元/10m^2

材料费=1426.31元/10m^2

材差：查2018年呼和浩特市建设委员会第3期材料信息价，角钢50（除税价）为3635.73元/t，热轧薄钢板 δ4.0（除税价）为3808.86元/t，石材饰面板（除税价）为129.85元/ m^2，电（除税价）为0.59元/(kW·h)。

角钢50消耗量=0.129t/10m^2×16.20m^2÷10=0.209t

热轧薄钢板 δ4.0 消耗量=0.001t/10m^2×16.20m^2÷10=0.002t

石材饰面板消耗量=10.6m^2/10m^2×16.20m^2÷10=17.172m^2

电消耗量=[0.308(kW·h)/10m^2+0.15台班/10m^2×60.27(kW·h)/台班]×16.20m^2÷10=15.145kW·h

机械费=7.57元/10m^2

管理费、利润=796.89元/10m^2

基价=4444.36元/10m²

5. 大理石洗漱台磨半圆边

1）确定大理石洗漱台磨半圆边应执行的定额子目。大理石洗漱台磨半圆边执行定额15-229磨制、抛光半圆边项目。

2）计算大理石洗漱台磨半圆边工程量。根据本定额“第十五章 其他装饰工程”工程量计算规则，石材磨边按成型圆边长度计算。

大理石洗漱台磨半圆边工程量 $L=(1.20+0.60\times2)\text{m}\times15=36.00\text{m}$

查找定额15-229磨制、抛光半圆边项目，其中：

人工费=2229.73元/100m

材料费=36.25元/100m

材差：查2018年呼和浩特市建设委员会第3期材料信息价：水（除税价）为5.41元/m^3，电（除税价）为0.59元/(kW·h)。

水消耗量 $=0.35\text{m}^3/100\text{m}\times36\text{m}\div100=0.126\text{m}^3$

电消耗量 $=15.3(\text{kW}\cdot\text{h})/100\text{m}\times36.00\text{m}\div100=5.508\text{kW}\cdot\text{h}$

管理费、利润=802.70元/100m

基价=3068.68元/100m

6. 材料调差

材料价差调整表见表7-4。

表7-4　材料价差调整表

工程名称：某宾馆标准客房卫生间

编号	名称	单位	数量	定额价(元)	市场价(元)	价差(元)	价差合计(元)
1	不锈钢毛巾架	副	15.150	90.09	103.88	13.79	208.92
2	不锈钢帘子杆(浴巾杆)	副	15.150	106.39	129.85	23.46	355.42
3	胶合板δ5	m²	17.010	9.73	9.95	0.22	3.74
4	镜面玻璃磨边δ6	m²	16.524	82.37	64.92	−17.45	−288.34
5	角钢50	t	0.209	2745.60	3635.73	890.13	186.04
6	热轧薄钢板δ4.0	t	0.002	2445.30	3808.86	1363.56	2.73
7	石材饰面板	m²	17.172	88.37	129.85	41.48	712.29
8	水	m³	0.126	5.27	5.41	0.14	0.02
9	电	kW·h	20.653	0.58	0.59	0.01	0.21
本页小计							1181.03

7. 定额套价

工程预算表见表7-5。

表7-5　工程预算表

工程名称：某宾馆标准客房卫生间

序号	定额号	工程项目名称	单位	工程量	单价(元)	合价(元)	定额人工费(元)	
							单价	合价
1	t15-134	不锈钢毛巾杆	副	15	112.70	1690.50	5.46	81.90

（续）

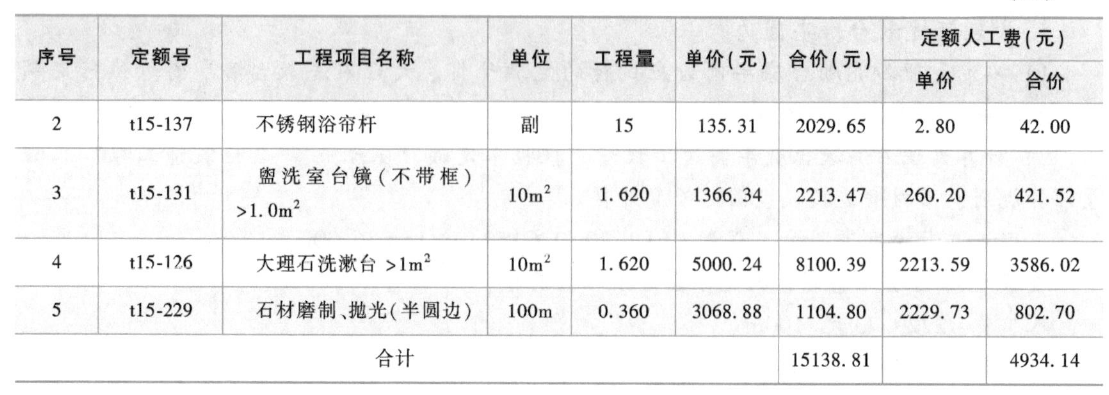

序号	定额号	工程项目名称	单位	工程量	单价(元)	合价(元)	定额人工费(元)	
							单价	合价
2	t15-137	不锈钢浴帘杆	副	15	135.31	2029.65	2.80	42.00
3	t15-131	盥洗室台镜(不带框) >1.0m^2	10m^2	1.620	1366.34	2213.47	260.20	421.52
4	t15-126	大理石洗漱台 >1m^2	10m^2	1.620	5000.24	8100.39	2213.59	3586.02
5	t15-229	石材磨制、抛光(半圆边)	100m	0.360	3068.88	1104.80	2229.73	802.70
合计						15138.81		4934.14

同步测试

一、单项选择题

1. 柜类、货架工程量以“m^2”为计量单位的项目，其工程量规则是（　　）。

A. 其工程量按设计图示尺寸以正立面高度乘以宽度计算，扣除脚的高度

B. 其工程量按设计图示尺寸以展开面积计算

C. 其工程量按设计图示尺寸以投影面积计算

D. 其工程量按设计图示尺寸以正立面高度乘以宽度计算，不扣除脚的高度

2. 墙面安装圆弧形装饰线条，应按相应项目执行，其中（　　）。

A. 人工乘以系数 1.6，材料乘以系数 1.1

B. 人工乘以系数 1.2，材料乘以系数 1.1

C. 人工乘以系数 1.34

D. 人工乘以系数 1.68

3. 下列按边框外围尺寸以垂直投影计算的是（　　）。

A. 成品暖气罩　　B. 雨篷　　C. 广告牌面层　　D. 暖气罩

4. 弧形栏杆、扶手按相应项目执行，其中人工乘以系数（　　）。

A. 1.3　　B. 1.2　　C. 1.1　　D. 1.0

5. 大理石洗漱台按（　　）计算。

A. 设计图示数量以投影面积计算　　B. 设计图示尺寸以展开面积计算

C. 设计图示数量以个计算　　D. 设计图示框外围尺寸以面积计算

6. 下列说法正确的是（　　）。

A. 广告牌基层以附墙方式考虑，设计为独立式时，按相应项目执行，其中人工乘以系数 1.1

B. 铝塑板、不锈钢面层雨篷项目按立面考虑

C. 大理石洗漱台项目包括石材磨边、倒角及开面盆洞口

D. 弧形栏杆、扶手按相应项目执行，乘以系数 1.1

二、多项选择题

1. 扶手、栏杆、栏板的工程量计算规则是（　　）。

A. 扶手按其中心线长度计算，不扣除弯头长度

B. 栏杆、栏板按设计图示尺寸以面积计算

C. 如遇木扶手、大理石扶手为整体弯头时，扶手消耗量需扣除整体弯头的长度，设计不明确者，每只整体弯头按400mm扣除

D. 扶手、栏杆、栏板按其中心线长度计算，扣除弯头长度

E. 栏杆、栏板按其中心线长度计算，不扣除弯头长度

2. 下列按设计图示尺寸以展开面积计算的是（　　）。

A. 墙面、柱面灯箱基层　　B. 一般平面广告牌基层

C. 复杂平面广告牌基层　　D. 箱（竖）式广告牌基层

E. 广告牌面层

3. 下列说法正确的是（　　）。

A. 石材、瓷砖倒角按块料设计倒角长度计算

B. 石材磨边按成型长度计算

C. 石材开槽按块料成型开槽长度计算

D. 美术字按设计图示尺寸外接矩形以面积计算

E. 雨篷按设计图示尺寸以展开面积计算

4. 下列项目安装均按成品安装考虑的是（　　）。

A. 压条、装饰线　　B. 招牌、灯箱

C. 毛巾杆、肥皂盒　　D. 美术字

E. 托架式雨篷

三、简答题

1. 暖气罩安装方式有挂板式、平墙式、明式，分别是如何安装的？

2. 旗杆项目是否包括旗杆基础、旗杆台座？如何套定额？

3. 点支式雨篷项目是按常规作法考虑，当设计与定额取定不同时，可以调整的是什么材料？

学习情境八

蒙元文化装饰工程

学习目标

知识目标

- 了解蒙元文化装饰工程施工工艺
- 熟悉蒙元文化装饰工程项目的设置内容
- 掌握蒙元文化装饰工程工程量计算规则

能力目标

- 能够识读蒙元文化装饰工程的施工图
- 能正确计算蒙元文化装饰工程分项工程量
- 能够熟练应用定额进行套价

单元一　蒙元文化装饰工程的组成及定额的有关说明

一、蒙元文化装饰工程的工程内容

蒙元文化装饰工程定额包括蒙式民族特色墙、柱面装饰，蒙式民族特色天棚装饰，蒙式民族特色其他构件，蒙式民族特色构件面层处理，蒙式民族特色钢结构，蒙式民族特色构件场外运输等。

二、定额的有关说明

1）蒙式民族特色墙、柱面龙骨、基层、面层项目按圆弧形墙面考虑，设计为直形墙面时，应按本定额“第十二章 墙、柱面装饰工程”相应项目执行。

2）手绘壁画项目按常规手绘壁画考虑，分为高级、中级、普通三种。若有特殊工艺或较高技艺要求费用另计。手绘壁画高级、中级、普通的标准如下：

① 高级：壁画中主要元素（除大面积风景和底色外）占壁画总面积50%以上者。

② 中级：壁画中主要元素占壁画总面积20%以上50%以下者。

③ 普通：壁画中主要元素占壁画总面积20%以下者。

手绘壁画示意图如图8-1所示。

图8-1　手绘壁画示意图

3）石浮雕项目适用于地面铺设，墙面挂贴石浮雕时按本定额“第十二章 墙、柱面装饰工程”相应项目执行。

4）蒙式民族特色天棚龙骨、基层、面层项目按穹顶造型考虑，其他天棚装饰项目按本定额“第十三章 天棚装饰工程”相应项目执行。

蒙式民族特色天棚龙骨、基层、面层都是按穹顶造型常用做法考虑的，如设计要求不同时，材料可以调整，人工机械不变。

5）蒙式民族特色天棚龙骨项目中，当设计与定额取定的龙骨种类、规格不同时，定额中的相关材料可以调整。

6）蒙式民族特色构件项目中，当设计与定额取定的构件规格、型号不同时，定额中的相关材料可以调整。

7）蒙式民族特色构件喷刷油漆、涂料、裱糊，应按本定额“第十四章 油漆、涂料、裱糊装饰工程”相应项目执行。

8）蒙式民族特色墙面刮腻子、涂料、裱糊，应按本定额“第十四章 油漆、涂料、裱糊装饰工程”相应项目执行，其中人工乘以系数1.15。

9）蒙式民族特色钢结构项目是以方钢管、角钢、钢板为主的具有民族文化特色的异形或复杂造型的小型钢结构。

10）蒙式民族特色钢结构除锈、防火、油漆，应按本定额“第十四章 油漆、涂料、裱糊装饰工程”相应项目执行。

11）蒙式特色构件安装按本定额“第六章 金属结构工程”零星钢构件安装项目执行。

12）蒙式民族特色构件场外运输项目是按构件加工厂至施工现场考虑的，运输运距以30km为限，运距在30km以上时，按照构件运输方案和市场运价调整。

蒙式民族特色构件场外运输适用于需要在场外进行加工制作后运至现场安装时所发生的运输，凡在施工现场加工制作者不得执行本定额。

单元二 蒙元文化装饰工程的工程量计算规则

一、蒙式民族特色墙、柱面装饰

1）墙、柱面龙骨、基层、面层项目按设计图示饰面尺寸以面积计算。扣除门窗洞口及单个面积>0.3m^2的空圈所占面积，不扣除单个面积≤0.3m^2的孔洞所占面积。门窗洞口、孔洞的侧壁及顶面不增加面积。

2）壁画、浮雕按设计图示框外围尺寸以面积计算。

3）乌尼杆、哈那杆按设计图示尺寸以长度计算。乌尼杆、哈那杆示意图如图8-2、图8-3所示。

4）蒙式民族特色柱墩、柱帽按设计图示数量以个计算。

图8-2 乌尼杆、哈那杆示意图一

图 8-3　乌尼杆、哈那杆示意图二

二、蒙式民族特色天棚装饰

1）蒙式穹顶方钢龙骨按设计图示尺寸乘以理论质量计算。

2）蒙式穹顶方木龙骨、基层、面层按设计图示尺寸以表面积计算。扣除单个面积>$0.3m^2$的孔洞所占面积。

3）蒙式成品灯盘按设计图示尺寸以面积计算。

区别其他装饰工程中，石膏灯盘按设计图示数量计算。石膏灯盘示意图如图 8-4 所示，蒙式成品灯盘示意图如图 8-5 所示。

图 8-4　石膏灯盘示意图

图 8-5　蒙式成品灯盘示意图

三、蒙式民族特色其他构件、蒙式民族特色构件面层处理

1）蒙式布幔按设计图示尺寸以抻直长度计算。蒙式布幔示意图如图 8-6 所示。

2）民族图案制品、蒙式构件面层处理按设计图示尺寸以面积计算。不规则或多边形民族图案制品、蒙式构件面层处理按其设计图示外接矩形、外接三角形以面积计算。蒙式构件面层处理——多彩套色示意图如图 8-7、图 8-8 所示，仿铜处理示意图如图8-9、图 8-10 所示，做旧处理示意图如图 8-11 所示。

图 8-6　蒙式布幔示意图

图 8-7　蒙式构件面层处理——多彩套色示意图一

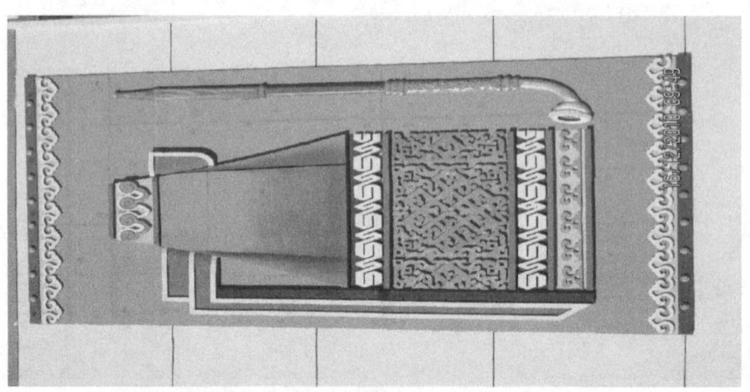

图 8-8　蒙式构件面层处理——多彩套色示意图二

图 8-9　蒙式构件面层处理——仿铜处理示意图一

图 8-10　蒙式构件面层处理——仿铜处理示意图二

图 8-11　蒙式构件面层处理——做旧处理示意图

蒙元构件面层处理的施工高度是按 6m 以内考虑的；如施工高度大于 6m，另行计算。

3）木雕、平雕及实木镂空双面雕刻制品按设计图示尺寸以面积计算。

4）泡钉、顶帽、苏力德、珠拉、蒙式八旗、勒勒车、成品毡包按设计图示数量以个计算。蒙元构件示意图如图 8-12、图 8-13 所示，苏力德示意图如图 8-14 所示，毡包、珠拉示意图如图 8-15 所示，勒勒车示意图如图 8-16 所示，成品毡包示意图如图 8-17 所示。

顶帽、苏力德等大型构件的安装高度是按 6m 以内考虑的；如安装高度大于 6m，另行计算。

5）蒙式特色围栏按设计图示尺寸以面积计算。

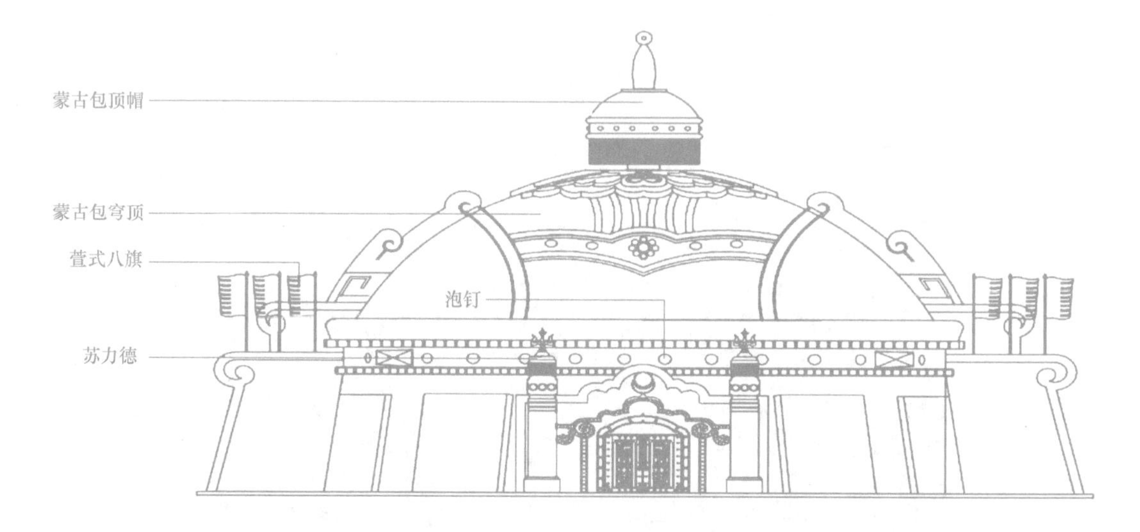

图 8-12 蒙元构件示意图一

图 8-13 蒙元构件示意图二

图 8-14　苏力德示意图

蒙式毡包示意图

蒙式珠拉示意图

图 8-15　毡包、珠拉示意图

图 8-16　勒勒车示意图

图 8-17　成品毡包示意图

四、蒙式民族特色钢结构

1）蒙式穹顶式钢结构造型、蒙式特色构件钢结构造型按设计图示尺寸乘以理论质量计算。蒙式穹顶示意图如图 8-18、图 8-19 所示。

图 8-18　蒙式穹顶示意图一

图 8-19　蒙式穹顶示意图二

2）蒙式穹顶式兼强板屋面、蒙式穹顶式铁皮雕花屋面按设计图示尺寸以表面积计算。

五、蒙式民族特色构件场外运输

蒙式民族特色构件场外运输按设计图示构件最大外围尺寸以体积计算。

蒙式民族特色构件按设计图示构件最大外接长方体即构件水平投影的外接矩形乘以构件垂直投影厚度以体积计算。

单元三　蒙元文化装饰工程实例

【例 8-1】　某蒙古包示意图如图 8-20 所示，室内墙面绑扎成品哈那杆，规格为 40mm×40mm，长度为 1.64m，中距为 400mm。天棚铺钉成品乌尼杆，规格为 40mm×40mm，长度为 2.88m，中距为 300mm。套瑙为奥松板基层外粘壁纸，表面面积为 2.19m^2。木门尺寸为 800mm×1520mm，门框宽 60mm。试计算哈那杆、乌尼杆、套瑙工程量及分部分项工程费。

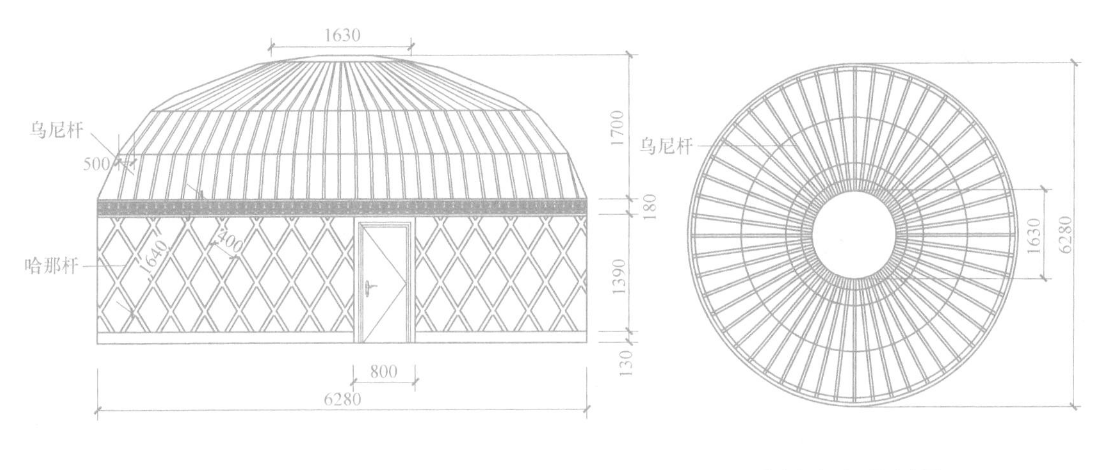

蒙古包剖面示意图　　蒙古包穹顶天棚示意图

图 8-20　某蒙古包示意图

【解】

1. 哈那杆

1）确定哈那杆应执行的定额子目。绑扎哈那杆执行定额 16-24 绑扎成品哈那杆项目。

2）计算哈那杆工程量。根据本定额“第十六章 蒙元文化装饰工程”工程量计算规则，哈那杆按设计图示尺寸以长度计算。

哈那杆根数 N=[(3.14×6.28−0.8)÷0.4]根=47 根

哈那杆工程量 L=(1.64×2×47)m=154.16m

注：蒙古包剖面为圆形闭合曲线，计算根数时，不用取整加 1（以下同）。

查找定额 16-24 绑扎成品哈那杆项目，其中：

人工费=461.45 元/100m

材料费=3867.15元/100m

材差：查2018年呼和浩特市建设委员会第3期材料信息价，电（除税价）为0.59元/(kW·h)，无哈那杆方40mm×40mm不带雕花材料价格。经市场认价本工程使用哈那杆方40mm×40mm不带雕花（除税价）为38.95元/m。

哈那杆方40mm×40mm不带雕花消耗量=110m/100m×154.16m÷100=169.576m

电消耗量=[0.18台班/100m×64(kW·h)/台班+4.14(kW·h)/100m]×154.16m÷100=24.141kW·h

机械费=9.15元/100m

管理费、利润=166.12元/100m

基价=4503.87元/100m

2. 乌尼杆

1）确定乌尼杆应执行的定额子目。铺钉乌尼杆执行定额16-53铺钉成品乌尼杆项目。

2）计算乌尼杆工程量。根据本定额“第十六章 蒙元文化装饰工程”工程量计算规则，乌尼杆按设计图示尺寸以长度计算。

乌尼杆根数N=(3.14×6.28÷0.3)根=65根

乌尼杆工程量L=(2.88×65)m=187.20m

查找定额16-53铺钉成品乌尼杆项目，其中：

人工费=846.15元/100m

材料费=3257.05元/100m

材差：查2018年呼和浩特市建设委员会第3期材料信息价，电（除税价）为0.59元/(kW·h)，无乌尼杆方40mm×40mm不带雕花材料价格。经市场认价本工程使用乌尼杆方40mm×40mm不带雕花（除税价）为34.63元/m。

乌尼杆方40mm×40mm不带雕花消耗量=105m/100m×187.20m÷100=196.560m

电消耗量=[0.18台班/100m×64(kW·h)/台班+4.14台班/100m×24.2(kW·h)/台班]×187.20m÷100=209.117kW·h

机械费=149.29元/100m

管理费、利润=304.62元/100m

基价=4557.11元/100m

3. 奥松板基层、外粘壁纸

1）确定奥松板基层、外粘壁纸应执行的定额子目。套瑙奥松板基层、外粘壁纸执行定额16-45蒙式穹顶奥松板基层和定额16-47蒙式穹顶天棚基层粘贴壁纸项目。

2）计算奥松板基层、外粘壁纸工程量。根据本定额“第十六章 蒙元文化装饰工程”工程量计算规则，蒙式穹顶基层、面层按设计图示尺寸以表面面积计算。扣除单个面积>0.3m^2的孔洞所占面积。

套瑙奥松板基层、外粘壁纸工程量S=2.19m^2

① 查找定额16-45蒙式穹顶奥松板基层项目，其中：

人工费=1629.04元/100m^2

材料费=4663.17元/100m^2

材差：查2018年呼和浩特市建设委员会第3期材料信息价，奥松板9mm（除税价）为

18.18 元/m^2。

奥松板 9mm 消耗量 = $130m^2/100m^2 \times 2.19m^2 \div 100 = 2.847m^2$

管理费、利润 = 586.45 元/$100m^2$

基价 = 6878.66 元/$100m^2$

② 查找定额 16-47 蒙式穹顶天棚基层粘贴壁纸项目，其中：

人工费 = 1153.87 元/$100m^2$

材料费 = 2936.20 元/$100m^2$

材差：查 2018 年呼和浩特市建设委员会第 3 期材料信息价，无壁纸材料价格。经市场认价本工程使用壁纸（除税价）为 34.63 元/m^2。

壁纸消耗量 = $130m^2/100m^2 \times 2.19m^2 \div 100 = 2.847m^2$

管理费、利润 = 415.39 元/$100m^2$

基价 = 4505.46 元/$100m^2$

4. 材料调差

材料价差调整表见表 8-1。

表 8-1　材料价差调整表

工程名称：某蒙古包

编号	名称	单位	数量	定额价(元)	市场价(元)	价差(元)	价差合计(元)
1	哈那杆　方 40mm×40mm 不带雕花	m	169.576	34.32	38.95	4.63	785.14
2	电	kW·h	233.258	0.58	0.59	0.01	2.33
3	乌尼杆　方 40mm×40mm 不带雕花	m	196.560	30.03	34.63	4.60	904.18
4	奥松板 9mm	m^2	2.847	35.69	18.18	-17.51	-49.85
5	壁纸	m^2	2.847	20.59	34.63	14.04	39.97
本页小计							1681.77

5. 定额套价

工程预算表见表 8-2。

表 8-2　工程预算表

工程名称：某蒙古包

序号	定额号	工程项目名称	单位	工程量	单价(元)	合价(元)	定额人工费(元)	
							单价	合价
1	t16-24	绑扎成品哈那杆	100m	1.542	4503.87	6944.97	461.45	711.56
2	t16-53	铺钉成品乌尼杆	100m	1.872	4557.11	8530.91	846.15	1583.99
3	t16-45	蒙式穹顶奥松板基层	$100m^2$	0.022	6878.66	151.33	1629.04	35.84
4	t16-47	蒙式穹顶天棚基层粘贴壁纸	$100m^2$	0.022	4505.46	99.12	1153.87	25.39
合计						15726.33		2356.78

【例 8-2】 某建筑外墙安装蒙元特色民族图案，墙面蒙元装饰示意图如图 8-21 所示，材质为玻璃钢制品，外墙长 1800mm，民族图案表面进行多彩套色处理。试计算外墙蒙元特色民族图案制品、构件多彩套色处理工程量及分部分项工程费。

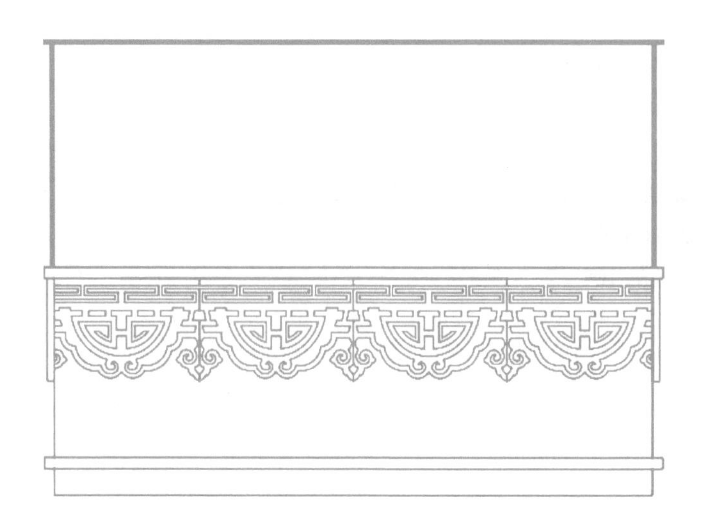

墙面蒙元装饰立面图

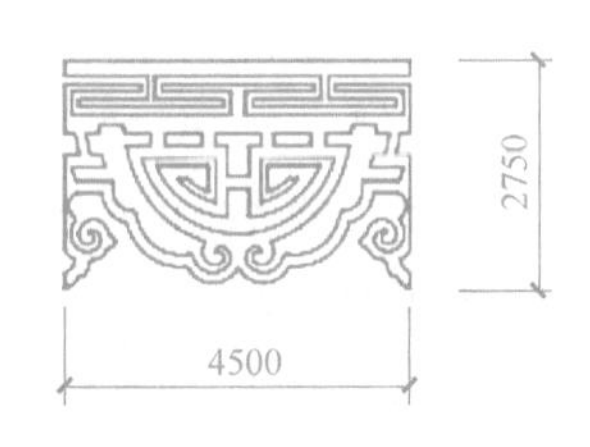

蒙元装饰详图

图 8-21 墙面蒙元装饰示意图

【解】

1. 蒙元特色民族图案制品

1）确定蒙元特色民族图案制品应执行的定额子目。安装民族图案制品执行定额 16-60 蒙元特色民族图案玻璃钢制品安装项目。

2）计算民族图案制品工程量。根据本定额“第十六章 蒙元文化装饰工程”工程量计算规则，民族图案制品按设计图示尺寸以面积计算。不规则或多边形民族图案制品按其设计图示外接矩形、外接三角形以面积计算。

民族图案制品数量 $N=4$ 个

单个民族图案制品工程量 $S=4.50\text{m}\times2.75\text{m}=12.375\text{m}^2$

外墙蒙元特色民族图案制品工程量 $S=12.375\text{m}^2\times4=49.50\text{m}^2$

查找定额 16-60 蒙元特色民族图案玻璃钢制品安装项目，其中：

人工费 = 84.62 元/m^2

材料费 = 1777.01 元/m^2

材差：查 2018 年呼和浩特市建设委员会第 3 期材料信息价，水（除税价）为 5.41 元/m^3，电（除税价）为 0.59 元/(kW · h)，无民族图案玻璃钢制品材料价格。经市场认价本工程使用民族图案玻璃钢制品（除税价）为 1038.78 元/m^2。

民族图案玻璃钢制品消耗量 = $1.02\times49.50\text{m}^2=50.490\text{m}^2$

水消耗量 = $0.002\text{m}^3/\text{m}^2\times0.3\times49.50\text{m}^2=0.030\text{m}^3$

电消耗量 = [0.216 台班/$\text{m}^2\times$96.53(kW · h)/台班 + 0.30(kW · h)/m^2] $\times49.50\text{m}^2$ = 1046.949kW · h

机械费 = 15.70 元/m^2

管理费、利润 = 30.46 元/m^2

基价 = 1907.79 元/m^2

2. 构件多彩套色处理

1）确定构件多彩套色处理应执行的定额子目。构件多彩套色处理执行定额 16-90 蒙式构件多彩套色处理项目。

2）计算构件多彩套色处理工程量。根据本定额“第十六章 蒙元文化装饰工程”工程量计算规则，蒙式构件面层处理按设计图示尺寸以面积计算。不规则或多边形蒙式构件面层处理按其设计图示外接矩形、外接三角形以面积计算。

外墙蒙元特色构件多彩套色处理工程量 $S = 49.50m^2$

查找定额 16-90 蒙式构件多彩套色处理项目，其中：

人工费 = 2807.81 元/100m^2

材料费 = 292.08 元/100m^2

材差：查 2018 年呼和浩特市建设委员会第 3 期材料信息价，无可调整主要材料。

管理费、利润 = 1010.81 元/100m^2

基价 = 4110.70 元/100m^2

3. 材料调差

材料价差调整表见表 8-3。

表 8-3　材料价差调整表

工程名称：某墙面蒙元装饰

编号	名称	单位	数量	定额价(元)	市场价(元)	价差(元)	价差合计(元)
1	民族图案玻璃钢制品	m^2	50.490	1716.00	1038.78	-677.22	-34192.84
2	水	m^3	0.030	5.27	5.41	0.14	0.00
3	电	kW·h	1046.949	0.58	0.59	0.01	10.47
本页小计							-34182.37

4. 定额套价

工程预算表见表 8-4。

表 8-4　工程预算表

工程名称：某墙面蒙元装饰

序号	定额号	工程项目名称	单位	工程量	单价(元)	合价(元)	定额人工费(元)	
							单价	合价
1	t16-60	民族图案玻璃钢制品安装	m^2	49.500	1907.79	94435.61	84.62	4188.69
2	t16-90	蒙式构件多彩套色处理	100m^2	0.495	4110.70	2034.80	2807.81	1389.87
合计						96470.41		5578.56

同步测试

一、单项选择题

1. 蒙式穹顶方木龙骨、基层、面层的工程量计算规则是（　　）。

A. 蒙式穹顶方木龙骨按设计图示尺寸以水平投影面积计算，扣除单个面积>0.3m^{2}的孔洞所占面积

B. 蒙式穹顶基层、面层按设计图示尺寸以表面积计算，扣除单个面积>0.3m^{2}的孔洞所占面积

C. 蒙式穹顶基层、面层按设计图示尺寸以主墙间净面积计算，扣除单个面积>0.3m^{2}的孔洞所占面积

D. 蒙式穹顶方木龙骨按设计图示尺寸乘以理论质量计算

2. 下列按设计图示尺寸以长度计算的是（　　）。

A. 乌尼杆、哈那杆　　B. 壁画、浮雕　　C. 苏力德、珠拉　　D. 蒙式柱墩、柱帽

3. 不规则或多边形的民族图案制品按（　　）计算。

A. 设计图示数量以个计算

B. 设计图示尺寸以面积计算

C. 设计图示尺寸外接矩形、外接三角形以面积计算

D. 设计图示框外围尺寸以面积计算

4. 顶帽、苏力德等大型构件的安装高度是按（　　）米以内考虑的。

A. 1.5m　　B. 3m　　C. 4.5m　　D. 6m

5. 蒙式民族特色墙面刮腻子、涂料、裱糊，应按本定额“第十四章 油漆、涂料、裱糊装饰工程”相应项目执行，其中人工乘以系数（　　）。

A. 1.34　　B. 1.2　　C. 1.15　　D. 1.1

6. 石浮雕项目适用于（　　）。

A. 地面　　B. 内墙　　C. 外墙　　D. 顶棚

二、多项选择题

1. 下列按设计图示尺寸乘以理论质量计算的是（　　）。

A. 蒙式穹顶方钢龙骨　　B. 蒙式穹顶式钢结构造型

C. 蒙式特色构件钢结构造型　　D. 蒙式穹顶式兼强板屋面

E. 蒙式穹顶式铁皮雕花屋面

2. 下列项目安装均按成品考虑的是（　　）。

A. 乌尼杆、哈那杆　　B. 壁画、浮雕

C. 苏力德、珠拉　　D. 蒙式柱墩、柱帽

E. 蒙式穹顶方木龙骨

3. 下列按设计图示尺寸以表面积计算的是（　　）。

A. 蒙式穹顶方木龙骨　　B. 蒙式穹顶式钢结构造型

C. 蒙式特色构件钢结构造型　　D. 蒙式穹顶基层、面层

E. 蒙式穹顶式铁皮雕花屋面

4. 下列说法正确的是（　　）。

A. 蒙式成品灯盘按设计图示数量以个计算

B. 蒙式布幔按设计图示尺寸以投影长度计算

C. 蒙式特色围栏按设计图示尺寸以长度计算

D. 蒙式民族特色构件场外运输按设计图示构件最大外围尺寸以体积计算

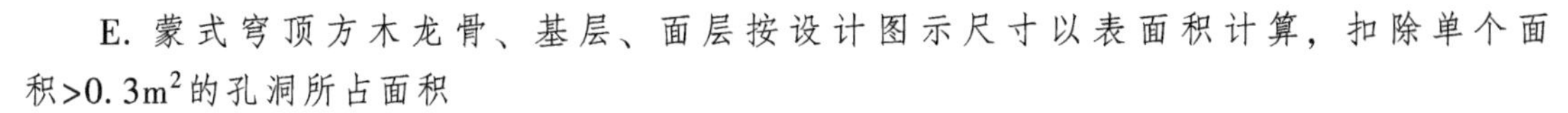

E. 蒙式穹顶方木龙骨、基层、面层按设计图示尺寸以表面积计算，扣除单个面积>0.3m^{2}的孔洞所占面积

三、简答题

1. 手绘壁画高级、中级、普通的标准是什么？

2. 蒙式民族特色钢结构项目是指什么样的钢结构构件？如何套定额？

3. 蒙式民族特色构件场外运输工程量计算规则是什么？运距的范围是多少？适用于什么情况？

学习情境九

措施项目

学 习 目 标

知识目标

- 了解脚手架、垂直运输、建筑物超高类型
- 熟悉脚手架、垂直运输、建筑物超高定额的使用说明
- 掌握脚手架、垂直运输、建筑物超高工程量计算规则

能力目标

- 能够结合施工图确定需要计算的脚手架、垂直运输、建筑物超高
- 能够正确计算脚手架、垂直运输、建筑物超高的工程量
- 能够熟练应用定额准确套价

单元一　脚　手　架

一、脚手架定额的有关说明

1. 一般说明

1）本定额“第十七章 措施项目”脚手架措施项目是指施工需要的脚手架搭、拆、运输及脚手架摊销的工料消耗。

2）本定额“第十七章 措施项目”脚手架措施项目材料均按钢管式脚手架编制。

3）各项脚手架消耗量中未包括脚手架基础加固。基础加固是指脚手架立杆下端以下或脚手架底座下皮以下的一切做法。

4）高度在3.6m以外墙面装饰不能利用原砌筑脚手架时，可计算装饰脚手架。装饰脚手架执行双排脚手架定额乘以系数0.3。室内凡计算了满堂脚手架，墙面装饰不再计算墙面粉饰脚手架，只按每100m^{2}墙面垂直投影面积增加改架一般技工1.28工日。

2. 综合脚手架

1）单层建筑综合脚手架适用于檐高20m以内的单层建筑工程。

2）凡单层建筑工程执行单层建筑综合脚手架项目，二层及二层以上的建筑工程执行多层建筑综合脚手架项目，地下室部分执行地下室综合脚手架项目。

3）综合脚手架中包括外墙砌筑及外墙粉饰、3.6m以内的内墙砌筑及混凝土浇捣用脚手架以及内墙面和天棚粉饰脚手架。

4）执行综合脚手架，有下列情况者，可另执行单项脚手架项目：

① 墙面粉饰高度在3.6m以外的执行内墙面粉饰脚手架项目。

② 按照建筑面积计算规范的有关规定未计入建筑面积，但施工过程中需搭设脚手架的施工部位。

5）凡不适宜使用综合脚手架的项目，可按相应的单项脚手架项目执行。

3. 单项脚手架

1）建筑物外墙脚手架，砌筑高度虽不足15m，但外墙门窗及装饰面积超过外墙表面积60%时，执行双排脚手架项目。

2）外脚手架消耗量中已综合斜道、上料平台、护卫栏杆等。

3）挑脚手架适用于外檐挑檐等部位的局部装饰。

4）悬空脚手架适用于有露明屋架的屋面板勾缝、油漆或喷浆等部位。

5）整体提升架适用于高层建筑的外墙施工。

6）独立柱、现浇混凝土单（连续）梁执行双排外脚手架定额项目乘以系数0.3。

7）如建筑物装饰采用吊篮脚手架及装饰脚手架按相关规定计算。

8）施工时采用活动式脚手架的工程，可按照里脚手架项目执行。

4. 其他脚手架

1）建筑物临街因安全防护要求，脚手架需用纤维纺织布做维护或封闭者，按临街立面防护定额执行。

2）临街水平防护棚指脚手架以外单独搭设的用于车辆通道、人行通道、临街防护和施工与其他物体隔离等的防护。

二、脚手架工程量计算规则

1. 综合脚手架

综合脚手架按设计图示尺寸以建筑面积计算。

2. 单项脚手架

1）外脚手架、整体提升架按外墙外边线长度（含墙垛及附墙井道）乘以外墙高度以面积计算。

2）计算内、外墙脚手架时，均不扣除门、窗、洞口、空圈等所占面积。同一建筑物高度不同时，应按不同高度分别计算。

3）里脚手架按墙面垂直投影面积计算。

4）独立柱按设计图示尺寸，以结构外围周长另加3.6m乘以高度以面积计算。

5）现浇钢筋混凝土梁按梁顶面至地面（或楼面）间的高度乘以梁净长以面积计算。

6）满堂脚手架按室内净面积计算，其高度在3.6~5.2m时计算基本层，5.2m以外，每增加1.2m计算一个增加层，不足0.6m按一个增加层乘以系数0.5计算。计算公式如下：满堂脚手架增加层=(室内净高-5.2)/1.2。

7）挑脚手架按搭设长度乘以层数以长度计算。

8）悬空脚手架按搭设水平投影面积计算。

9）吊篮脚手架按外墙垂直投影面积计算，不扣除门窗洞口所占面积。吊篮脚手架示意图如图9-1所示。

图9-1　吊篮脚手架示意图

10）内墙面粉饰脚手架按内墙面垂直投影面积计算，不扣除门窗洞口所占面积。

11）挑出式安全网按挑出的水平投影面积计算。

3. 其他脚手架

1）临街水平防护棚，按水平投影面积计算。

2）临街立面防护，按临街面的实际防护立面投影面积计算。

单元二　垂直运输

一、垂直运输定额的有关说明

1）建筑物檐高以设计室外地坪至檐口滴水高度（平屋顶系指屋面板底高度，斜屋面是指外墙外边线与斜屋面板底的交点）为准。突出主体建筑屋顶的楼梯间、电梯间、水箱间、屋面天窗等不计入檐口高度之内。

2）同一建筑物结构相同有不同檐高时，按建筑物的不同檐高纵向分割，分别计算建筑面积，并按各自的檐高执行相应项目。同一建筑物多种结构，按不同结构分别计算，分别计算后的建筑物檐高均应以该建筑总檐高为准。

3）垂直运输工作内容，包括单位工程在合理工期内完成全部工程项目所需要的垂直运输机械台班，不包括机械的场外往返运输，一次安拆及路基铺垫和轨道铺拆等的费用。若建筑与装饰工程单独计价时，建筑工程按全部垂直运输费用的80%计算，装饰工程按20%计算。

4）檐高3.6m以内的单层建筑，不计算垂直运输机械台班。

5）本定额层高按3.6m考虑，超过3.6m者，应另计层高超高垂直运输增加费，每超过1m，其超高部分按相应定额增加10%，超高不足1m按1m计算。

6）垂直运输工程是按照完整建筑、装饰工程综合编制的。建筑工程与装饰工程的垂直运输费如若建筑与装饰工程单独计价时，建筑工程按全部垂直运输费用的80%计算，装饰工程按20%计算。上述垂直运输是指采用施工电梯施工进行垂直运输的工程，如后期精装修采用建筑物电梯进行垂运的，不计算垂直运输费；如采用人工背材料上楼的，按照相应人工工日数乘以1.02系数进行计算。

7）垂直运输建筑面积按照《建筑工程建筑面积计算规范》（GB/T 50353—2013）计算。

二、垂直运输工程量计算规则

建筑物垂直运输机械台班用量，区分不同建筑物结构及檐高按建筑面积计算。地下室面积与地上面积合并计算，独立地下室层高超过3.6m可计算垂直运输费，垂直运输费按20m以内“塔式起重机施工现浇框架”项目执行。

单元三　建筑物超高增加费

一、建筑物超高增加费定额的有关说明

1）建筑物超高增加费的人工、机械按建筑物超高部分的建筑面积计算，檐高按总檐高计入。

2）建筑物超高增加人工、机械定额适用于建筑物檐口高度超过20m的全部工程项目。

若建筑与装饰单独计价时，建筑工程按全部超高费用的80%计算，装饰工程按20%计算。上述建筑物超高增加费后期精装修超高增加费按照超过部分的建筑面积乘以1.05系数计算。

二、建筑物超高增加费工程量计算规则

1）各项定额中包括的内容指建筑物檐口高度超过20m的全部工程项目，但不包括垂直运输、各类构件的水平运输及各项脚手架。

2）建筑物超高增加费的人工、机械按建筑物超高部分的建筑面积计算。

单元四　措施项目实例

【例9-1】　如图9-2所示，试计算满堂脚手架工程量、增加层个数、单价措施项目费及人工费。

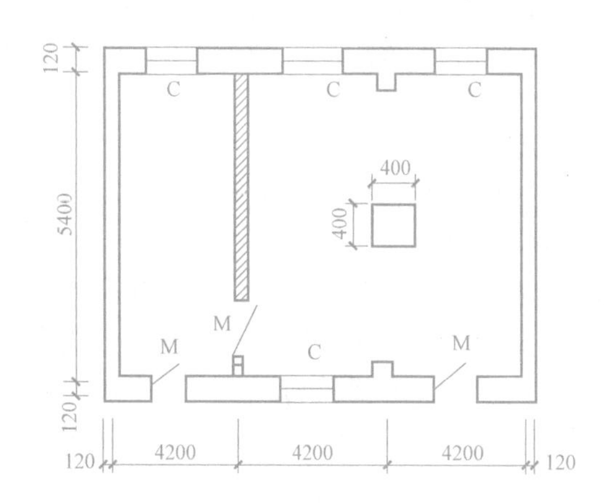

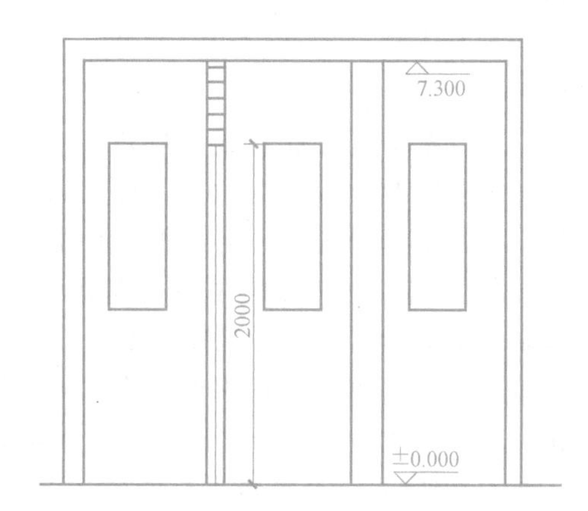

图9-2　平面图、立面图

【解】

满堂脚手架：净高7.3m>3.6m需要计算满堂脚手架。

基本层1个；增加层（7.3m−5.2m）/1.2=1.75m，增加层2个。

基本层和增加层工程量=4.2×3m×5.4m=68.04m²

工程预算表见表9-1。

表9-1　工程预算表

序号	定额号	工程项目名称	单位	工程量	单价(元)	合价(元)	定额人工费(元)	
							单价	合价
1	t17-62	满堂脚手架基本层（3.6~5.2m）	m²	68.04	14.74	1002.91	8.11	551.80
2	t17-63×j2换	满堂脚手架增加层1.2m	m²	68.04	5.42	368.78	3.48	236.78
3		小计				1371.69		788.58

同步测试

一、单项选择题

1. 定额中满堂脚手架的基本层高度范围是（ ）。

A. 3.0~3.6 m　B. 3.3~3.6m　C. 3.3~5.2m　D. 3.6~5.2m

2. 某工程室内净高7.0m，满堂脚手架增加层（ ）层。

A. 1　B. 2　C. 3　D. 4

3. 只有当室内净高超过（ ）才计算满堂脚手架。

A. 3m　B. 3.6m　C. 4m　D. 5m

4. 高度在3.6m以外墙面装饰不能利用原砌筑脚手架时，可计算装饰脚手架。装饰脚手架执行（ ）。

A. 单排脚手架　B. 双排脚手架

C. 双排脚手架×0.3　D. 满堂脚手架

5. 吊篮脚手架按外墙垂直水平投影面积计算，不扣除（ ）所占面积。

A. 门洞口　B. 窗洞口　C. 空圈　D. 飘窗

6. 单层建筑物檐高超过（ ）的，超过时另按规定计算建筑物超高费。

A. 20m　B. 30m　C. 50m　D. 60m

二、多项选择题

1. 外脚手架消耗量中已综合（ ）。

A. 上料平台　B. 挑架子　C. 护卫栏杆

D. 斜道　E. 双排双立杆

2. 综合脚手架中包括外墙砌筑及外墙粉饰、3.6m以内的内墙砌筑及混凝土浇捣用脚手架以及（ ）。

A. 内墙面脚手架　B. 天棚粉饰脚手架

C. 里脚手架　D. 上人斜道

E. 满堂脚手架

3. 超高增加费工作内容综合了由于多层建筑物高度超过20m时，（ ）增加的费用。

A. 操作工人的工效降低　B. 垂直运输运距加长影响的时间

C. 垂直运输及各类构件水平运输　D. 各项脚手架

E. 超高水压不足引起的加压水泵台班

三、简答题

1. 综合脚手架包括哪些内容？

2. 装饰工程建筑物超高增加费工程量如何计算？

3. 何种情况需要计算满堂脚手架？满堂脚手架工程量如何计算？

4. 装饰工程垂直运输工程量如何计算？

5. 临街立面防护、临街水平防护棚工程量如何计算？

学习情境十
装饰工程计算实例

学习目标

知识目标

- 掌握各分部分项工程工程量计算规则

能力目标

- 能够识读施工图
- 能正确计算各分部分项工程工程量
- 能够熟练应用定额进行套价

单元一　施　工　图

一、装饰工程施工图实例

1. 工程概况

1）本工程为×××候机楼贵宾室装饰装修设计。

2）本工程为三个贵宾楼装饰装修，一个储藏室，如图 10-1～图 10-28 所示。

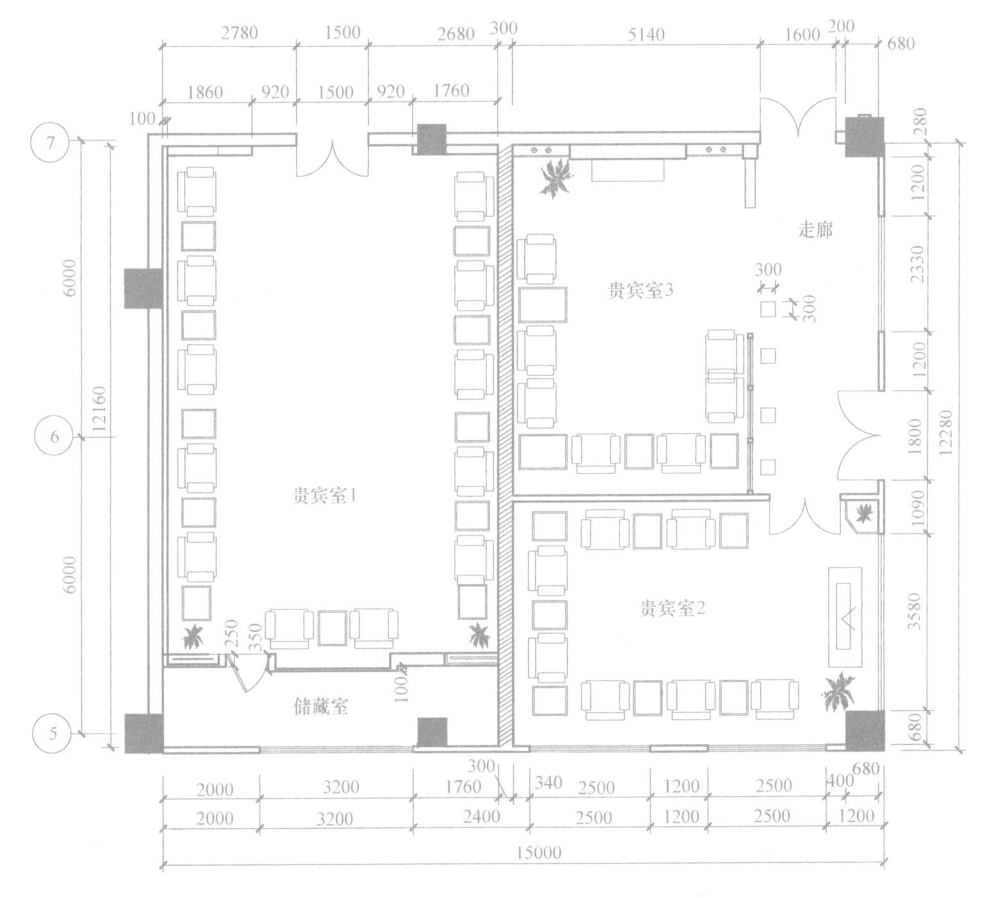

图 10-1　贵宾室墙体定位图

2. 设计依据

1）土建设计施工图。

2）国家、内蒙古自治区有关法规、规定、技术、措施与制图标准。

3. 楼、地面

1）贵宾室 1 楼地面为高级地毯，木质踢脚线。

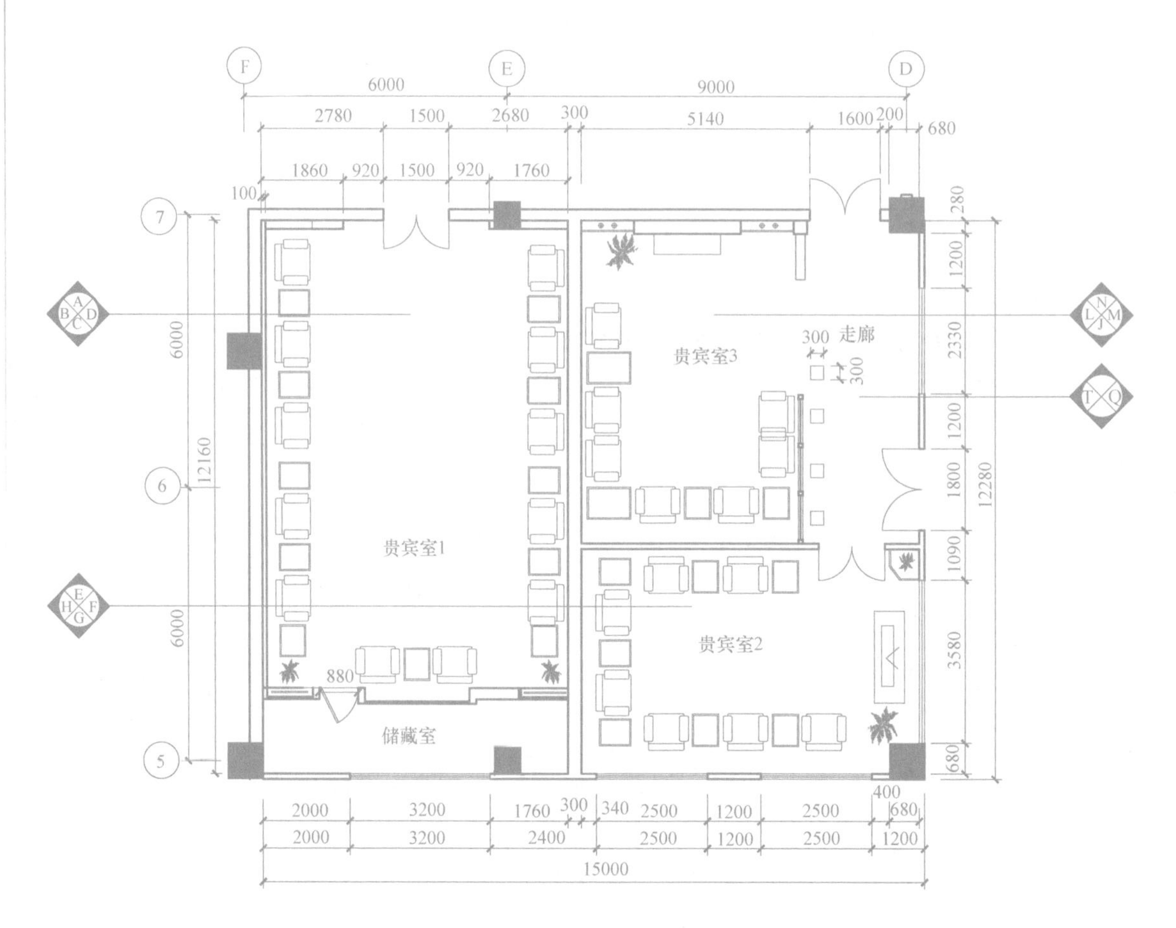

贵宾室平面布置图1:80

图 10-2　贵宾室平面布置图

2）贵宾室 2 地面为复合木地板，木质踢脚线。

3）贵宾室 3 地面为米黄石材，200mm 宽黑金沙波打线，10cm×10cm 浅网纹石材点缀，成品大理石踢脚线，金碧辉煌石材拼花，石材结晶保养美化处理。

4）储藏室地面采用 600mm×600mm 陶瓷地砖，陶瓷地砖踢脚线。

5）石材、地砖施工工艺：水泥砂浆找平 2cm，粘贴面层。

6）地毯、木地板施工工艺：水泥砂浆找平 2cm，自流平水泥复合砂浆 2mm，地毯或地板面层。

4. 墙面

1）本设计图所注尺寸未减抹灰厚度和材料自身厚度，施工时注意调整；两种材料的交接处注意协调底层做法，以保证面层的平整。

2）装修中所有木龙骨及夹板基层均须刷防火涂料三遍。

3）内墙立面未表示消火栓、分火器、插座等设备，施工时应予以配合。

4）内墙注意壁纸粘贴工艺。

5）贵宾室墙面参见各立面详图，储藏室墙面刮 828 腻子两遍，满刮腻子三遍，刷乳胶漆三遍。

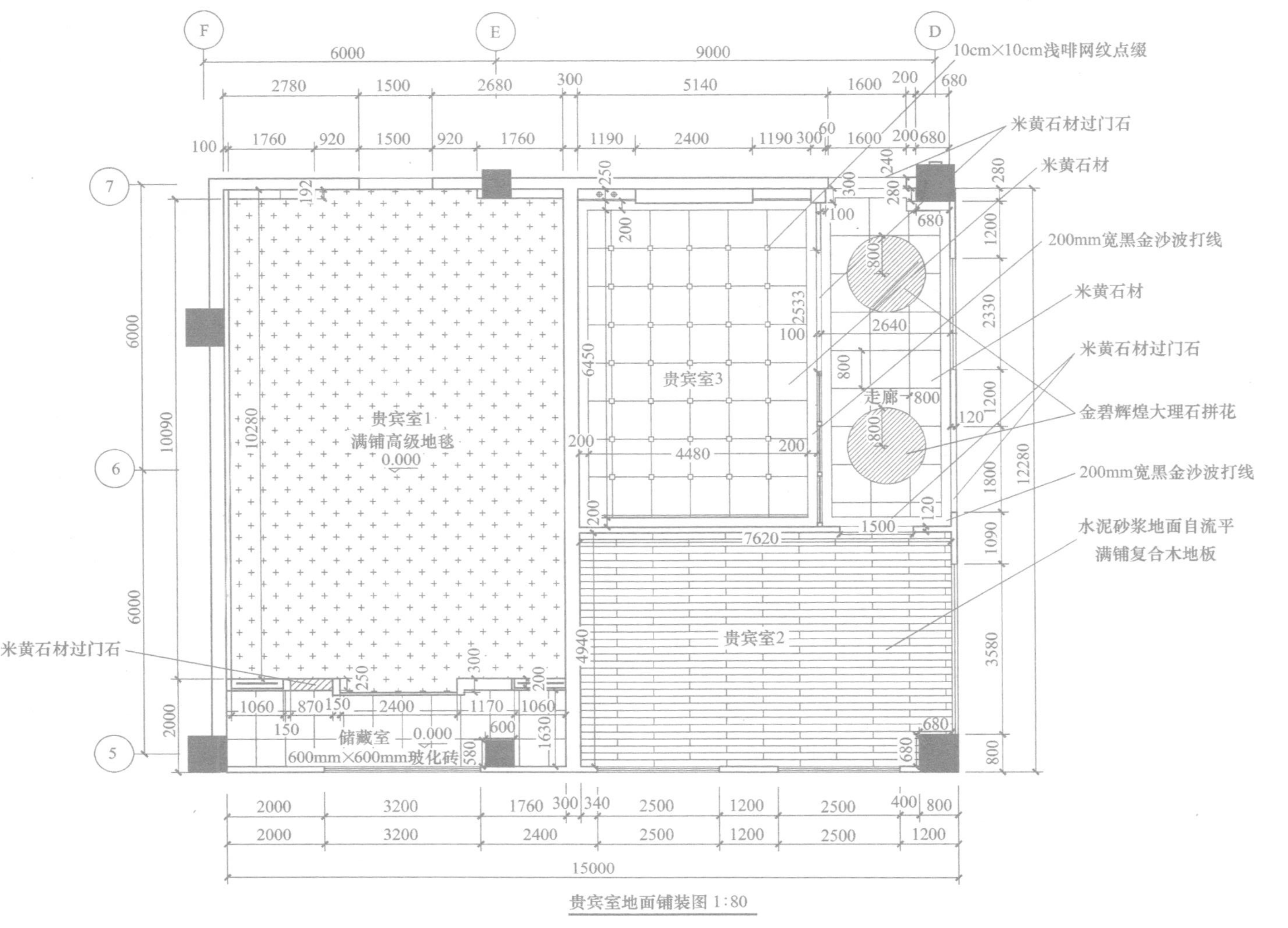

图 10-3　贵宾室地面铺装图

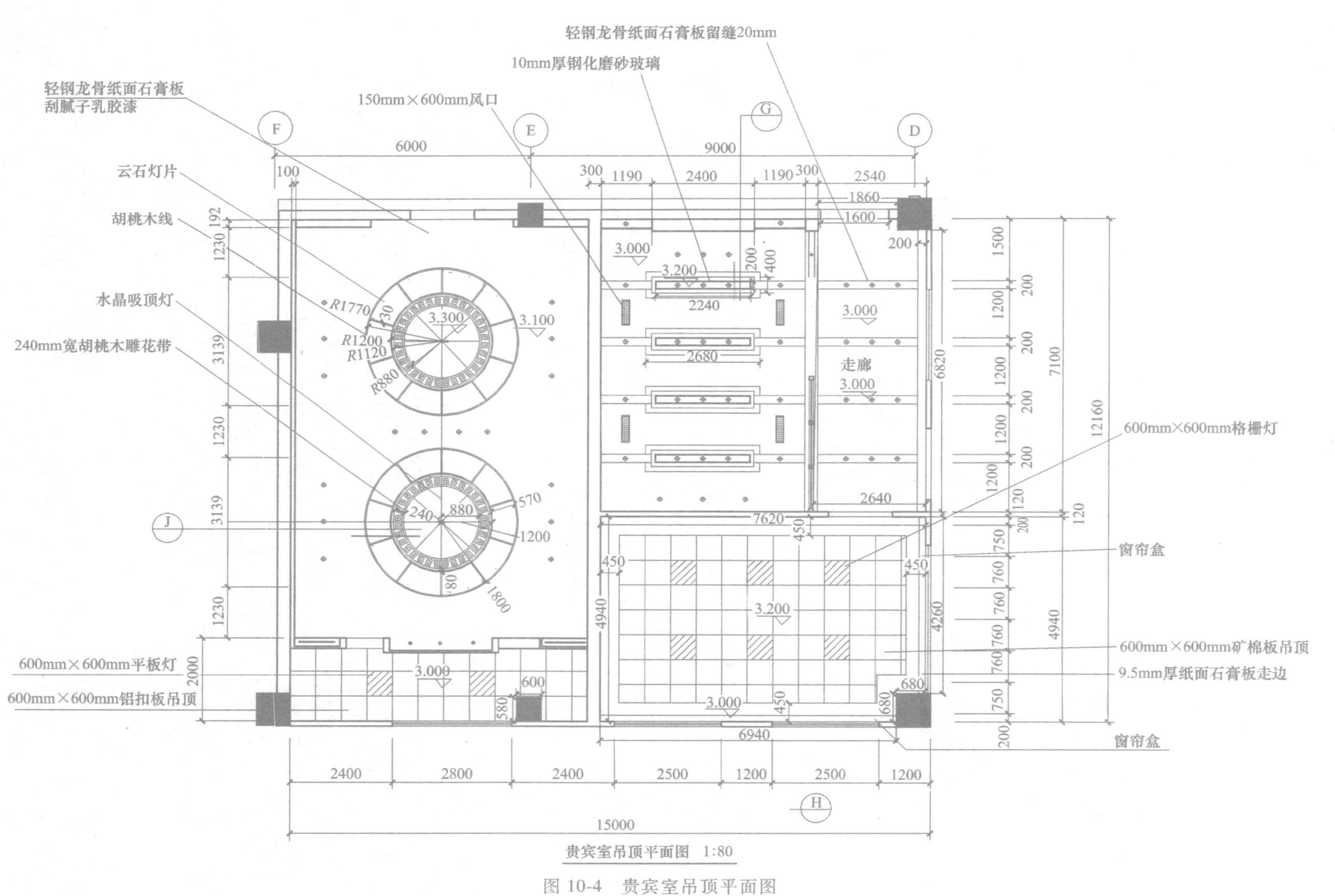

图 10-4 贵宾室吊顶平面图

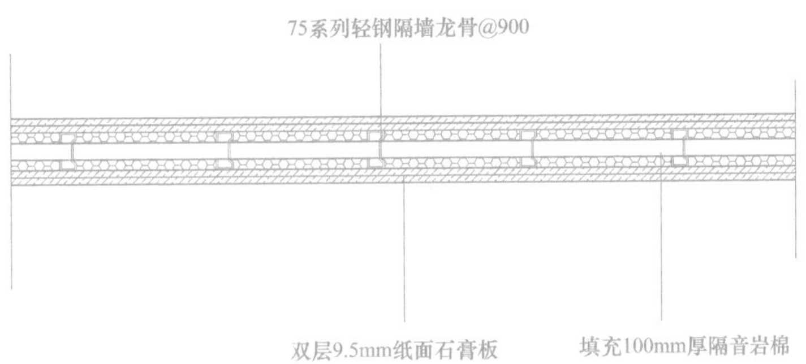

图 10-5　轻钢龙骨石膏板隔墙节点详图

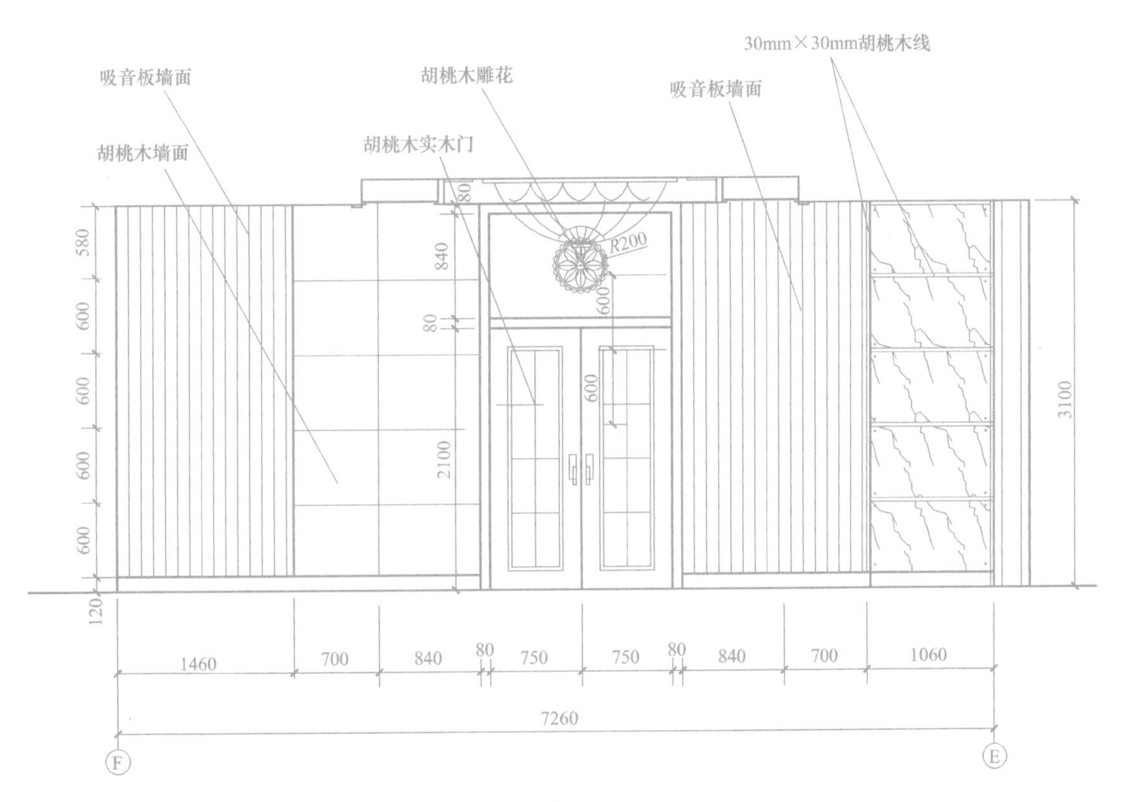

图 10-6　一号贵宾室 A 立面图

5. **顶棚**

1）储藏室吊顶施工工艺：嵌入式铝合金天棚龙骨 600mm×600mm，600mm×600mm 铝扣板面层。

2）轻钢龙骨吊顶采用 UC38-50 系列轻钢龙骨，9.5mm 厚纸面石膏板。

3）吊顶检修口位置参见设备专业相关图，结合现场实际情况，检修口尺寸为 600mm×600mm，采用铝合金成品龙骨，外饰面做暗缝处理。

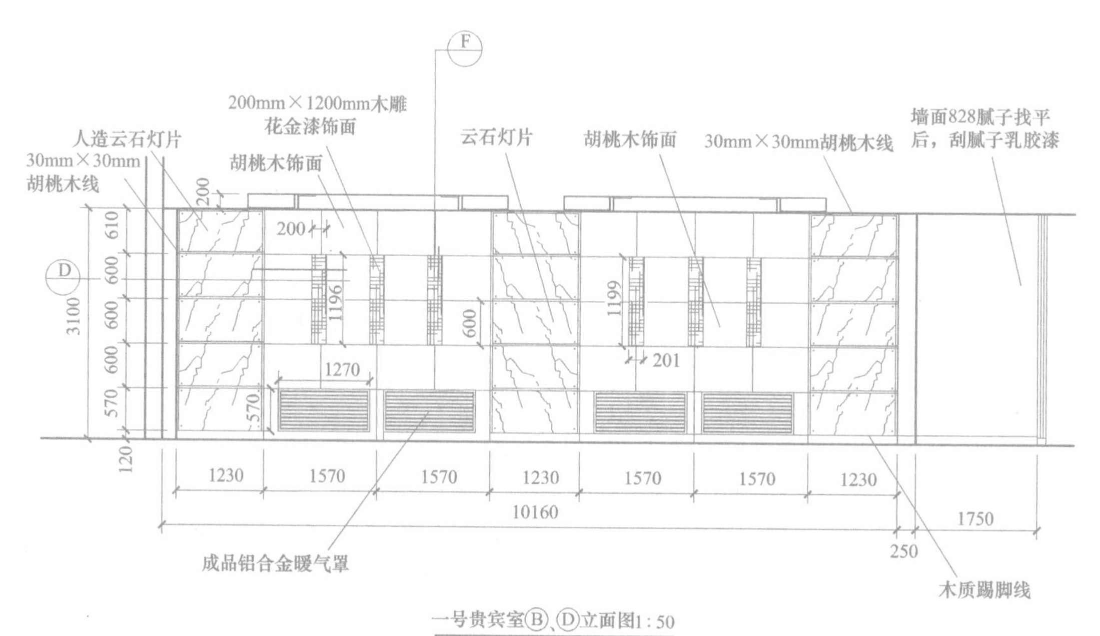

图 10-7　一号贵宾室 B、D 立面图

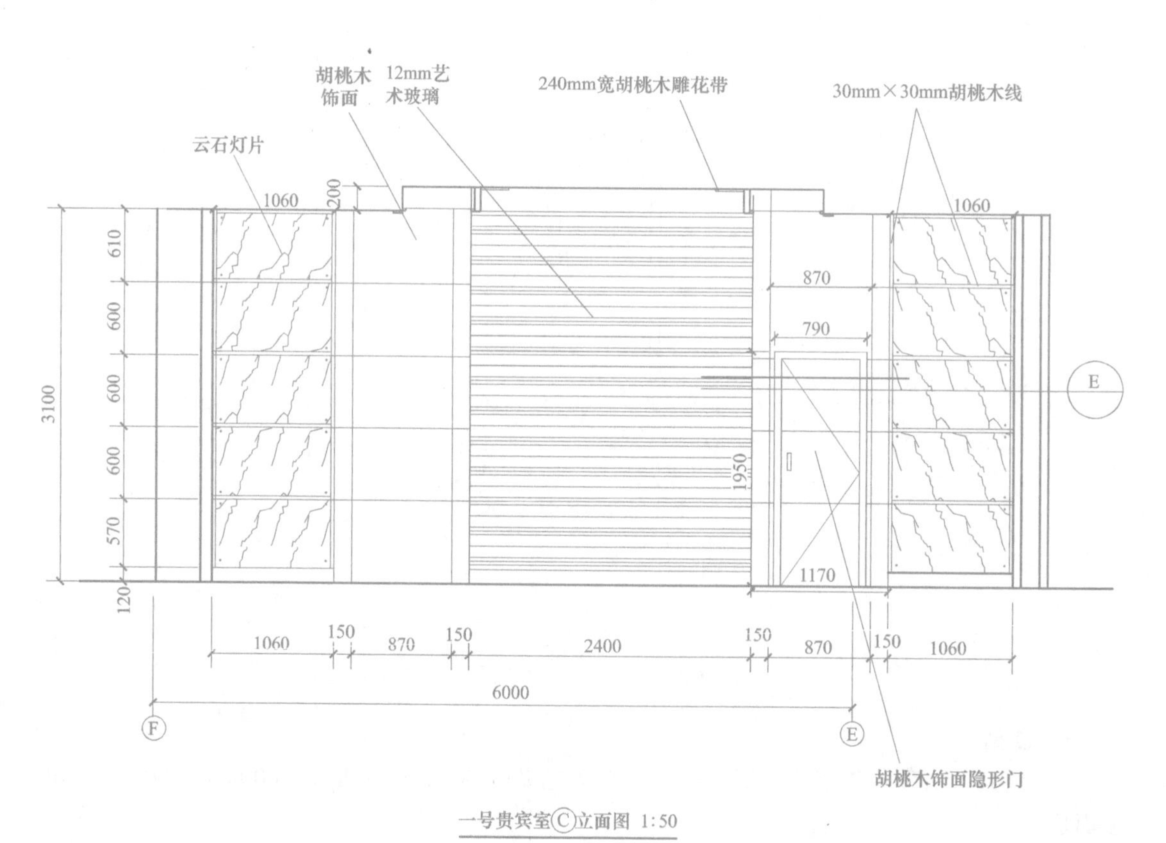

图 10-8　一号贵宾室 C 立面图

4）吊顶标高见装修图，若普通装修吊顶在施工过程中标高不能满足要求，可根据现场

实际情况适当调整，但须与设计人商定。

5）吊顶上的灯具、感烟、风口、喷洒等施工要密切配合相关专业，如遇到碰楂情况，原则上调整喷洒、感烟，但间距要满足相应专业的设计要求和规范。

6. 木做

1）木材除标注外选用樟松板材，制作前必须进行干燥处理，含水率符合有关标准。

2）细木工板，多层板选用符合有关标准的产品，基层板双面刷三遍防火涂料。

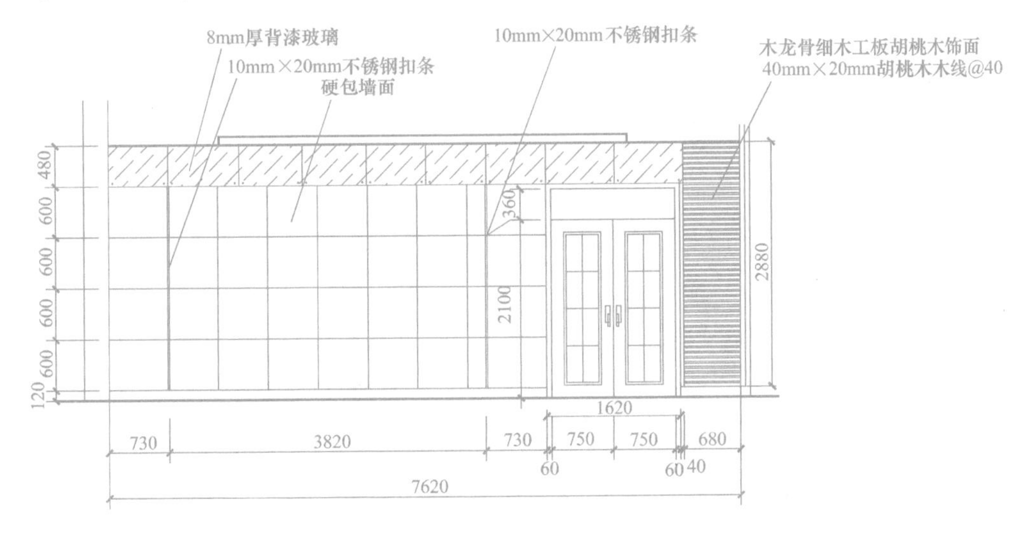

图 10-9　二号贵宾室 E 立面图

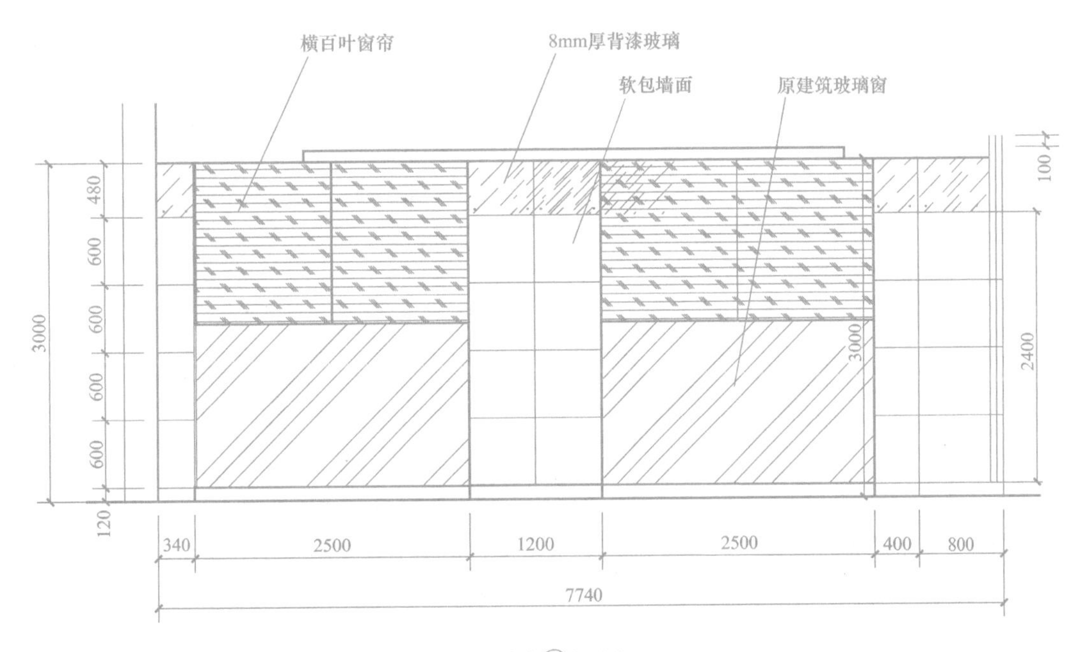

图 10-10　二号贵宾室 G 立面图

3）木色饰面三夹板选用优质胡桃木夹板。

7. 门窗

1）本工程中除特殊标注者外所有木门及门套采用成品定做加工。

2）其中木质装饰门为成品套装门，五金件安装就位（L形执手杆锁、门吸）。

8. 油漆

1）凡露明铁件一律除锈后刷防锈漆两道，再做面层油漆，喷硝基漆。

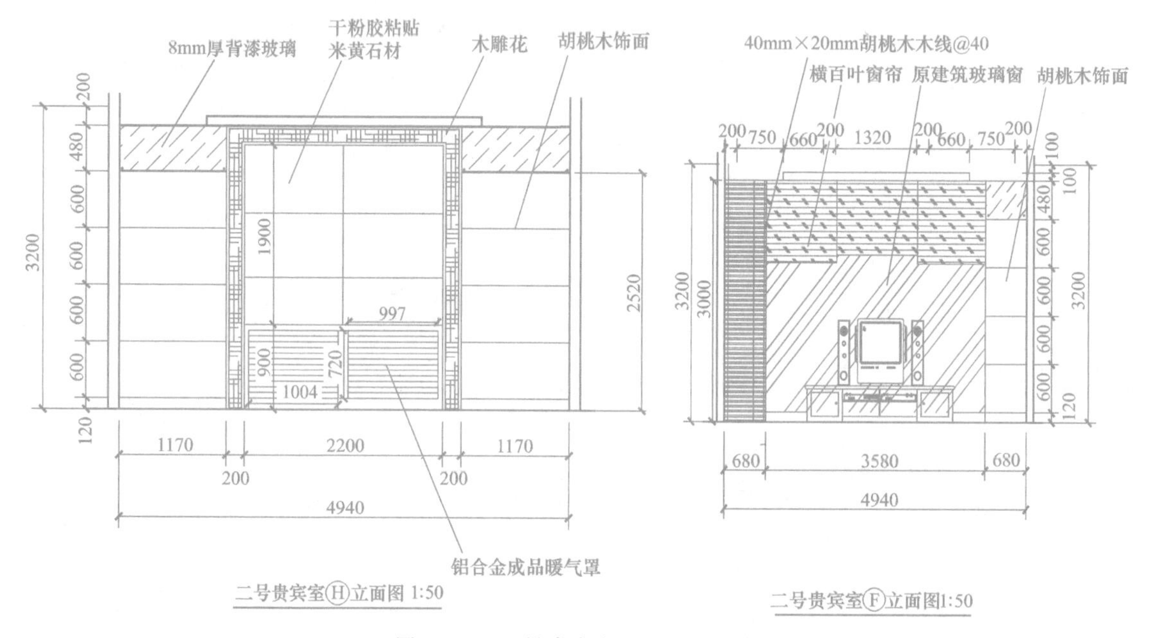

图 10-11　二号贵宾室 F、H 立面图

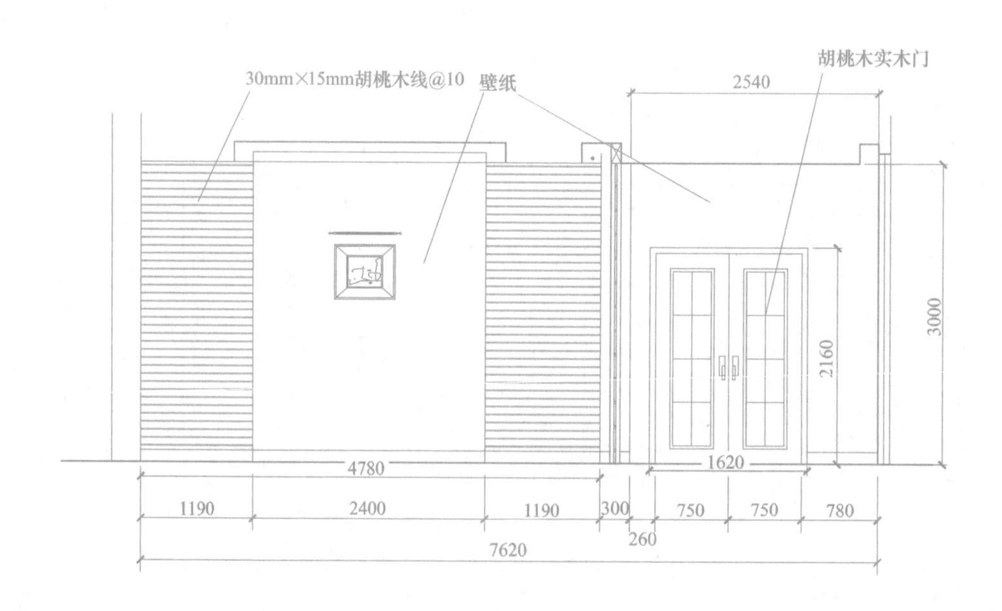

图 10-12　三号贵宾室 J 立面图

2）金属构件需刮原子灰。

3）刮腻子三遍，乳胶漆两遍。

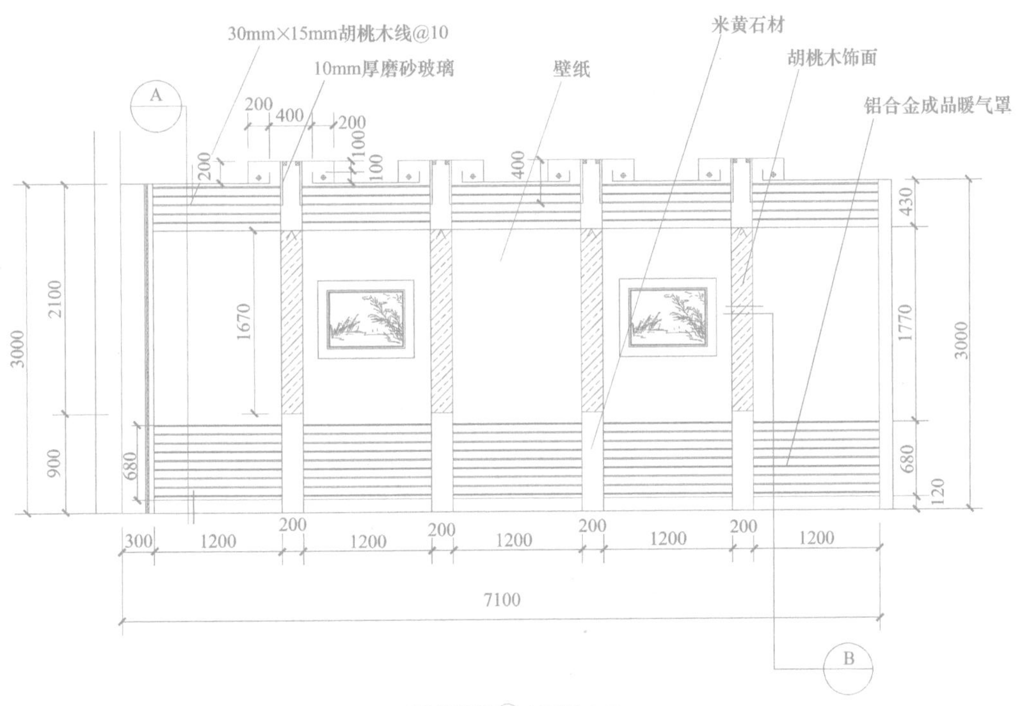

图 10-13　三号贵宾室 L 立面图

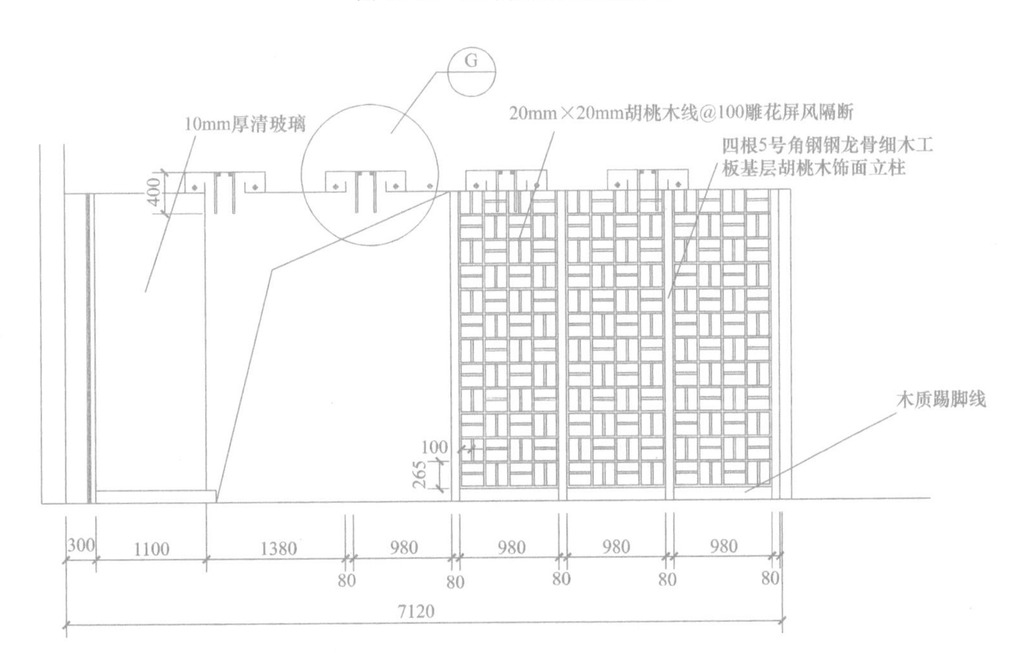

图 10-14　三号贵宾室 M 立面图

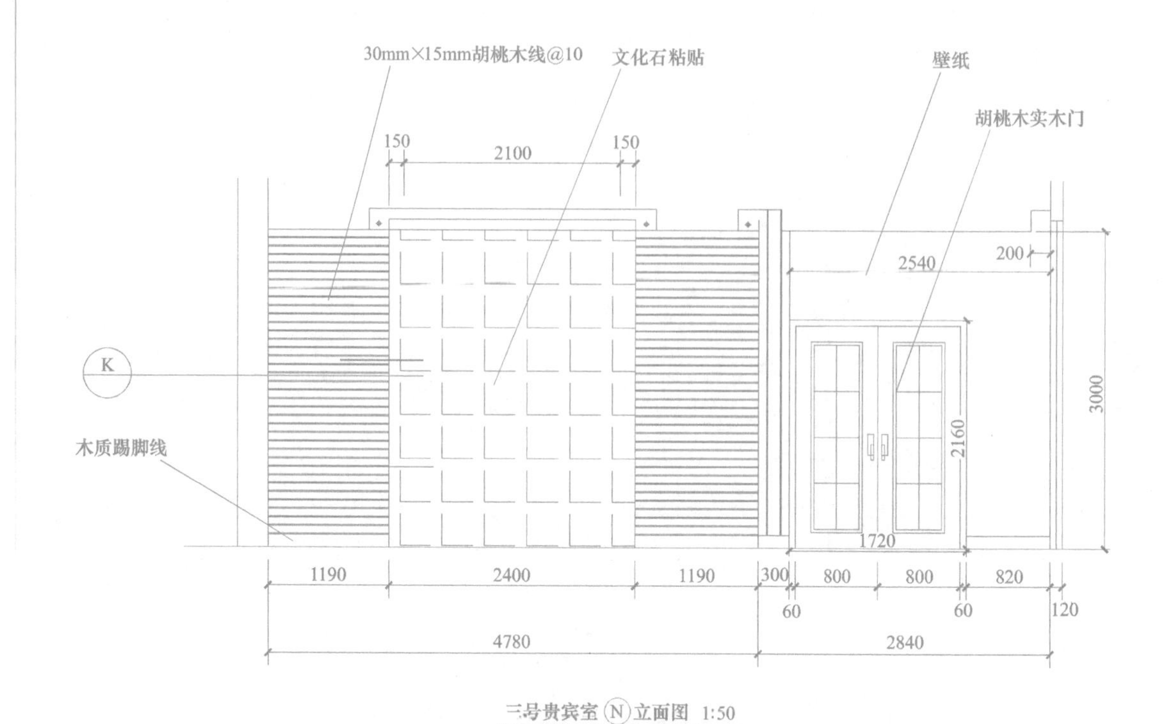

图 10-15　三号贵宾室 N 立面图

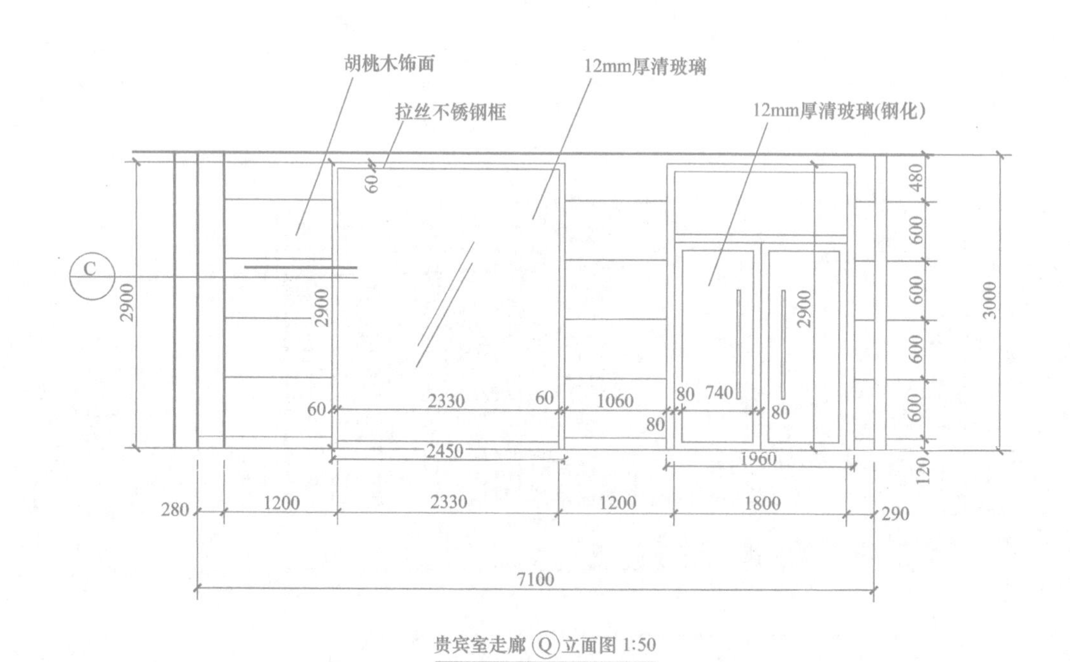

图 10-16　贵宾室走廊 Q 立面图

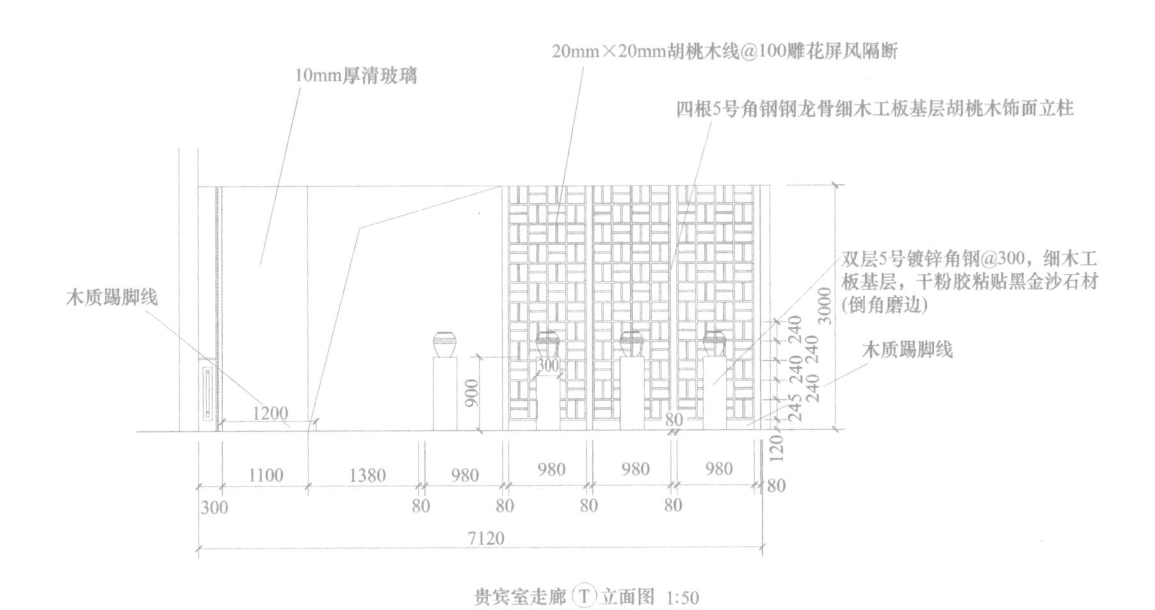

图 10-17 贵宾室走廊 T 立面图

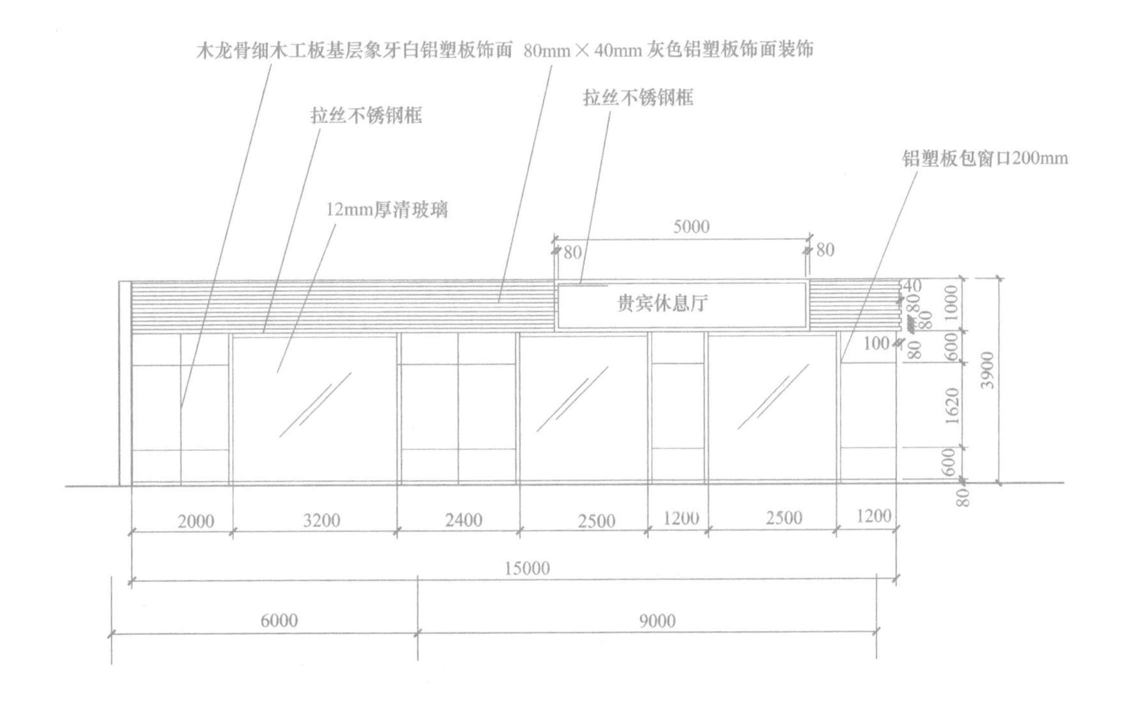

图 10-18 新增贵宾室东立面图

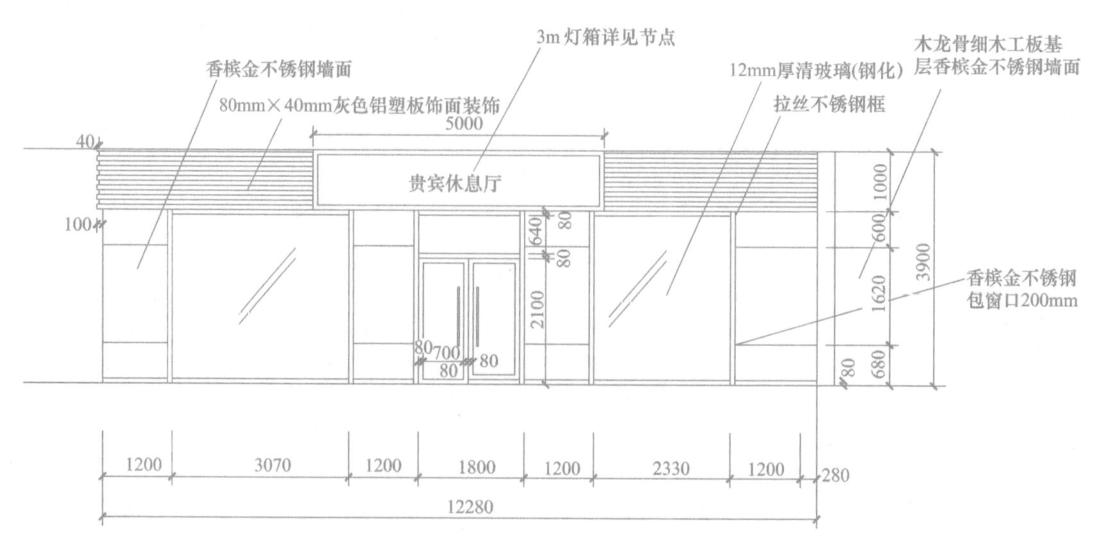

图 10-19 新增贵宾室北立面图

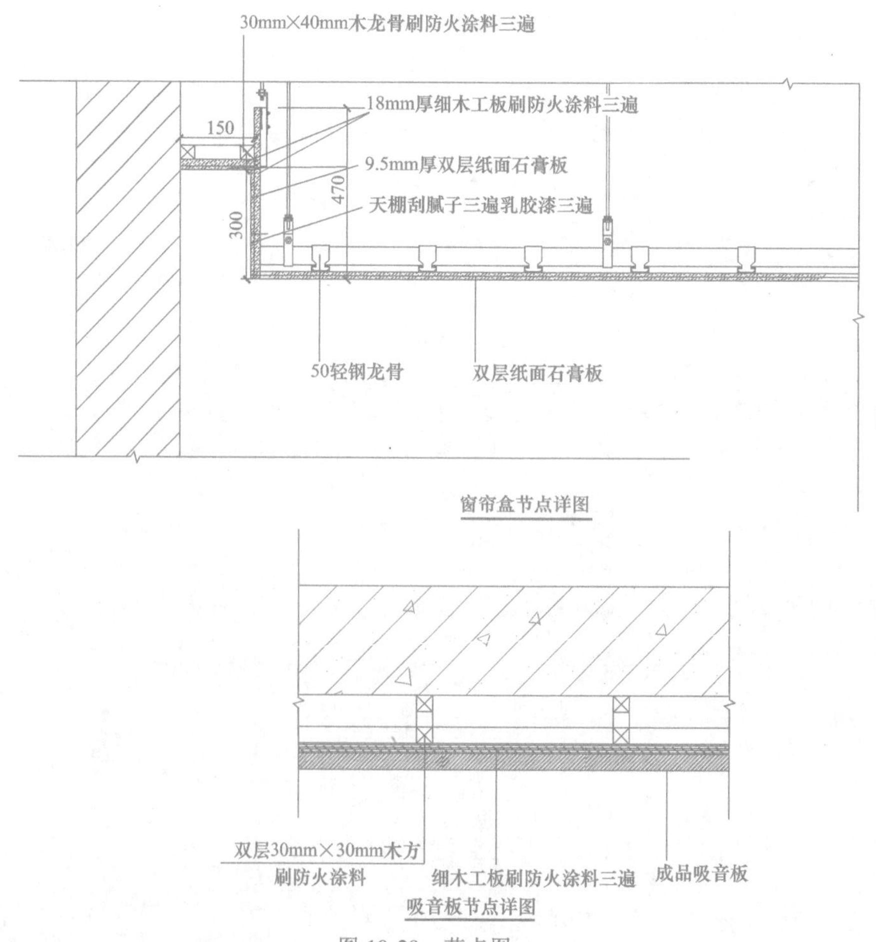

图 10-20 节点图一

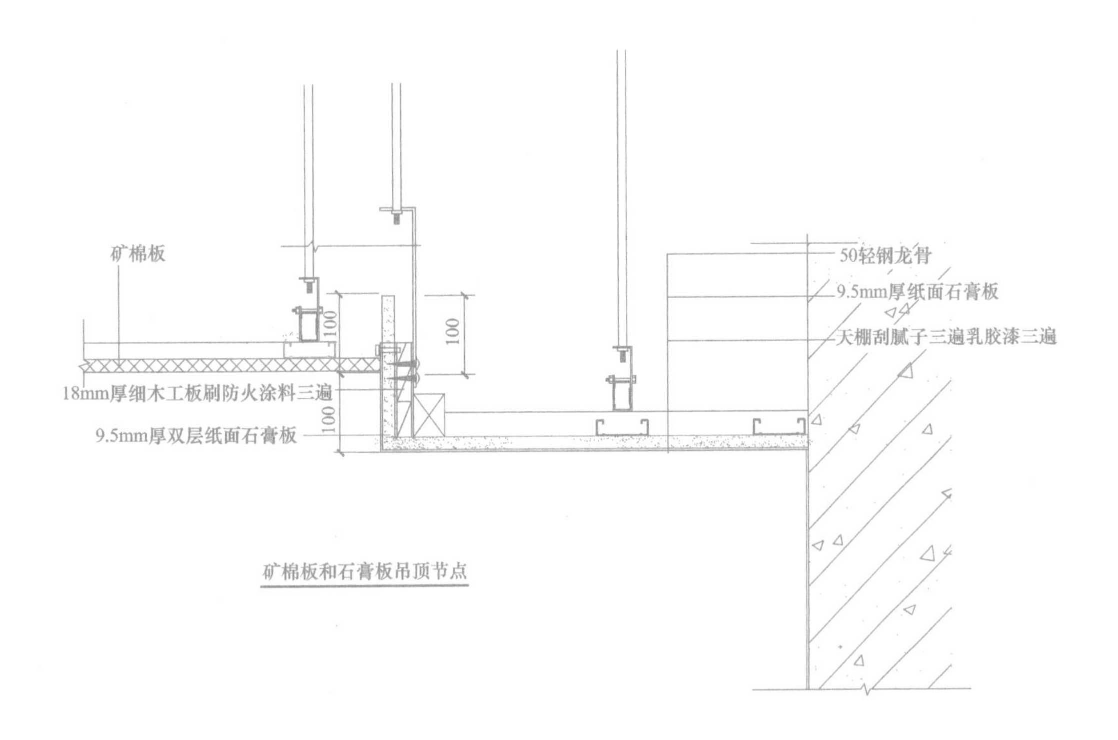
矿棉板
18mm厚细木工板刷防火涂料三遍
9.5mm厚双层纸面石膏板
100
100
100
50轻钢龙骨
9.5mm厚纸面石膏板
天棚刮腻子三遍乳胶漆三遍
矿棉板和石膏板吊顶节点

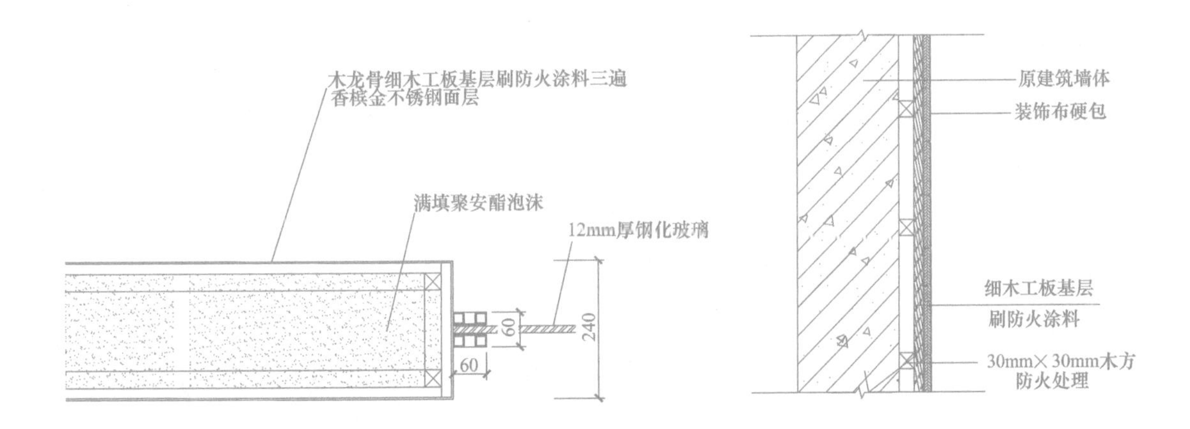
木龙骨细木工板基层刷防火涂料三遍
香槟金不锈钢面层
满填聚安酯泡沫
12mm厚钢化玻璃
60
60
240
外立面香槟金不锈钢节点详图
原建筑墙体
装饰布硬包
细木工板基层
刷防火涂料
30mm×30mm木方
防火处理
装饰布硬包节点详图

图 10-21　节点图二

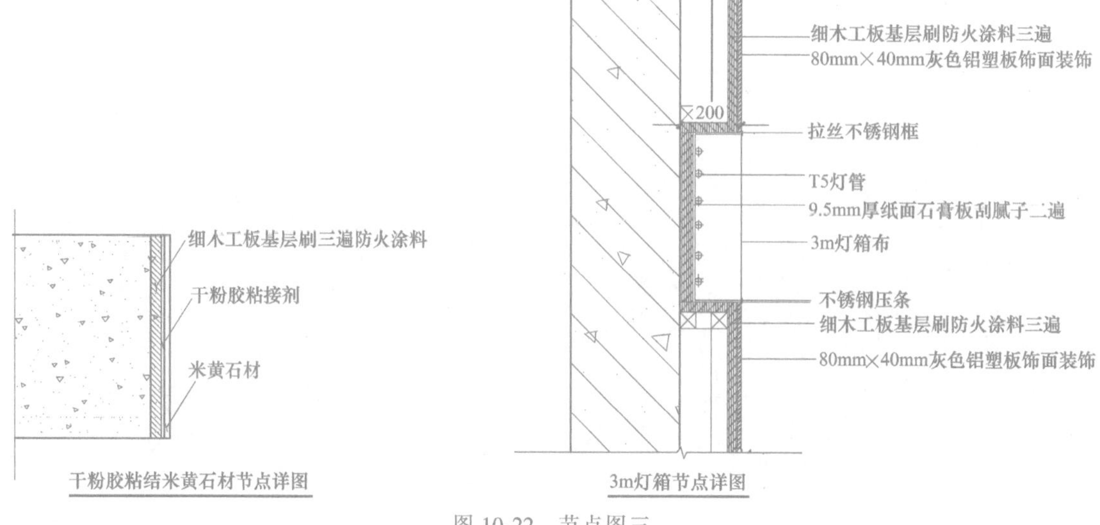

图 10-22　节点图三

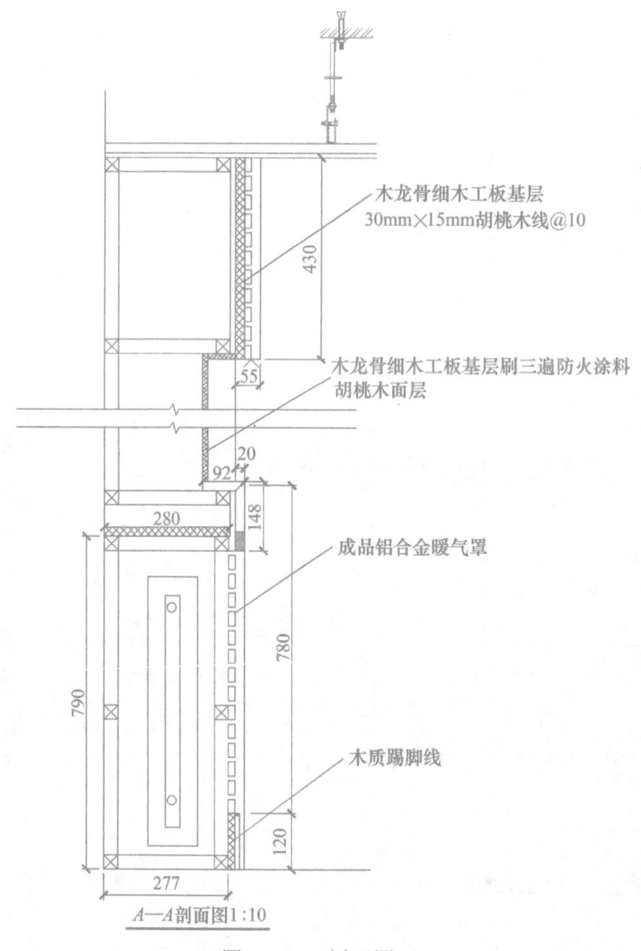

图 10-23　剖面图一

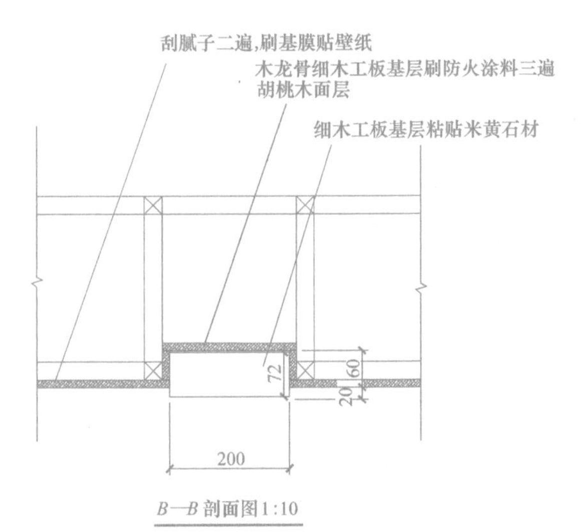

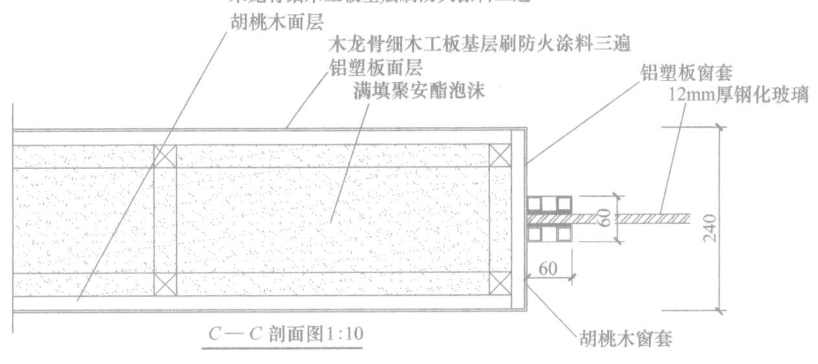

图 10-24　剖面图二

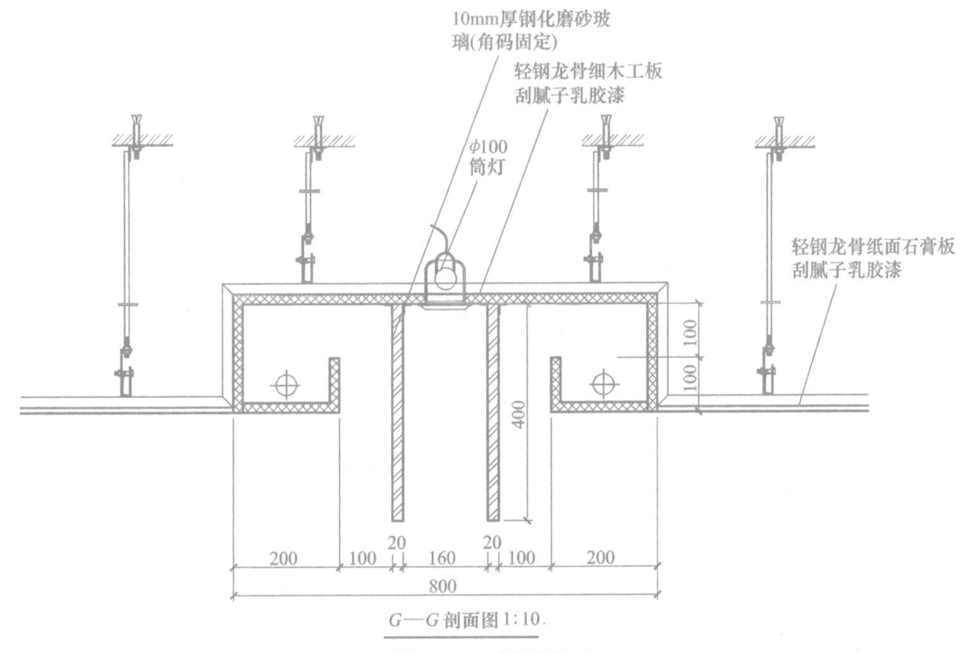

图 10-25　剖面图三

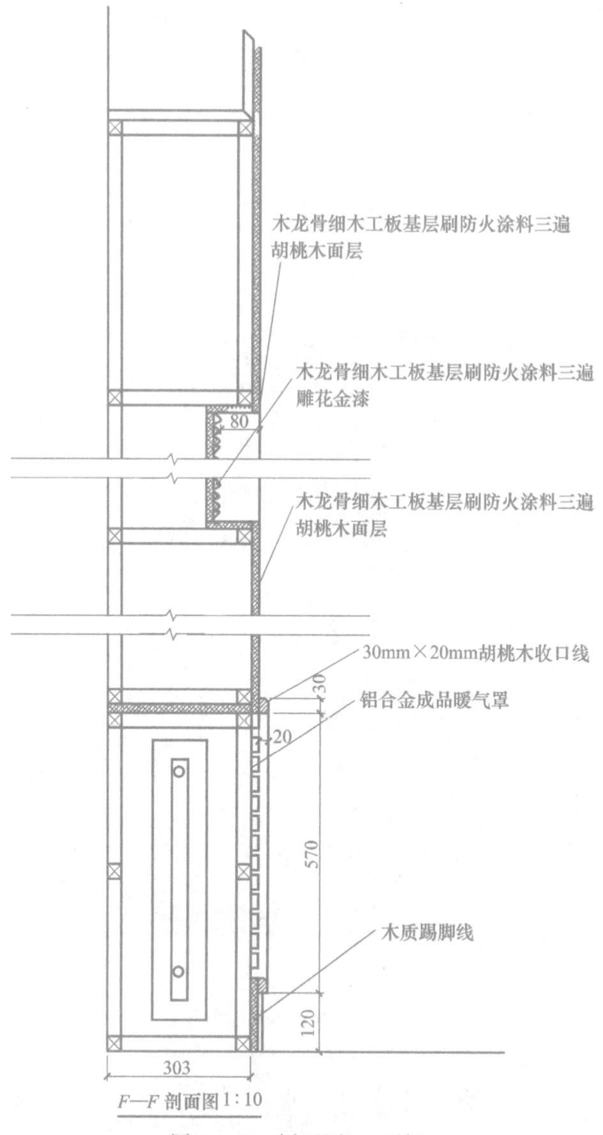

图 10-25　剖面图三（续）

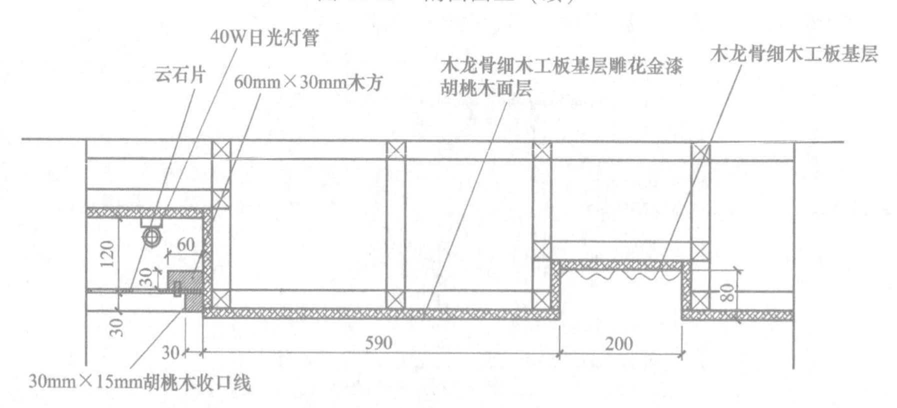

图 10-26　剖面图四

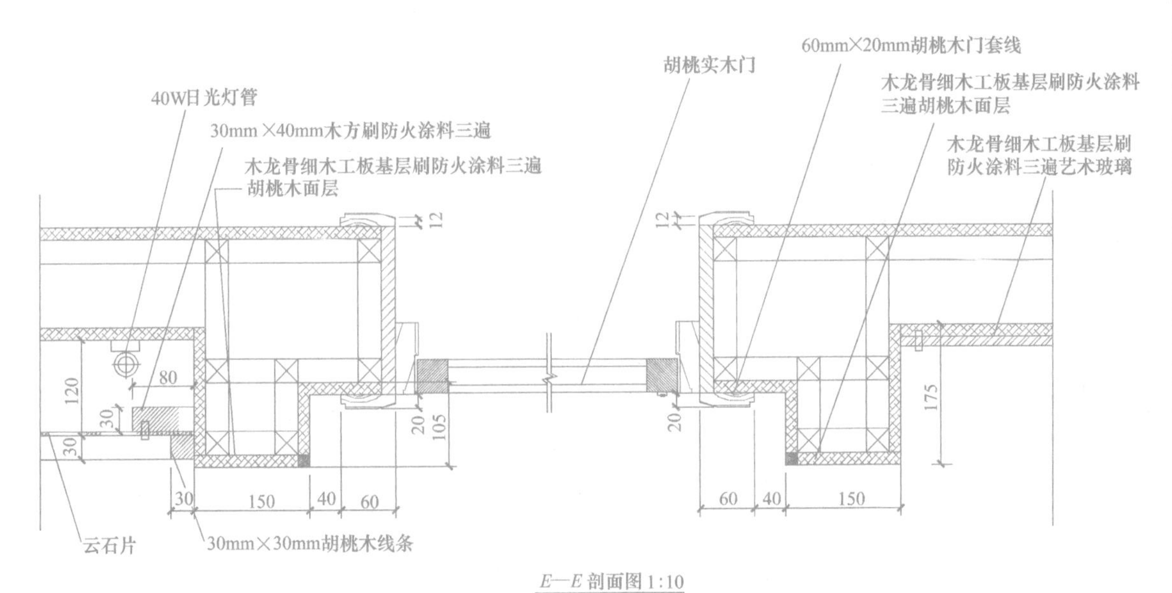

图 10-27　剖面图五

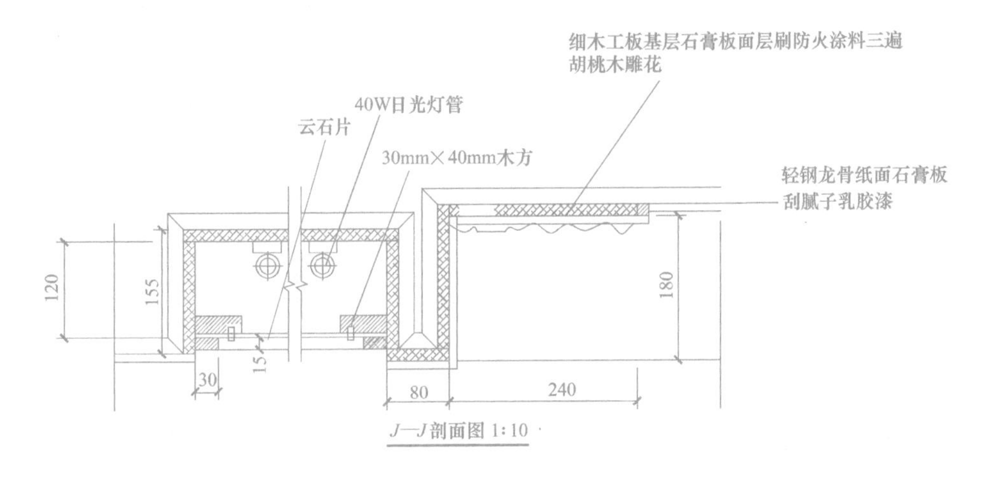

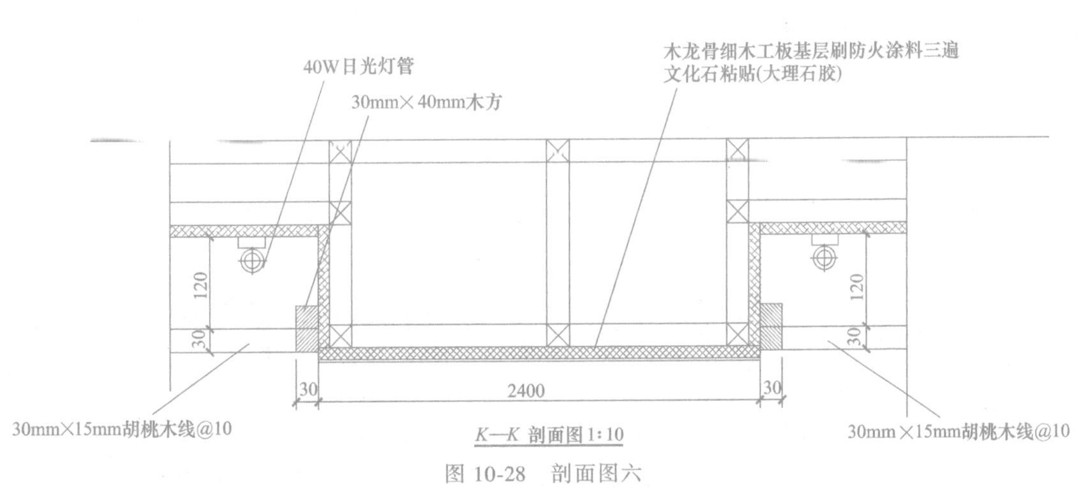

图 10-28　剖面图六

单元二　工程量计算

工程量计算书见表 10-1。

表 10-1　工程量计算书

贵宾室 1				
序号	分项项目名称	单位	工程量	计算式
天棚				
1	轻钢龙骨	m^2	70.56	S=10.28×6.86−1.76×0.192×2+2.4×0.3
2	细木工板基层	m^2	26.94	S=[(0.155×2+0.57)×11.31+(0.08+0.18+0.24)×7.037]×2
3	云石灯片	m^2	10.64	S=(9.84−4.52)×2
4	木龙骨	m^2	10.64	S=5.32×2
5	胡桃木雕花	m^2	3.38	S=0.24×7.037×2
6	纸面石膏板	m^2	69.72	S=70.56−3.94×2+(0.18+0.08+0.24)×7.037×2
7	天棚刮腻子刷乳胶漆	m^2	69.72	S=70.56−3.94×2+(0.08+0.18+0.24)×7.037×2
8	胡桃木线	m	49.10	L=(11.31+7.54+0.57×10)×2
地面				
1	找平　自流平　地毯	m^2	70.56	S=10.28×6.86−0.192×1.76×2+0.3×2.4
立面				
1	双层木龙骨云石灯片	m^2	9.86	S=1.06×3.1×2+1.06×3.1
2	细木工板	m^2	11.25	S=6.57+0.15×3.1×3+1.06×3.1
3	30mm×30mm 胡桃木线条	m	34.50	L=3.1×6+1.06×15
4	双层木龙骨	m^2	5.71	S=1.17×2×3.1−0.79×1.95
5	细木工板胡桃木	m^2	7.30	S=1.17×2×3.1−0.79×1.95+0.105×2×1.95+0.105×0.87+0.175×3.1×2
6	木龙骨细木工板基层艺术玻璃	m^2	7.44	S=2.4×3.1
7	木质踢脚线	m	10.12	L=1.06×2+2.4+0.7×2+0.84×2+1.46+1.06
8	双层木龙骨细木工板吸音板	m^2	9.30	S=(1.46+0.84+0.7)×3.1
9	双层木龙骨细木工板胡桃木饰面	m^2	4.77	S=(0.7+0.84)×3.1
10	双层木龙骨	m^2	62.99	S=10.16×3.1×2
11	细木工板基层	m^2	73.18	S=[31.5+0.15×4×3.1+0.08×(0.199+0.201)×2×6+0.303×1.57×4+0.15×1.57×4]×2
12	云石灯片	m^2	22.88	S=1.23×3.1×3×2
13	30mm×30mm 胡桃木线条	m	74.10	L=(3.1×6+1.23×15)×2
14	胡桃木饰面	m^2	32.95	S=[1.57×4×3.1−0.57×1.27×4−0.2×1.199×6+0.08×(1.199+0.2)×2×6]×2

（续）

贵宾室 1				
序号	分项项目名称	单位	工程量	计算式
立面				
15	20mm×1200mm 雕花金漆	m^2	1.44	S=0.1×1.2×6×2
16	木质踢脚线	m	20.32	L=10.16×2
17	铝合金暖气罩	m^2	5.79	S=1.27×0.57×8
18	30mm×20mm 胡桃木收口线	m	12.56	L=1.57×8

贵宾室 2				
序号	分项项目名称	单位	工程量	计算式
天棚				
1	轻钢龙骨	m^2	7.89	S=4.94×7.62−(4.94−0.45×2)×(7.62−0.45×2)−0.68×0.68×2−(6.94+4.26)×0.15
2	纸面石膏板走边	m^2	10.04	S=4.94×7.62−(4.94−0.45×2)×(7.62−0.45×2)−0.68×0.68×2−(6.94+4.26)×0.15+[(7.62−0.45×2)+(4.94−0.45×2)]×2×0.1
3	细木工板基层	m^2	12.19	S=4.94×7.62−(4.94−0.45×2)×(7.62−0.45×2)−0.68×0.68×2−(6.94+4.26)×0.15+[(7.62−0.45×2)+(4.94−0.45×2)]×2×0.2
4	天棚刮腻子刷乳胶漆	m^2	10.04	S=4.94×7.62−(4.94−0.45×2)×(7.62−0.45×2)−0.68×0.68×2−(6.94+4.26)×0.15+[(7.62−0.45×2)+(4.94−0.45×2)]×2×0.1
5	600mm×600mm 矿棉板	m^2	24.53	S=(4.94−0.45×2)×(7.62−0.45×2)−0.68×0.68−0.6×0.6×6
6	窗帘盒木龙骨	m^2	1.68	S=0.15×(6.94+4.26)
7	窗帘盒细木工板	m^2	6.94	S=(0.47+0.15)×(6.94+4.26)
8	窗帘盒纸面石膏板	m^2	5.04	S=(0.3+0.15)×(6.94+4.26)
9	窗帘盒刮腻子刷乳胶漆	m^2	5.04	S=(0.3+0.15)×(6.94+4.26)
地面				
1	水泥砂浆自流平	m^2	37.18	S=7.62×4.94−0.68×0.68
2	满铺复合木地板	m^2	37.18	S=7.62×4.94−0.68×0.68
立面				
1	木龙骨细木工板基层硬包墙面	m^2	12.67	S=5.28×2.4
2	10mm×20mm 不锈钢线条	m^2	4.80	S=2.4×2
3	木龙骨细木工板基层背漆玻璃墙面	m^2	5.77	S=6.94×0.48+(0.34+1.2+1.2)×0.48+1.17×2×0.48
4	木龙骨细木工板胡桃木饰面 40mm×20mm 胡桃木木线	m^2	4.00	S=0.68×2.88+0.68×3
5	木质踢脚线	m	21.02	L=7.62−1.62+7.74+1.17×2+4.94
6	木龙骨细木工板软包墙面	m^2	6.58	S=(0.34+1.2+1.2)×2.4
7	横百叶窗帘	m^2	25.74	S=2.5×3×2+3.58×3

（续）

贵宾室 2				
序号	分项项目名称	单位	工程量	计算式
立面				
8	木龙骨细木工板基层胡桃木饰面	m^2	7. 94	$S=1.17\times2\times2.52+0.68\times3$
9	木雕花	m^2	1. 64	$S=(2.2+0.2\times2)\times3-2.2\times(3-0.2)$
10	细木工板基层干粉胶粘贴米黄石材	m^2	4. 18	$S=2.2\times1.9$
11	双层木龙骨(暖气罩)	m^2	1. 98	$S=0.9\times2.2$
12	木龙骨细木工板基层(暖气罩)	m^2	0. 61	$S=0.277\times2.2$
13	细木工板基层胡桃木饰面	m^2	2. 74	$S=2.2\times1.9-(1.004+0.997)\times0.72$
14	铝合金暖气罩	m^2	1. 44	$S=(1.004+0.997)\times0.72$

贵宾室 3				
序号	分项项目名称	单位	工程量	计算式
天棚				
1	轻钢龙骨	m^2	33. 94	$S=4.78\times7.1$
2	细木工板基层	m^2	20. 58	$S=(0.1+0.2+0.2+0.8+0.2+0.2+0.1)\times2.68\times4+0.8\times0.2\times8$
3	纸面石膏板	m^2	45. 94	$S=(0.2+0.2+0.1)\times2\times2.68\times4+33.94+0.8\times0.2\times8$
4	天棚刮腻子刷乳胶漆	m^2	45. 94	$S=(0.2+0.2+0.1)\times2\times2.68\times4+33.94+0.8\times0.2\times8$
5	10mm 厚钢化磨砂玻璃	m^2	7. 81	$S=(2.24+0.2)\times2\times4\times0.4$
6	150mm×600mm 风口	个	4. 00	
地面				
1	800mm×800mm 米黄石材地面	m^2	28. 90	$S=6.45\times4.48$
2	200mm 宽黑金沙波打线	m^2	5. 72	$S=7.1\times4.88-4.48\times6.45-0.3\times0.1$
3	10cm×10cm 浅啡网纹石材点缀	个	35. 00	
立面				
1	双层 30mm×40mm 木龙骨(胡桃木线条)	m^2	14. 28	$S=1.19\times3\times2\times2$
2	细木工板基层(胡桃木线条)	m^2	16. 08	$S=(0.15+1.19)\times2\times3\times2$
3	30mm×15mm 胡桃木线条@10	m^2	13. 71	$S=1.19\times2.88\times2\times2$
4	双层木龙骨细木工板基层干粉胶粘贴文化石	m^2	7. 20	$S=2.4\times3$
5	木质踢脚线	m	7. 16	$L=1.19\times2+4.78$
6	刮腻子三遍刷基膜贴壁纸	m^2	7. 20	$S=3\times2.4$

（续）

贵宾室 3				
序号	分项项目名称	单位	工程量	计算式
立面				
7	双层木龙骨细木工板基层 30mm×15mm 胡桃木线条@10	m^2	2.58	$S=0.43\times1.2\times5$
8	双层木龙骨细木工板基层胡桃木饰面	m^2	2.14	$S=(0.06+0.06+0.2)\times1.67\times4$
9	细木工板基层粘贴米黄石材	m^2	1.30	$S=(0.2+0.02\times2)\times(0.43+0.8)\times4+0.072\times0.2\times8$
10	双层木龙骨细木工板基层刮腻子三遍刷基膜贴壁纸	m^2	10.02	$S=1.67\times1.2\times5$
11	双层木龙骨（暖气罩）	m^2	4.74	$S=0.79\times1.2\times5$
12	木龙骨细木工板基层（暖气罩）	m^2	1.68	$S=0.28\times1.2\times5$
13	胡桃木面层（暖气罩）	m^2	1.44	$S=(0.092+0.148)\times1.2\times5$
14	成品铝合金暖气罩	m^2	4.08	$S=0.68\times1.2\times5$
15	细木工板基层木质踢脚线	m	10.04	$L=1.2\times5+1.1+0.98\times3$

走廊				
序号	分项项目名称	单位	工程量	计算式
天棚				
1	轻钢龙骨双层纸面石膏板基层	m^2	17.19	$S=(2.64-0.2)\times(6.82+0.28)-0.48\times0.28$
2	石膏板面层	m^2	15.32	$S=17.19-0.2\times2.34\times4$
3	天棚刮腻子刷乳胶漆	m^2	17.19	$S=(2.64-0.2)\times(6.82+0.28)-0.48\times0.28$
4	窗帘盒木龙骨	m^2	1.02	$S=0.15\times6.82$
5	窗帘盒细木工板	m^2	4.23	$S=(0.47+0.15)\times6.82$
6	窗帘盒纸面石膏板	m^2	3.07	$S=(0.3+0.15)\times6.82$
7	窗帘盒刮腻子刷乳胶漆	m^2	3.07	$S=(0.3+0.15)\times6.82$
地面				
1	200mm 宽黑金沙波打线	m^2	3.30	$S=7.1\times2.64-(2.64-0.2\times2)\times(7.1-0.2\times2)-0.28\times0.68\times2-0.1\times0.3\times2$
2	金碧辉煌大理石拼花	m^2	5.12	$S=1.6\times1.6\times2$
3	800mm×800mm 米黄石材	m^2	9.67	$S=(2.64-0.2\times2)\times(7.1-0.2\times2)-0.68\times0.28-0.1\times0.3-5.12$
4	米黄石材过门石	m^2	1.03	$S=2.533\times0.1+(1.8+1.5)\times0.12+1.6\times0.24$
立面				
1	木龙骨细木工板基层胡桃木面层	m^2	15.19	$S=7.1\times3-2.45\times2.9-1.96\times2.9+(1.86+2.64)\times3-(1.5+1.6)\times2.2$
2	壁纸	m^2	8.03	$S=2.54\times3\times2-(1.62+1.72)\times2.16$
3	胡桃木门窗套	m^2	1.92	$S=0.12\times(2.9\times2+2.45)+(1.96+2.9\times2)\times0.12$

（续）

走廊				
序号	分项项目名称	单位	工程量	计算式
立面				
4	木质踢脚线	m	9.05	L=7.1-2.45-1.96+0.12×4+1.2+0.98×3+2.54×2-1.62-1.72
5	10mm 厚清玻璃	m^2	3.30	S=3×1.1
6	5号角钢钢龙骨(立柱)	m	48.00	L=4×4×3
7	细木工板基层(立柱)	m^2	3.84	S=0.08×4×3×4
8	胡桃木饰面(立柱)	m^2	3.84	S=0.08×4×3×4
9	20mm×20mm 胡桃木线@100雕花屏风隔断	m^2	8.82	S=0.98×3×3
10	5号角钢镀锌钢骨架(装饰台)	m^2	4.68	S=(0.3×4×0.9+0.3×0.3)×4
11	细木工板基层(装饰台)	m^2	4.68	S=(0.3×4×0.9+0.3×0.3)×4
12	黑金沙石材(装饰台)	m^2	4.68	S=(0.3×4×0.9+0.3×0.3)×4
13	石材倒角磨边	m	38.40	L=((0.9×2+0.3)×4+0.3×4)×4
储藏室				
序号	分项项目名称	单位	工程量	计算式
天棚				
1	600mm×600mm 铝扣板吊顶	m^2	10.01	S=(2+3.2+1.76)×1.63-2.7×0.1-0.58×0.6-0.6×0.6×2
地面				
1	600mm×600mm 玻化砖地面	m^2	10.73	S=(2+3.2+1.76)×1.63-2.7×0.1-0.58×0.6
2	米黄石材过门石	m^2	0.22	S=0.87×0.25
立面				
1	墙面828腻子刮腻子三遍刷乳胶漆	m^2	44.43	S=(2×2+3.2×2+1.76×2+1.63×2+0.1×2+0.58×2)×3-0.87×2.2-3.2×2.9
2	瓷砖踢脚线	m^2	17.67	S=2×2+3.2×2+1.76×2+1.63×2+0.1×2+0.58×2-0.87
外立面				
序号	分项项目名称	单位	工程量	计算式
1	双层木龙骨细木工板 80mm×40mm 灰色铝塑板饰面装饰	m^2	17.28	S=1×15+12.28×1-5×1×2
2	细木工板灯箱基层	m^2	14.80	S=[(5+1)×2×0.2+5×1]×2
3	纸面石膏板基层(灯箱)刮腻子二遍	m^2	14.80	S=[(5+1)×2×0.2+5×1]×2
4	拉丝不锈钢框	m	24.00	L=(5+1)×4
5	3m 灯箱布	m^2	10.00	S=5×2×1
6	木龙骨细木工板铝塑板墙面	m^2	21.81	S=(2+0.12×2+2.4+0.12×2+1.2+0.12×2+1.2)×2.9
7	拉丝不锈钢包门框钢龙骨	m^2	6.08	S=0.06×3×(3.2+2.5+2.5+2.9×3)×2
8	12mm 厚清玻璃	m^2	23.78	S=3.2×2.9+2.5×2.9×2

（续）

外立面				
序号	分项项目名称	单位	工程量	计算式
9	木龙骨细木工板香槟金墙面	m^2	16.82	$S=(1.2\times3+1.48)\times2.9+0.12\times6\times2.9$
10	不锈钢包窗框钢龙骨	m^2	4.03	$S=(3.07\times2+2.33\times2+2.9\times4)\times0.06\times3$
11	12mm 厚清玻璃	m^2	15.66	$S=2.33\times2.9+3.07\times2.9$
12	不锈钢门框玻璃门	m^2	5.22	$S=1.8\times2.9$
门				
1	胡桃木实木套装门　双开门	套	2.00	
2	胡桃木实木门　带上亮雕花	套	1.00	
3	胡桃实木门(隐形门)	套	1.00	
	门套(隐形门)	m^2	1.55	$S=(0.21+0.06+0.06)\times(0.79+1.95\times2)$
隔墙				
1	轻钢龙骨石膏板隔墙	m^2	42.56	$S=12.16\times3.5$

单元三　装饰工程费用计算

工程预（结）算表见表 10-2。

表 10-2　工程预（结）算表

工程名称：机场贵宾室装饰工程

定额号	工程项目名称	单位	工程量	单价(元)	合价(元)	其中:(元) 定额人工费	定额机械费
贵宾室 1							
t13-32	装配式 U 型轻钢天棚龙骨(不上人型) 450mm×450mm 跌级	m^2	70.50	57.222	4034.15	1543.12	18.91
t13-82×a1.1 换	天棚胶合板基层 9mm	m^2	26.94	25.360	683.20	204.36	31.44
t14-125	木基层板防火涂料二遍	m^2	26.94	10.637	286.56	132.70	
1×t14-128	木基层板防火涂料每增加一遍	m^2	26.94	4.407	118.73	56.10	
t13-152	云石片天棚	m^2	10.64	294.143	3129.68	174.19	
t13-24	方木天棚龙骨(吊在梁或板下) 单层楞	m^2	10.64	41.516	441.73	127.72	2.05
t14-123	双向木龙骨防火涂料二遍	m^2	10.64	17.746	188.82	115.49	
1×t14-126	双向木龙骨防火涂料每增加一遍	m^2	10.64	7.464	79.42	49.06	
t13-226	天棚成品雕花安装	m^2	3.38	755.659	2554.13	64.24	1.52
t13-105×a1.3 换	石膏板天棚面层(安在 U 型轻钢龙骨上)	m^2	62.04	29.122	1806.73	982.87	

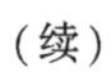
(续)

定额号	工程项目名称	单位	工程量	单价(元)	合价(元)	其中:(元)	
						定额人工费	定额机械费
			贵宾室 1				
t14-252	天棚面刮腻子满刮二遍	m^2	62.04	14.548	902.56	610.47	
t14-253	刮腻子每增减一遍	m^2	62.04	4.968	308.21	200.05	
t14-200	室内天棚面乳胶漆二遍	m^2	62.04	24.649	1529.22	930.02	
t14-201	乳胶漆每增加一遍	m^2	62.04	4.717	292.64	176.24	
t11-1	混凝土或硬基层上平面砂浆找平层 20mm	m^2	70.56	13.826	975.56	370.60	56.20
t11-15	水泥基自流平砂浆面层 4mm 厚	m^2	70.56	19.335	1364.28	600.18	11.24
t11-57	化纤地毯(固定不带垫)	m^2	70.56	54.733	3861.96	955.63	
t12-123×j2 换	墙饰面木龙骨基层(断面 $7.5cm^2$ 中距 30cm)	m^2	9.86	58.390	575.73	203.01	2.61
t14-123	双向木龙骨防火涂料二遍	m^2	9.86	17.746	174.98	107.02	
4×t14-126	双向木龙骨防火涂料每增加一遍	m^2	9.86	29.858	294.40	181.84	
t12-179	云石片墙面	m^2	9.86	300.039	2958.38	146.73	
t12-146	墙饰面细木工板基层	m^2	11.25	38.454	432.61	82.11	7.92
t14-125	木基层板防火涂料二遍	m^2	11.25	10.637	119.67	55.41	
1×t14-128	木基层板防火涂料每增加一遍	m^2	11.25	4.407	49.58	23.43	
t15-30	木装饰线(平面线)宽度≤50mm	m	34.50	6.958	240.05	104.15	1.65
t12-123×j2 换	墙饰面木龙骨基层(断面 $7.5cm^2$ 中距 30cm)	m^2	10.48	58.390	611.93	215.78	2.77
t14-123	双向木龙骨防火涂料二遍	m^2	10.48	17.746	185.98	113.75	
4×t14-126	双向木龙骨防火涂料每增加一遍	m^2	10.48	7.464	78.22	48.32	
t12-146	墙饰面细木工板基层	m^2	12.07	38.454	464.14	88.10	8.49
t14-125	木基层板防火涂料二遍	m^2	12.07	10.637	128.39	59.45	
1×t14-128	木基层板防火涂料每增加一遍	m^2	12.07	4.407	53.19	25.13	
t12-182	拼色、拼花木制饰面板墙面	m^2	734.77	61.987	45546.19	25980.00	1010.53
t12-123	墙饰面木龙骨基层(断面 $7.5cm^2$ 中距 30cm)	m^2	7.44	58.390	434.42	153.19	1.97
t14-123	双向木龙骨防火涂料二遍	m^2	7.44	17.746	132.03	80.75	
t14-126	双向木龙骨防火涂料每增加一遍	m^2	7.44	7.464	55.53	34.30	
t12-146	墙饰面细木工板基层	m^2	7.44	38.454	286.10	54.30	5.23
t14-125	木基层板防火涂料二遍	m^2	7.44	10.637	79.14	36.65	
1×t14-128	木基层板防火涂料每增加一遍	m^2	7.44	4.407	32.79	15.49	
t12-148	墙面镜面玻璃在胶合板上粘贴	m^2	7.44	94.800	705.31	104.76	
t11-78	木踢脚线成品	m^2	3.65	199.180	727.01	75.81	

（续）

定额号	工程项目名称	单位	工程量	单价(元)	合价(元)	其中:(元)	
						定额人工费	定额机械费
贵宾室 1							
t12-123×j2 换	墙饰面木龙骨基层(断面 7.5cm² 中距 30cm)	m²	9.30	58.390	543.03	191.48	2.46
t14-123	双向木龙骨防火涂料二遍	m²	9.30	17.746	165.04	100.94	
4×t14-126	双向木龙骨防火涂料每增加一遍	m²	9.30	7.464	69.42	42.88	
t12-146	墙饰面细木工板基层	m²	9.30	38.454	357.62	67.88	6.54
t14-125	木基层板防火涂料二遍	m²	9.30	10.637	98.92	45.81	
1×t14-128	木基层板防火涂料每增加一遍	m²	9.30	4.407	40.99	19.37	
t12-177	吸音板墙面	m²	9.30	32.842	305.43	54.46	
t12-123×j2 换	墙饰面木龙骨基层(断面 7.5cm² 中距 30cm)	m²	62.99	58.390	3677.99	1296.95	16.65
t14-123	双向木龙骨防火涂料二遍	m²	62.99	17.746	1117.82	683.69	
4×t14-126	双向木龙骨防火涂料每增加一遍	m²	62.99	29.858	1880.76	1161.70	
t12-179	云石片墙面	m²	22.88	300.039	6864.89	340.49	
t12-146	墙饰面细木工板基层	m²	73.18	38.454	2814.06	534.14	51.49
t14-125	木基层板防火涂料二遍	m²	73.18	10.637	778.42	360.46	
1×t14-128	木基层板防火涂料每增加一遍	m²	73.18	4.407	322.50	152.39	
t15-30	木装饰线(平面线)宽度≤50mm	m	74.10	6.958	515.59	223.59	3.53
t12-182	拼色、拼花木制饰面板墙面	m²	32.95	61.987	2042.47	1165.05	45.32
t13-226	成品雕花金漆安装	m²	1.44	755.659	1088.15	27.37	0.65
t15-124	暖气罩百叶安装	m²	5.79	33.277	192.67	86.88	
t15-30	木装饰线(平面线)宽度≤50mm	m	12.56	6.958	87.39	37.91	0.60
小计				3971.01	99886.51	41876.06	1289.77
贵宾室 2							
t13-32	装配式 U 型轻钢天棚龙骨(不上人型) 450mm×450mm 跌级	m²	8.81	57.222	504.13	192.84	2.36
t13-82×a1.1 换	天棚胶合板基层 9mm	m²	13.11	25.360	332.47	99.45	15.30
t14-125	木基层板防火涂料二遍	m²	13.11	10.637	139.45	64.58	
1×t14-128	木基层板防火涂料每增加一遍	m²	13.11	4.407	57.78	27.30	
t13-105×a1.3 换	石膏板天棚面层(安在 U 型轻钢龙骨上)	m²	10.96	29.122	319.18	173.63	
t14-252	天棚面刮腻子满刮二遍	m²	10.96	14.548	159.45	107.85	
t14-253	刮腻子每增减一遍	m²	10.96	4.968	54.45	35.34	
t14-200	室内天棚面乳胶漆二遍	m²	10.96	24.649	270.15	164.30	
t14-201	乳胶漆每增加一遍	m²	10.96	4.717	51.70	31.14	

（续）

定额号	工程项目名称	单位	工程量	单价(元)	合价(元)	其中:(元)	
						定额人工费	定额机械费
贵宾室2							
t13-52	装配式T型铝合金天棚龙骨(不上人)600mm×600mm平面	m^2	24.53	41.237	1011.54	306.89	
t13-102	矿棉板天棚面层(搁放在龙骨上)	m^2	24.53	24.066	590.34	190.33	
t13-24	方木天棚龙骨(吊在梁或板下)单层楞	m^2	1.68	41.516	69.75	20.17	0.32
t14-123	双向木龙骨防火涂料二遍	m^2	1.68	17.746	29.81	18.23	
1×t14-126	双向木龙骨防火涂料每增加一遍	m^2	1.68	7.464	12.54	7.75	
t13-82×a1.1换	天棚胶合板基层9mm	m^2	6.94	25.360	176.00	52.65	8.10
t14-125	木基层板防火涂料二遍	m^2	6.94	10.637	73.82	34.18	
1×t14-128	木基层板防火涂料每增加一遍	m^2	6.94	4.407	30.58	14.45	
t13-105×a1.3换	石膏板天棚面层(安在U型轻钢龙骨上)	m^2	5.04	29.122	146.77	79.85	
t14-252	天棚面刮腻子满刮二遍	m^2	5.04	14.548	73.32	49.59	
t14-253	刮腻子每增减一遍	m^2	5.04	4.968	25.04	16.25	
t14-200	室内天棚面乳胶漆二遍	m^2	5.04	24.649	124.23	75.55	
t14-201	乳胶漆每增加一遍	m^2	5.04	4.717	23.77	14.32	
t11-1	混凝土或硬基层上平面砂浆找平层20mm	m^2	37.18	13.826	514.05	195.28	29.61
t11-15	水泥基自流平砂浆面层4mm厚	m^2	37.18	19.335	718.88	316.25	5.92
t11-65	条形复合地板成品安装,铺在水泥地面上	m^2	37.18	127.634	4745.43	364.53	
t12-123	墙饰面木龙骨基层(断面7.5cm^2中距30cm)	m^2	12.67	29.195	369.90	130.44	1.67
t14-123	双向木龙骨防火涂料二遍	m^2	12.67	17.746	224.84	137.52	
1×t14-126	双向木龙骨防火涂料每增加一遍	m^2	12.67	7.464	94.57	58.42	
t12-146	墙饰面细木工板基层	m^2	12.67	38.454	487.21	92.48	8.91
t14-125	木基层板防火涂料二遍	m^2	12.67	10.637	134.77	62.41	
1×t14-128	木基层板防火涂料每增加一遍	m^2	12.67	4.407	55.84	26.38	
t12-184	墙面皮革硬包	m^2	12.67	146.285	1853.43	620.87	69.08
t15-46	不锈钢装饰线(角线)宽度≤20mm	m	4.80	9.431	45.27	17.98	
t12-123	墙饰面木龙骨基层(断面7.5cm^2中距30cm)	m^2	5.77	29.195	168.46	59.40	0.76
t14-123	双向木龙骨防火涂料二遍	m^2	5.77	17.746	102.39	62.63	
1×t14-126	双向木龙骨防火涂料每增加一遍	m^2	5.77	7.464	43.07	26.60	
t12-146	墙饰面细木工板基层	m^2	5.77	38.454	221.88	42.12	4.06

（续）

定额号	工程项目名称	单位	工程量	单价(元)	合价(元)	其中:(元)	
						定额人工费	定额机械费
贵宾室2							
t14-125	木基层板防火涂料二遍	m^2	5.77	10.637	61.38	28.42	
1×t14-128	木基层板防火涂料每增加一遍	m^2	5.77	4.407	25.43	12.02	
t12-148	墙面镜面玻璃在胶合板上粘贴	m^2	5.77	94.800	547.00	81.25	
t12-123	墙饰面木龙骨基层(断面7.5cm^{2}中距30cm)	m^2	4.00	29.195	116.78	41.18	0.53
t14-123	双向木龙骨防火涂料二遍	m^2	4.00	17.746	70.98	43.42	
1×t14-126	双向木龙骨防火涂料每增加一遍	m^2	4.00	7.464	29.86	18.44	
t12-146	墙饰面细木工板基层	m^2	4.00	38.454	153.82	29.20	2.81
t14-125	木基层板防火涂料二遍	m^2	4.00	10.637	42.55	19.70	
1×t14-128	木基层板防火涂料每增加一遍	m^2	4.00	4.407	17.63	8.33	
t12-182	拼色、拼花木制饰面板墙面	m^2	4.00	61.987	247.95	141.43	5.50
t12-182	40mm×20mm胡桃木线条墙面	m^2	4.00	61.987	247.95	141.43	5.50
t11-78	木踢脚线成品	m^2	2.52	199.180	501.93	52.34	
t12-123	墙饰面木龙骨基层(断面7.5cm^{2}中距30cm)	m^2	6.58	29.195	192.10	67.74	0.87
t14-123	双向木龙骨防火涂料二遍	m^2	6.58	17.746	116.77	71.42	
1×t14-126	双向木龙骨防火涂料每增加一遍	m^2	6.58	7.464	49.11	30.34	
t12-146	墙饰面细木工板基层	m^2	6.58	38.454	253.03	48.03	4.63
t14-125	木基层板防火涂料二遍	m^2	6.58	10.637	69.99	32.41	
1×t14-128	木基层板防火涂料每增加一遍	m^2	6.58	4.407	29.00	13.70	
t12-184	墙面丝绒面料软包(木龙骨五夹板衬底 装饰板分格)	m^2	6.58	146.285	962.56	322.44	35.88
t8-77	铝合金百叶窗安装	m^2	25.74	308.734	7946.81	558.74	
t12-123	墙饰面木龙骨基层(断面7.5cm^{2}中距30cm)	m^2	7.94	29.195	231.81	81.74	1.05
t14-123	双向木龙骨防火涂料二遍	m^2	7.94	17.746	140.90	86.18	
1×t14-126	双向木龙骨防火涂料每增加一遍	m^2	7.94	7.464	59.26	36.61	
t12-146	墙饰面细木工板基层	m^2	7.94	38.454	305.32	57.95	5.59
t14-125	木基层板防火涂料二遍	m^2	7.94	10.637	84.46	39.11	
1×t14-128	木基层板防火涂料每增加一遍	m^2	7.94	4.407	34.99	16.53	
t12-182	拼色、拼花木制饰面板墙面	m^2	7.94	61.987	492.18	280.74	10.92
t13-226	成品雕花安装	m^2	1.64	755.659	1239.28	31.17	0.74
t12-146	墙饰面细木工板基层	m^2	4.18	38.454	160.74	30.51	2.94
t14-125	木基层板防火涂料二遍	m^2	4.18	10.637	44.46	20.59	
1×t14-128	木基层板防火涂料每增加一遍	m^2	4.18	4.407	18.42	8.70	

（续）

定额号	工程项目名称	单位	工程量	单价(元)	合价(元)	其中:(元)	
						定额人工费	定额机械费
贵宾室 2							
t12-41	粉状型建筑胶贴剂粘贴石材	m^2	4.18	174.404	729.01	208.17	2.11
t12-123×j2 换	墙饰面木龙骨基层(断面 7.5cm^2 中距 30cm)	m^2	1.98	58.390	115.61	40.77	0.52
t14-123	双向木龙骨防火涂料二遍	m^2	1.98	17.746	35.14	21.49	
4×t14-126	双向木龙骨防火涂料每增加一遍	m^2	1.98	7.464	14.78	9.13	
t12-123	墙饰面木龙骨基层(断面 7.5cm^2 中距 30cm)	m^2	0.61	58.390	35.62	12.56	0.16
t14-123	双向木龙骨防火涂料二遍	m^2	0.61	17.746	10.83	6.62	
t14-126	双向木龙骨防火涂料每增加一遍	m^2	0.61	7.464	4.55	2.81	
t12-146	墙饰面细木工板基层	m^2	0.61	38.454	23.46	4.45	0.43
t14-125	木基层板防火涂料二遍	m^2	0.61	10.637	6.49	3.00	
1×t14-128	木基层板防火涂料每增加一遍	m^2	0.61	4.407	2.69	1.27	
t12-146	墙饰面细木工板基层	m^2	2.74	38.454	105.36	20.00	1.93
t14-125	木基层板防火涂料二遍	m^2	2.74	10.637	29.15	13.50	
1×t14-128	木基层板防火涂料每增加一遍	m^2	2.74	4.407	12.08	5.71	
t12-182	拼色、拼花木制饰面板墙面	m^2	2.74	61.987	169.84	96.88	3.77
t15-124	暖气罩百叶安装	m^2	1.44	33.277	47.92	21.61	
小计				3570.07	29893.24	6909.73	231.97
贵宾室 3							
t13-32	装配式 U 型轻钢天棚龙骨(不上人型) 450mm×450mm 跌级	m^2	33.94	57.222	1942.11	742.89	9.10
t13-82×a1.1 换	天棚胶合板基层 9mm	m^2	20.58	25.360	521.91	156.12	24.02
t14-125	木基层板防火涂料二遍	m^2	20.58	10.637	218.91	101.37	
1×t14-128	木基层板防火涂料每增加一遍	m^2	20.58	4.407	90.70	42.86	
t13-105×a1.3 换	石膏板天棚面层(安在 U 型轻钢龙骨上)	m^2	45.94	29.122	1337.86	727.81	
t14-252	天棚面刮腻子满刮二遍	m^2	45.94	14.548	668.34	452.05	
t14-253	刮腻子每增减一遍	m^2	45.94	4.968	228.23	148.13	
t14-200	室内天棚面乳胶漆二遍	m^2	45.94	24.649	1132.38	688.67	
t14-201	乳胶漆每增加一遍	m^2	45.94	4.717	216.70	130.51	
t13-140	10mm 厚钢化磨砂玻璃	m^2	7.81	117.084	914.43	192.92	
t11-1	混凝土或硬基层上平面砂浆找平层 20mm	m^2	33.94	13.826	469.25	178.26	27.03
t11-24	石材楼地面 每块面积 0.64m^2 以内	m^2	28.89	141.555	4089.52	522.78	23.01
t11-32	石材波打线(嵌边)	m^2	5.05	135.789	685.73	135.07	4.02

（续）

定额号	工程项目名称	单位	工程量	单价(元)	合价(元)	其中:(元)	
						定额人工费	定额机械费
贵宾室3							
t11-28	石材楼地面 点缀	个	35.00	34.996	1224.86	800.64	
t11-36	石材结晶保养美化处理	m^2	33.94	12.047	408.88	284.60	0.78
t12-123×j2 换	墙饰面木龙骨基层(断面 7.5cm^2 中距 30cm)	m^2	16.86	58.390	984.46	347.14	4.46
t14-123	双向木龙骨防火涂料二遍	m^2	16.86	17.746	299.20	183.00	
4×t14-126	双向木龙骨防火涂料每增加一遍	m^2	16.86	7.464	125.84	77.73	
t12-146	墙饰面细木工板基层	m^2	18.66	38.454	717.55	136.20	13.13
t14-125	木基层板防火涂料二遍	m^2	18.66	10.637	198.49	91.91	
1×t14-128	木基层板防火涂料每增加一遍	m^2	18.66	4.407	82.23	38.86	
t12-182	拼色、拼花木制饰面板墙面	m^2	16.29	61.987	1009.77	575.98	22.40
t12-123×j2 换	墙饰面木龙骨基层(断面 7.5cm^2 中距 30cm)	m^2	7.20	58.390	420.41	148.25	1.90
t14-123	双向木龙骨防火涂料二遍	m^2	7.20	17.746	127.77	78.15	
4×t14-126	双向木龙骨防火涂料每增加一遍	m^2	7.20	7.464	53.74	33.20	
t12-146	墙饰面细木工板基层	m^2	7.20	38.454	276.87	52.55	5.07
t14-125	木基层板防火涂料二遍	m^2	7.20	10.637	76.59	35.47	
1×t14-128	木基层板防火涂料每增加一遍	m^2	7.20	4.407	31.73	14.99	
t12-41	粉状型建筑胶贴剂粘贴石材	m^2	7.20	174.404	1255.71	358.58	3.63
t11-78	木踢脚线成品	m^2	2.06	199.180	410.31	42.84	
t14-251	墙面刮腻子满刮二遍	m^2	7.20	11.871	85.47	56.68	
t14-253	刮腻子每增减一遍	m^2	7.20	4.968	35.77	23.22	
t14-267	壁纸刷基膜	m^2	7.20	3.968	28.57	16.10	
t14-259	墙面普通壁纸(对花)	m^2	7.20	41.831	301.18	81.35	
t12-123×j2 换	墙饰面木龙骨基层(断面 7.5cm^2 中距 30cm)	m^2	2.14	58.390	124.95	44.06	0.57
t14-123	双向木龙骨防火涂料二遍	m^2	2.14	17.746	37.98	23.23	
4×t14-126	双向木龙骨防火涂料每增加一遍	m^2	2.14	7.464	15.97	9.87	
t12-146	墙饰面细木工板基层	m^2	2.14	38.454	82.29	15.62	1.51
t14-125	木基层板防火涂料二遍	m^2	2.14	10.637	22.76	10.54	
1×t14-128	木基层板防火涂料每增加一遍	m^2	2.14	4.407	9.43	4.46	
t12-182	拼色、拼花木制饰面板墙面	m^2	2.14	61.987	132.65	75.67	2.94
t12-146	墙饰面细木工板基层	m^2	1.30	38.454	49.99	9.49	0.91
t14-125	木基层板防火涂料二遍	m^2	1.30	10.637	13.83	6.40	
1×t14-128	木基层板防火涂料每增加一遍	m^2	1.30	4.407	5.73	2.71	

（续）

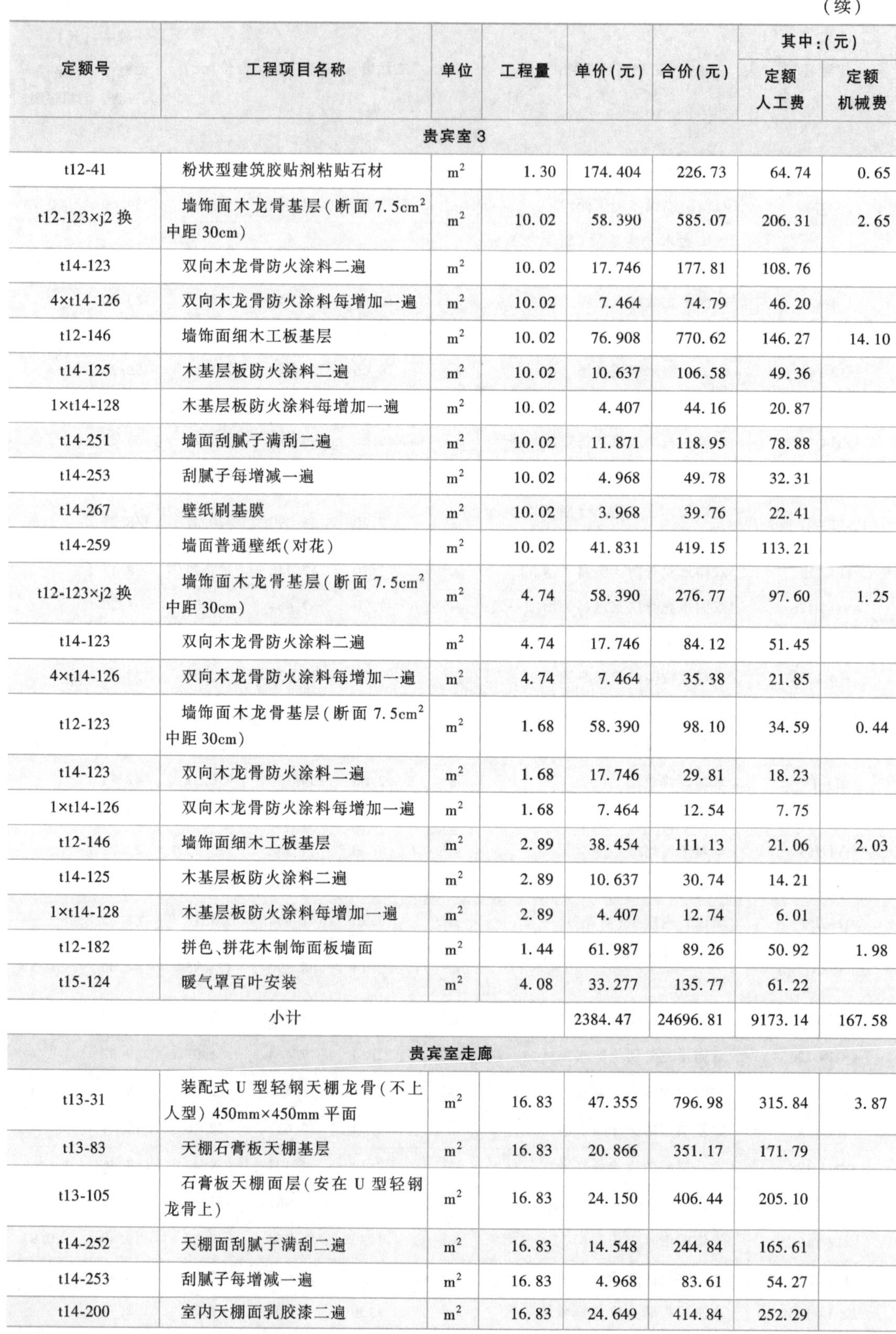

定额号	工程项目名称	单位	工程量	单价(元)	合价(元)	其中:(元)	
						定额人工费	定额机械费
贵宾室3							
t12-41	粉状型建筑胶贴剂粘贴石材	m^2	1.30	174.404	226.73	64.74	0.65
t12-123×j2 换	墙饰面木龙骨基层(断面 7.5cm^2 中距 30cm)	m^2	10.02	58.390	585.07	206.31	2.65
t14-123	双向木龙骨防火涂料二遍	m^2	10.02	17.746	177.81	108.76	
4×t14-126	双向木龙骨防火涂料每增加一遍	m^2	10.02	7.464	74.79	46.20	
t12-146	墙饰面细木工板基层	m^2	10.02	76.908	770.62	146.27	14.10
t14-125	木基层板防火涂料二遍	m^2	10.02	10.637	106.58	49.36	
1×t14-128	木基层板防火涂料每增加一遍	m^2	10.02	4.407	44.16	20.87	
t14-251	墙面刮腻子满刮二遍	m^2	10.02	11.871	118.95	78.88	
t14-253	刮腻子每增减一遍	m^2	10.02	4.968	49.78	32.31	
t14-267	壁纸刷基膜	m^2	10.02	3.968	39.76	22.41	
t14-259	墙面普通壁纸(对花)	m^2	10.02	41.831	419.15	113.21	
t12-123×j2 换	墙饰面木龙骨基层(断面 7.5cm^2 中距 30cm)	m^2	4.74	58.390	276.77	97.60	1.25
t14-123	双向木龙骨防火涂料二遍	m^2	4.74	17.746	84.12	51.45	
4×t14-126	双向木龙骨防火涂料每增加一遍	m^2	4.74	7.464	35.38	21.85	
t12-123	墙饰面木龙骨基层(断面 7.5cm^2 中距 30cm)	m^2	1.68	58.390	98.10	34.59	0.44
t14-123	双向木龙骨防火涂料二遍	m^2	1.68	17.746	29.81	18.23	
1×t14-126	双向木龙骨防火涂料每增加一遍	m^2	1.68	7.464	12.54	7.75	
t12-146	墙饰面细木工板基层	m^2	2.89	38.454	111.13	21.06	2.03
t14-125	木基层板防火涂料二遍	m^2	2.89	10.637	30.74	14.21	
1×t14-128	木基层板防火涂料每增加一遍	m^2	2.89	4.407	12.74	6.01	
t12-182	拼色、拼花木制饰面板墙面	m^2	1.44	61.987	89.26	50.92	1.98
t15-124	暖气罩百叶安装	m^2	4.08	33.277	135.77	61.22	
小计				2384.47	24696.81	9173.14	167.58
贵宾室走廊							
t13-31	装配式U型轻钢天棚龙骨(不上人型) 450mm×450mm 平面	m^2	16.83	47.355	796.98	315.84	3.87
t13-83	天棚石膏板天棚基层	m^2	16.83	20.866	351.17	171.79	
t13-105	石膏板天棚面层(安在U型轻钢龙骨上)	m^2	16.83	24.150	406.44	205.10	
t14-252	天棚面刮腻子满刮二遍	m^2	16.83	14.548	244.84	165.61	
t14-253	刮腻子每增减一遍	m^2	16.83	4.968	83.61	54.27	
t14-200	室内天棚面乳胶漆二遍	m^2	16.83	24.649	414.84	252.29	

（续）

定额号	工程项目名称	单位	工程量	单价(元)	合价(元)	其中:(元)	
						定额人工费	定额机械费
贵宾室走廊							
t14-201	乳胶漆每增加一遍	m^2	16.83	4.717	79.39	47.81	
t13-24	方木天棚龙骨(吊在梁或板下)单层楞	m^2	1.02	41.516	42.35	12.24	0.20
t14-123	双向木龙骨防火涂料二遍	m^2	1.02	17.746	18.10	11.07	
1×t14-126	双向木龙骨防火涂料每增加一遍	m^2	1.02	7.464	7.61	4.70	
t13-82×a1.1换	天棚胶合板基层 9mm	m^2	4.23	25.360	107.27	32.09	4.94
t14-125	木基层板防火涂料二遍	m^2	4.23	10.637	44.99	20.84	
1×t14-128	木基层板防火涂料每增加一遍	m^2	4.23	4.407	18.64	8.81	
t13-105×a1.3	石膏板天棚面层(安在U型轻钢龙骨上)	m^2	3.07	29.122	89.40	48.64	
t14-252	天棚面刮腻子满刮二遍	m^2	3.07	14.548	44.66	30.21	
t14-253	刮腻子每增减一遍	m^2	3.07	4.968	15.25	9.90	
t14-200	室内天棚面乳胶漆二遍	m^2	3.07	24.649	75.67	46.02	
t14-201	乳胶漆每增加一遍	m^2	3.07	4.717	14.48	8.72	
t11-1	混凝土或硬基层上平面砂浆找平层 20mm	m^2	18.52	13.826	256.06	97.27	14.75
t11-32	石材波打线(嵌边)	m^2	3.73	135.789	506.49	99.76	2.97
t11-26	石材楼地面 拼花	m^2	5.12	428.821	2195.56	137.02	4.08
t11-24	石材楼地面 每块面积 $0.64m^2$ 以内	m^2	9.67	141.555	1368.84	174.99	7.70
t11-100x	石材零星装饰	m^2	1.03	149.629	154.12	38.71	0.67
t11-36	石材结晶保养美化处理	m^2	19.55	12.047	235.52	163.93	0.45
t12-123	墙饰面木龙骨基层(断面 $7.5cm^2$ 中距 30cm)	m^2	15.19	29.195	443.47	156.38	2.01
t14-123	双向木龙骨防火涂料二遍	m^2	15.19	17.746	269.56	164.87	
1×t14-126	双向木龙骨防火涂料每增加一遍	m^2	15.19	7.464	113.38	70.04	
t12-146	墙饰面细木工板基层	m^2	15.19	38.454	584.12	110.87	10.69
t14-125	木基层板防火涂料二遍	m^2	15.19	10.637	161.58	74.82	
1×t14-128	木基层板防火涂料每增加一遍	m^2	15.19	4.407	66.94	31.63	
t12-182	拼色、拼花木制饰面板墙面	m^2	15.19	61.987	941.58	537.09	20.89
t14-251	墙面刮腻子满刮二遍	m^2	8.03	11.871	95.32	63.21	
t14-253	刮腻子每增减一遍	m^2	8.03	4.968	39.89	25.89	
t14-267	壁纸刷基膜	m^2	8.03	3.968	31.86	17.96	
t14-259	墙面普通壁纸(对花)	m^2	8.03	41.831	335.90	90.73	
t8-103	木质成品门窗套(筒子板)	m^2	1.92	178.814	343.32	33.37	

（续）

定额号	工程项目名称	单位	工程量	单价(元)	合价(元)	其中:(元)	
						定额人工费	定额机械费
贵宾室走廊							
t11-78	木踢脚线成品	m^2	1.09	199.180	217.11	22.54	
t12-238	全玻璃隔断(普通玻璃)	m^2	3.30	126.643	417.92	92.09	
t12-80	钢骨架	t	0.08	7121.670	569.73	199.89	17.29
t12-146	墙饰面细木工板基层(胡桃木立柱)	m^2	3.84	38.454	147.66	28.03	2.70
t14-125	木基层板防火涂料二遍(胡桃木立柱)	m^2	3.84	10.637	40.85	18.91	
1×t14-128	木基层板防火涂料每增加一遍(胡桃木立柱)	m^2	3.84	4.407	16.92	8.00	
t12-182	拼色、拼花木制饰面板墙面(胡桃木立柱)	m^2	3.84	61.987	238.03	135.77	5.28
t12-244	花式木隔断 井格 100mm×100mm	m^2	8.82	166.947	1472.47	534.79	114.65
t12-80	钢骨架(装饰台)	t	0.09	7121.670	640.95	244.02	21.11
t12-146	墙饰面细木工板基层(装饰台)	m^2	4.68	38.454	179.96	34.16	3.29
t14-125	木基层板防火涂料二遍(装饰台)	m^2	4.68	10.637	49.78	23.05	
1×t14-128	木基层板防火涂料每增加一遍(装饰台)	m^2	4.68	4.407	20.62	9.75	
t12-41	粉状型建筑胶贴剂粘贴石材(装饰台)	m^2	4.68	174.404	816.21	233.07	2.36
t15-227	石材倒角、抛光 宽度≤10mm	m	38.40	11.126	427.24	297.70	
小计				16710.02	16254.65	5416.26	239.90
储藏室							
t13-65	铝合金方板天棚龙骨(不上人型)嵌入式 600mm×600mm	m^2	10.24	37.261	381.55	128.11	1.57
t13-122	嵌入式铝合金方板天棚(平板)	m^2	10.24	60.327	617.75	82.21	
t11-1	混凝土或硬基层上平面砂浆找平层 20mm	m^2	11.18	13.826	154.57	58.72	8.90
t11-38	陶瓷地面砖 0.36m^2 以内	m^2	10.96	66.378	727.50	175.56	8.73
t11-100	石材零星装饰	m^2	0.22	151.329	33.29	8.05	0.18
t14-251	墙面刮腻子满刮二遍	m^2	44.06	11.871	523.04	346.84	
t14-253	刮腻子每增减一遍	m^2	44.06	4.968	218.89	142.07	
t14-199	室内墙面乳胶漆二遍	m^2	44.06	20.572	906.40	528.38	
t14-201	乳胶漆每增加一遍	m^2	44.06	4.717	207.83	125.17	
t11-73	陶瓷地面砖踢脚线	m^2	2.18	86.535	188.65	74.51	
小计				457.784	3959.47	1669.620	19.380

（续）

定额号	工程项目名称	单位	工程量	单价(元)	合价(元)	其中:(元)	
						定额人工费	定额机械费
外立面部分							
t12-123×j2 换	墙饰面木龙骨基层(断面 7.5cm^2 中距 30cm)	m^2	17.28	58.390	1008.98	355.79	4.57
t14-123	双向木龙骨防火涂料二遍	m^2	17.28	17.746	306.65	187.56	
4×t14-126	双向木龙骨防火涂料每增加一遍	m^2	17.28	29.858	515.95	318.69	
t12-146	墙饰面细木工板基层	m^2	17.28	38.454	664.49	126.13	12.16
t14-125	木基层板防火涂料二遍	m^2	17.28	10.637	183.81	85.12	
1×t14-128	木基层板防火涂料每增加一遍	m^2	17.28	4.407	76.15	35.98	
t12-164	铝合金复合板墙面(胶合板基层上)	m^2	17.28	93.711	1619.33	465.19	
t12-146	墙饰面细木工板基层(灯箱)	m^2	14.80	38.454	569.12	108.03	10.41
t14-125	木基层板防火涂料二遍(灯箱)	m^2	14.80	10.637	157.43	72.90	
1×t14-128	木基层板防火涂料每增加一遍(灯箱)	m^2	14.80	4.407	65.22	30.82	
t12-160	石膏板墙面(灯箱)	m^2	14.80	18.986	280.99	133.15	
t14-251	墙面刮腻子满刮二遍	m^2	14.80	11.871	175.69	116.51	
t15-48	不锈钢装饰线(角线)宽度≤75mm	m	24.00	22.941	550.58	117.55	8.52
t15-174	灯箱布灯箱、广告牌面层	m^2	10.00	17.742	177.42	125.78	
t12-123	墙饰面木龙骨基层(断面 7.5cm^2 中距 30cm)	m^2	21.81	58.390	1273.49	449.06	5.76
t14-123	双向木龙骨防火涂料二遍	m^2	21.81	17.746	387.04	236.72	
4×t14-126	双向木龙骨防火涂料每增加一遍	m^2	21.81	29.858	651.20	402.23	
t12-146	墙饰面细木工板基层	m^2	21.81	38.454	838.68	159.19	15.35
t14-125	木基层板防火涂料二遍	m^2	21.81	10.637	231.99	107.43	
1×t14-128	木基层板防火涂料每增加一遍	m^2	21.81	4.407	96.12	45.42	
t12-164	铝合金复合板墙面(胶合板基层上)	m^2	21.81	93.711	2043.84	587.14	
t8-90	门钢架钢架制作、安装	t	0.51	5654.650	2883.87	883.44	29.61
t8-92	门钢架基层　胶合板板厚 18mm	m^2	10.11	56.862	574.87	99.67	
t14-125	木基层板防火涂料二遍	m^2	10.11	10.637	107.54	49.80	
1×t14-128	木基层板防火涂料每增加一遍	m^2	10.11	4.407	44.55	21.05	
t8-94	门钢架面层　不锈钢饰面板	m^2	10.11	114.324	1155.82	166.97	
t8-64	固定玻璃安装	m^2	39.36	136.717	5381.18	938.28	
t12-123	墙饰面木龙骨基层(断面 7.5cm^2 中距 30cm)	m^2	16.82	58.390	982.12	346.32	4.45
t14-123	双向木龙骨防火涂料二遍	m^2	16.82	17.746	298.49	182.56	
t14-126	双向木龙骨防火涂料每增加一遍	m^2	16.82	29.858	502.21	310.20	

（续）

定额号	工程项目名称	单位	工程量	单价(元)	合价(元)	其中:(元)	
						定额人工费	定额机械费
外立面部分							
t12-146	墙饰面细木工板基层	m^2	16.82	38.454	646.80	122.77	11.83
t14-125	木基层板防火涂料二遍	m^2	16.82	10.637	178.91	82.85	
1×t14-128	木基层板防火涂料每增加一遍	m^2	16.82	4.407	74.13	35.03	
t12-152	不锈钢面板墙面	m^2	16.82	166.500	2800.53	613.89	
t8-61	全玻璃门扇安装　有框门扇	m^2	5.22	309.105	1613.53	280.29	
t8-142	高档门拉手	个	2.00	157.753	315.51	28.09	
小计				7401.89	29434.23	8427.60	102.66
室内装饰门部分							
t8-4	成品套装双扇木门安装	樘	2.00	1115.702	2231.40	121.54	
t8-4	成品套装双扇木门安装(带上亮木雕花)	樘	1.00	1115.702	1115.70	60.77	
t8-3	成品套装单扇木门安装(隐形门)	樘	1.00	895.228	895.23	41.38	
t8-103	木质成品门窗套(筒子板)	m^2	1.55	178.814	277.16	26.94	
小计				3305.446	4519.49	250.630	0.000
隔墙部分							
t12-139	墙饰面轻钢龙骨基层(中距竖603mm横1500mm内)	m^2	42.56	24.938	1061.36	324.60	
t12-177	岩棉墙面	m^2	42.56	32.842	1397.76	249.22	
t12-160×j4换	石膏板墙面	m^2	42.56	75.944	3232.18	1531.55	
小计				133.72	5691.30	2105.37	0.00

单元四　材料价差调整

材料价差调整表见表10-3。

表10-3　材料价差调整表

工程名称：机场贵宾室装饰工程

名　　称	单位	数量	定额价(元)	市场价(元)	价差(元)	价差合计(元)
型钢综合	t	0.18	2702.70	3722.30	1019.60	188.53
角钢50	t	0.55	2745.60	3679.02	933.42	513.38
香槟金不锈钢墙面	m^2	19.49	94.38	280.00	185.62	3617.73
不锈钢镜面板(8K板)δ1.0	m^2	11.12	77.22	108.21	30.99	344.61
高档门拉手	副	2.02	137.28	350.00	212.72	429.69

（续）

名　　称	单位	数量	定额价(元)	市场价(元)	价差(元)	价差合计(元)
不锈钢合页	个	14.00	11.15	25.00	13.85	193.90
地弹簧	套	2.39	111.54	280.00	168.46	402.62
米黄石材过门石	kg	0.12	0.60	300.00	299.40	35.93
32.5级水泥	t	0.02	188.76	268.35	79.59	1.59
砂子中粗砂	m^3	0.04	48.50	63.11	14.61	0.58
30mm×15mm胡桃木线条墙面	m^2	17.92	10.12	200.00	189.88	3402.65
40mm×20mm胡桃木线条墙面	m^2	4.40	10.12	220.00	209.88	923.47
胡桃木饰面	m^2	885.51	10.12	85.00	74.88	66306.99
胶合板δ5	m^2	13.87	9.73	9.95	0.22	3.05
细木工板	m^2	75.39	12.97	39.00	26.03	1962.40
胶合板δ9	m^2	7.53	12.97	12.55	-0.42	-3.16
细木工板	m^2	11.12	29.18	39.00	9.82	109.20
细木工板δ15	m^2	319.59	25.94	39.00	13.06	4173.85
10mm厚清玻璃	m^2	3.57	53.20	100.00	46.80	167.08
钢化玻璃δ12	m^2	48.77	84.08	110.00	25.92	1264.12
烤漆玻璃	m^2	6.06	47.19	220.00	172.81	1047.23
艺术玻璃	m^2	7.81	47.19	240.00	192.81	1505.85
10mm厚钢化磨砂玻璃	m^2	8.20	72.93	110.00	37.07	303.97
陶瓷地砖综合	m^2	2.27	37.75	75.00	37.25	84.56
地砖600mm×600mm	m^2	11.29	36.04	75.00	38.96	439.86
复合木地板	m^2	39.04	102.96	185.00	82.04	3202.84
化纤地毯	m^2	74.09	30.03	245.00	214.97	15927.13
米黄石材	m^2	5.59	88.37	300.00	211.63	1183.01
文化石	m^2	7.34	88.37	100.00	11.63	85.36
黑金沙石材	m^2	4.77	88.37	350.00	261.63	1247.98
米黄石材	m^2	1.32	88.37	300.00	211.63	279.35
黑金沙石材波打线	m^2	9.13	88.37	350.00	261.63	2388.68
金碧辉煌大理石拼花	m^2	5.22	377.52	210.00	-167.52	-874.45
800mm×800mm米黄石材	m^2	9.86	107.25	300.00	192.75	1900.52
800mm×800mm米黄石材	m^2	29.47	107.25	300.00	192.75	5680.34
啡网纹石材点缀	个	35.70	3.60	15.00	11.40	406.98
纸面石膏板	m^2	364.89	5.49	7.00	1.51	550.98
铝合金嵌入式方板	m^2	10.24	46.33	110.00	63.67	651.98
矿棉板	m^2	25.76	12.87	45.00	32.13	827.67
铝塑板	m^2	23.99	43.93	84.00	40.07	961.28
80mm×40mm灰色铝塑板饰面	m^2	19.01	43.93	120.00	76.07	1446.09

（续）

名　　称	单位	数量	定额价（元）	市场价（元）	价差（元）	价差合计（元）
壁纸	m^2	29.29	20.59	45.00	24.41	714.97
丝绒面料	m^2	5.15	25.74	45.00	19.26	99.19
皮革	m^2	9.91	25.74	180.00	154.26	1528.72
成品木雕花	m^2	1.64	729.30	850.00	120.70	197.95
雕花金漆	m^2	1.44	729.30	1000.00	270.70	389.81
胡桃木雕花	m^2	3.38	729.30	850.00	120.70	407.97
单扇套装平开实木门（隐形门）	樘	1.00	815.10	950.00	134.90	134.90
双扇套装平开实木门（带上亮　木雕花）	樘	1.00	986.70	3800.00	2813.30	2813.30
双扇套装平开实木门	樘	2.00	986.70	3200.00	2213.30	4426.60
木质门窗套	m^2	3.68	142.43	260.00	117.57	432.66
全玻有框门扇	m^2	5.22	184.47	650.00	465.53	2430.07
铝合金百叶窗	m^2	23.82	235.95	150.00	-85.95	-2047.33
30mm×20mm 胡桃木收口线	m	13.31	2.57	5.00	2.43	32.34
30mm×30mm 胡桃木线条	m	115.12	2.57	5.00	2.43	279.74
不锈钢角线 20mm×20mm×1.0mm	m	5.09	3.29	5.00	1.71	8.70
拉丝不锈钢框	m	25.44	12.35	15.00	2.65	67.42
不锈钢压条 65mm×15mm×2mm	m	16.41	13.17	15.00	1.83	30.03
苯丙乳胶漆内墙用	kg	75.50	6.61	25.00	18.39	1388.45
密度板	m^2	8.71	5.09	35.00	29.91	260.52
吸音板	m^2	9.77	23.17	200.00	176.83	1727.63
成品百叶	m^2	11.31	12.87	180.00	167.13	1890.24
电	kW·h	103.25	0.58	0.59	0.01	1.03
水	m^3	5.28	5.27	5.41	0.14	0.74
电	kW·h	1492.94	0.58	0.59	0.01	14.93
合计						140516.00

单元五　单位工程计价取费表

通用措施项目计价表见表 10-4，通用措施项目计价分析表见表 10-5，规费、税金项目计价表见表 10-6，单位工程取费表见表 10-7。

表 10-4　通用措施项目计价表

工程名称：机场贵宾室装饰工程

序号	项目编码	项目名称	计算基础	费率（%）	金额（元）
1		安全文明施工费	定额_人工费	7.5	5687.13
1.1		安全文明施工与环境保护费	定额_人工费	5.5	4170.56

（续）

序号	项目编码	项目名称	计算基础	费率(%)	金额(元)
1.2		临时设施费	定额_人工费	2	1516.57
2		雨季施工增加费	定额_人工费	0.5	379.14
3		已完工程及设备保护费	定额_人工费	0.8	606.63
4		工程定位复测费	定额_人工费	0.3	227.49
5		二次搬运费	定额_人工费	0.01	7.58
6		特殊地区施工增加费	I_JE		
7		夜间施工增加费	工日数	18	
8		白天在地下室等施工	工日数	6	
9		冬季施工人工机械降效	定额_人工费@冬季	15	
合计					7529.69

表 10-5　通用措施项目计价分析表

工程名称：机场贵宾室装饰工程

序号	编码	项目名称	单位	费率(%)	人工费	其他费	管理费	利润	合价(元)
1		安全文明施工费	%	7.5	1421.78	4265.35	284.356	227.48	6198.97
1.1		安全文明施工与环境保护费	%	5.5	1042.64	3127.92	208.528	166.82	4545.91
1.2		临时设施费	%	2	379.14	1137.43	75.828	60.66	1653.06
2		雨季施工增加费	%	0.5	94.79	284.35	18.958	15.17	413.27
3		已完工程及设备保护费	%	0.8	151.66	454.97	30.332	24.27	661.23
4		工程定位复测费	%	0.3	56.87	170.62	11.374	9.1	247.96
5		二次搬运费	%	0.01	1.9	5.68	0.38	0.3	8.26
6		特殊地区施工增加费	%						
7		夜间施工增加费	元/班	18					
8		白天在地下室等施工	元/班	6					
9		冬季施工人工机械降效	%	15					
合计									7529.69

表 10-6　规费、税金项目计价表

工程名称：机场贵宾室装饰工程

序号	项 目 名 称	计算基础	费率(%)	金额(元)
1	规费	按费用定额规定计算	21	16286.64
1.1	社会保险费	按费用定额规定计算	16.9	13106.87
1.1.1	基本医疗保险	人工费×费率	3.7	2869.55
1.1.2	工伤保险	人工费×费率	0.4	310.22
1.1.3	生育保险	人工费×费率	0.3	232.67
1.1.4	养老失业保险	人工费×费率	12.5	9694.43

（续）

序号	项 目 名 称	计算基础	费率(%)	金额(元)
1.2	住房公积金	人工费×费率	3.7	2869.55
1.3	水利建设基金	人工费×费率	0.4	310.22
1.4	环保税	按实计取	100	
2	税金	税前工程造价×税率	10	37953.56
合计				54240.20

表 10-7　单位工程取费表

工程名称：机场贵宾室装饰工程

序号	项目名称	计算公式或说明	费率(%)	金额
1	分部分项及措施项目	按规定计算		221851.43
1.1	其中:人工费	按规定计算		77555.41
1.2	其中:材料费	按规定计算		109143.88
1.3	其中:机械费	按规定计算		2051.26
1.4	其中:管理费	按规定计算		15511.06
1.5	其中:利润	按规定计算		12408.85
1.6	其中:其他	见通用措施项目表		5180.97
2	其他项目费	按费用定额规定计算		885.92
3	价差调整及主材	以下分项合计		140511.57
3.1	其中:单项材料调整	详见材料价差调整表		140511.57
3.2	其中:未计价主材费	定额未计价材料		
4	规费	按费用定额规定计算	21	16286.64
5	扣甲供材料	按规定计算		
6	税金	按费用定额规定计算	10	37953.56
7	工程造价	以上合计		417489.12

附录

关于发布呼市地区2018年第3期（5~6月份）建设工程造价信息的通知

各旗县区建设行政主管部门及有关单位：

为适应工程造价管理的需要，合理确定建设工程造价，根据中华人民共和国国家标准《建设工程工程量清单计价规范》（GB 50500—2013）和内蒙古自治区建设工程计价依据的贯彻实施，按照《内蒙古自治区建设工程造价管理办法》《内蒙古自治区建设工程工程量清单计价规范实施细则》的规定，结合呼市地区建筑市场材料、工程设备的价格变化情况，通过调查和测算，现将呼市市区、开发区管委会、土左旗、托克托县、和林格尔县、清水河县、武川县2018年第3期建设工程造价信息及有关规定发布如下：

一、材料价格信息是由呼市建设工程造价管理站根据建筑市场行情定期采集、测算并发布的材料、工程设备的预算价格，包括运杂费、运输损耗费、采购及保管费，施工现场指定存放地点的价格。材料采购及保管费统一按照2%计取（其中采购费率1.2%，保管费率0.8%）。

二、材料信息价按照材料除税价（不含税）价格、材料含税价格及材料（增值税）平均税率发布。材料（增值税）平均税率可参考《内蒙古自治区材料（增值税）平均税率表》。执行内蒙古自治区2009届建设工程计价依据计价的工程项目，按照自治区住建厅《关于建筑业营业税征改增值税调整内蒙古自治区现行计价依据实施方案》的规定计价；执行内蒙古自治区2017届建设工程计价依据计价的工程项目，采用一般纳税人计价的，税前工程造价中材料价格按除税价格计价，机械台班单价中燃料动力费按材料相应分类，亦应按材料除税价格计价；使用简易计税方法计价的，税前工程造价中材料价格按照材料含税价格计价，机械台班单价中燃料动力费按材料相应分类，也按材料含税价格计价，台班单价中折旧费、检修（大修）费、维护费、安拆及场外运输不再调整。

三、材料价格信息不列具体品牌，属于政府宏观调控的指导性价格，适用于呼和浩特市行政区域范围内建筑、装饰装修、安装、市政、园林绿化、维修养护工程。材料价格是国有资金投资项目编制招标控制价的依据之一，是物价变化调整价格的基础，是投标人进行投标报价的参考。

四、内蒙古自治区建设工程计价依据中的缺项，建设工程项目中新材料、新工艺、新做法，如果是一次性使用的，可由施工单位负责在施工过程中会同建设单位编制补充定额，整理相关资料上报呼市建设工程造价管理站，经施工现场实地测算并批复，报内蒙古自治区建设工程标准定额总站备案。

五、呼和浩特市建设工程造价管理站由自治区总站授权，负责对呼市行政区域内的建设工程的计价解释与争议调解工作，根据《关于颁发〈内蒙古自治区建设工程计价依据解释与造价纠纷调解暂行规定〉的通知》（内建造总［2017］08号）文件要求，争议双方可共同携带相关技术资料进行咨询。

六、预拌混凝土价格中已包括复合外加剂（含泵送剂、缓凝剂和减水剂），使用其他外加剂，根据实际添加情况另行计算。预拌混凝土使用汽车泵输送，每立方米混凝土可按28元调整价差。

七、已按照《关于对建筑施工用水按定额标准收取的批复》（呼发改价字［2009］80号）文件规定交纳水费的工程，可以调整80%的生产用水部分的差价，其余20%的生活用水价差不予调整。

八、根据《关于印发〈呼和浩特市建设工程竣工结算书备案管理办法〉的通知》（呼城

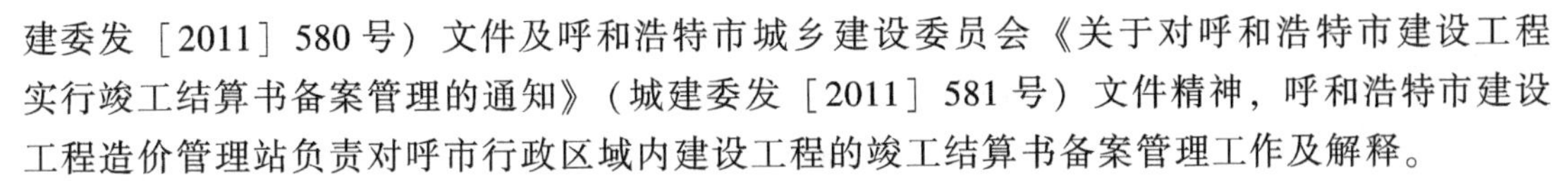
建委发［2011］580号）文件及呼和浩特市城乡建设委员会《关于对呼和浩特市建设工程实行竣工结算书备案管理的通知》（城建委发［2011］581号）文件精神，呼和浩特市建设工程造价管理站负责对呼市行政区域内建设工程的竣工结算书备案管理工作及解释。

九、使用2009届计价依据并未结算的工程项目继续执行相应年度的辅助材料、周转材料调整系数，使用2017届计价依据的工程项目辅助材料、周转材料价格不做调整。

十、因政策影响或其他特殊原因导致建筑市场材料价格产生较大波动时，波动期间材料价差可由发承包双方根据实际完成工作量约定调整方式。

十一、本文由呼和浩特市建设工程造价管理站负责解释。

附件：《关于调整建设工程材料增值税平均税率的通知》（内建标定总字［2018］03号）（呼和浩特市城建委网站 http：//cjw. hu-hhot. gov. cn/，公告通知栏目中查阅）

价格信息是经过调查、收集、分析、整理完成的，力求真实反映市场价格情况，此价格是从上月初至本月末期间的价格，包含市内运杂费、采购保管费（有特殊说明的除外）。

水、电、油类

附表：市区

材料名称	型号规格及特征	单位	含税价（元）	除税价（元）	平均税率（%）
电	不满1kV	度	0. 684	0. 590	16. 00
基建用水		m^3	5. 95	5. 41	10. 00
绿化用水		m^3	3. 00	2. 73	10. 00
汽油	92号	kg	10. 17	8. 80	15. 52
柴油	0号	kg	8. 38	7. 25	15. 52

土　建　类

附表：市区

材料名称	型号规格及特征	单位	含税价（元）	除税价（元）	平均税率（%）
一、钢材					
钢筋（Ⅰ级）	ϕ10mm以内	t	3980. 00	3445. 29	15. 52
钢筋（Ⅰ级）	ϕ10mm以上	t	4030. 00	3488. 57	15. 52
螺纹钢（Ⅲ级）	ϕ10mm以内	t	4080. 00	3531. 86	15. 52
螺纹钢（Ⅲ级）	ϕ10mm以上	t	4130. 00	3575. 14	15. 52
等边角钢	2. 0# ~6. 3#	t	4200. 00	3635. 73	15. 52
等边角钢	7. 5# ~11#	t	4250. 00	3679. 02	15. 52
等边角钢	12. 5# ~20#	t	4300. 00	3722. 30	15. 52
扁钢	综合	t	4300. 00	3722. 30	15. 52
槽钢	5# ~14#	t	4250. 00	3679. 02	15. 52
槽钢	16# ~28#	t	4300. 00	3722. 30	15. 52
工字钢	10# ~30#	t	4300. 00	3722. 30	15. 52
工字钢	32# ~63#	t	4350. 00	3765. 58	15. 52

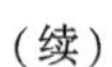

（续）

材料名称	型号规格及特征	单位	含税价（元）	除税价（元）	平均税率（%）
一、钢材					
热轧钢板	1～1.5mm	t	4450.00	3852.15	15.52
热轧钢板	2～4.5mm	t	4400.00	3808.86	15.52
热轧钢板	6～10mm	t	4300.00	3722.30	15.52
热轧钢板	12～20mm	t	4250.00	3679.02	15.52
热轧钢板	22～32mm	t	4300.00	3722.30	15.52
镀锌薄板	≤1mm	t	5050.00	4371.54	15.52
镀锌薄板	>1mm	t	5100.00	4414.82	15.52
花纹钢板	综合	t	4450.00	3852.15	15.52
冷轧钢板	1～1.5mm	t	4800.00	4155.12	15.52
冷轧钢板	2mm	t	4700.00	4068.56	15.52
焊接钢管	DN≤20	t	4500.00	3895.43	15.52
焊接钢管	DN25～DN80	t	4450.00	3852.15	15.52
焊接钢管	DN100～DN150	t	4400.00	3808.86	15.52
镀锌钢管	DN≤20	t	5300.00	4587.95	15.52
镀锌钢管	DN25～DN80	t	5250.00	4544.67	15.52
镀锌钢管	DN100～DN150	t	5250.00	4544.67	15.52
无缝钢管	ϕ≤57mm	t	5250.00	4544.67	15.52
无缝钢管	ϕ60～ϕ159mm	t	5150.00	4458.10	15.52
无缝钢管	ϕ>159mm	t	5100.00	4414.82	15.52
C 型钢		t	4500.00	3895.43	15.52
H 型钢		t	4650.00	4025.28	15.52
方钢管		t	4600.00	3981.99	15.52
冷拔低碳钢丝		t	4700.00	4068.56	15.52
二、水泥及地材					
普通硅酸盐水泥	42.5 级（袋装）	t	340.00	294.32	15.52
复合硅酸盐水泥	32.5 级（袋装）	t	310.00	268.35	15.52
白水泥	普通	t	350.00	302.98	15.52
生石灰		t	180.00	155.82	15.52
石灰膏		m^3	250.00	216.41	15.52
粉煤灰	土建	t	80.00	69.25	15.52
原子灰		kg	13.00	11.25	15.52
火山灰	800～1000kg/m^3	m^3	80.00	69.25	15.52
天然砂细砂		m^3	70.00	67.96	3.00
清水砂		m^3	75.00	72.82	3.00
中粗砂	普通	m^3	65.00	63.11	3.00

（续）

材料名称	型号规格及特征	单位	含税价（元）	除税价（元）	平均税率（%）
二、水泥及地材					
机制红砖	240mm×115mm×53mm	千块	500.00	432.83	15.52
多孔砖	240mm×115mm×90mm	千块	650.00	562.67	15.52
陶粒砌块	90#、115#、140#	m^3	190.00	164.47	15.52
陶粒砌块	190#、240#、290#	m^3	180.00	155.82	15.52
陶粒		m^3	130.00	112.53	15.52
加气混凝土砌块	600mm×240mm×190mm	m^3	215.00	186.11	15.52
砾石	5~40mm	m^3	65.00	63.11	3.00
砾石	60mm 以上	m^3	70.00	67.96	3.00
碎石	青石破碎	m^3	85.00	82.52	3.00
碎石	河卵石破碎	m^3	70.00	67.96	3.00
砂夹石		m^3	40.00	38.83	3.00
片石		m^3	115.00	111.65	3.00
聚苯乙烯泡沫板	容重 8kg/m^3	m^3	150.00	129.85	15.52
聚苯乙烯泡沫板	容重 10kg/m^3	m^3	170.00	147.16	15.52
聚苯乙烯泡沫板	容重 16kg/m^3	m^3	260.00	225.07	15.52
聚苯乙烯泡沫板	容重 18kg/m^3	m^3	310.00	268.35	15.52
聚苯乙烯泡沫板	容重 20kg/m^3	m^3	300.00	259.70	15.52
聚苯乙烯泡沫板	容重 25kg/m^3	m^3	400.00	346.26	15.52
挤塑板——阻燃 B2 级	容重 30kg/m^3（阻燃 B2 级）	m^3	500.00	432.83	15.52
珍珠岩		m^3	160.00	138.50	15.52
水泥珍珠岩块		m^3	160.00	138.50	15.52
水泥珍珠岩板		m^3	160.00	138.50	15.52
彩钢夹芯板	50mm	m^2	75.00	64.92	15.52
彩钢夹芯板	75mm	m^2	80.00	69.25	15.52
彩钢夹芯板	100mm	m^2	85.00	73.58	15.52
SBS 改性沥青防水卷材	聚酯胎Ⅰ3.0mm	m^2	37.00	32.03	15.52
	聚酯胎Ⅱ3.0mm	m^2	45.00	38.95	15.52
	聚酯胎Ⅰ4.0mm	m^2	40.00	34.63	15.52
	聚酯胎Ⅱ4.0mm	m^2	47.00	40.69	15.52
复合铜胎基 SBS 改性沥青防水卷材	复合铜胎基 4.0mm	m^2	70.00	60.60	15.52
	复合铜胎基 5.0mm	m^2	90.00	77.91	15.52
三、预拌混凝土（含运费）					
预拌混凝土	C10-20-4	m^3	250.00	242.72	3.00
预拌混凝土	C15-20-4	m^3	265.00	257.28	3.00
预拌混凝土	C20-20-4	m^3	280.00	271.84	3.00

（续）

材料名称	型号规格及特征	单位	含税价（元）	除税价（元）	平均税率（%）
三、预拌混凝土（含运费）					
预拌混凝土	C25-20-4	m^3	295.00	286.41	3.00
预拌混凝土	C30-20-4	m^3	310.00	300.97	3.00
预拌混凝土	C35-20-4	m^3	330.00	320.39	3.00
预拌混凝土	C40-20-4	m^3	350.00	339.81	3.00
预拌混凝土	C45-20-4	m^3	370.00	359.22	3.00
预拌混凝土	C50-20-4	m^3	390.00	378.64	3.00
预拌混凝土	C55-20-4	m^3	410.00	398.06	3.00
预拌混凝土	C60-20-4	m^3	430.00	417.48	3.00
注：预拌混凝土中抗渗剂每立方米增加30元，细石每立方米增加15元。					

装　饰　类

附表：市区

材料名称	型号规格及特征	单位	含税价（元）	除税价（元）	平均税率（%）
一、门窗、玻璃					
铝合金窗	固定含玻璃及安装	m^2	145.00	125.52	15.52
铝合金窗	推拉70系列、含玻璃及安装	m^2	150.00	129.85	15.52
铝合金窗	推拉73系列、含玻璃及安装	m^2	150.00	129.85	15.52
铝合金窗	推拉76系列、含玻璃及安装	m^2	150.00	129.85	15.52
铝合金窗	推拉90系列、含玻璃及安装	m^2	165.00	142.83	15.52
铝合金窗	平开65系列、含玻璃及安装	m^2	170.00	147.16	15.52
铝合金窗	平开70系列、含玻璃及安装	m^2	175.00	151.49	15.52
铝合金窗	平开90系列、含玻璃及安装	m^2	190.00	164.47	15.52
铝合金窗	固定含中空玻璃及安装	m^2	220.00	190.44	15.52
铝合金窗	推拉70系列、含中空玻璃安装	m^2	205.00	177.46	15.52
铝合金窗	推拉73系列、含中玻璃及安装	m^2	230.00	199.10	15.52
铝合金窗	推拉76系列、含中玻璃及安装	m^2	245.00	212.08	15.52
铝合金窗	推拉90系列、含中玻璃及安装	m^2	250.00	216.41	15.52
铝合金窗	平开65系列、含中玻璃及安装	m^2	240.00	207.76	15.52
断桥铝合金窗	平开65系列、含中玻璃及安装	m^2	500.00	432.83	15.52
断桥铝合金窗	平开60系列、含中玻璃及安装	m^2	460.00	398.20	15.52
断桥铝合金窗	平开55系列、含中玻璃及安装	m^2	425.00	367.90	15.52
铝合金纱扇窗		m^2	100.00	86.57	15.52
铝合金门	平开46系列、含玻璃及安装	m^2	300.00	259.70	15.52
铝合金门	平开101系列、含玻璃安装	m^2	350.00	302.98	15.52
铝合金门	自由70系列、含玻璃及安装	m^2	310.00	268.35	15.52
铝合金门	推拉70系列、含玻璃及安装	m^2	280.00	242.38	15.52

（续）

材料名称	型号规格及特征	单位	含税价(元)	除税价(元)	平均税率(%)
一、门窗、玻璃					
断桥铝合金门	平开 101 系列、含玻璃安装	m^2	760.00	657.89	15.52
断桥铝合金门	自由 70 系列、含玻璃安装	m^2	880.00	761.77	15.52
铝合金隔断	70 系列、含玻璃及安装	m^2	260.00	225.07	15.52
双玻嵌百页铝合金隔断		m^2	450.00	389.54	15.52
彩板窗	平开 46 系列、含中空玻璃及安装	m^2	270.00	233.73	15.52
彩板门	平开 46 系列、含玻璃及安装	m^2	300.00	259.70	15.52
彩板门	推拉 46 系列、含玻璃及安装	m^2	285.00	246.71	15.52
塑钢窗	平开 60 系列、含中空玻璃及安装	m^2	220.00	190.44	15.52
塑钢窗	推拉 60 系列、含中空玻璃及安装	m^2	205.00	177.46	15.52
塑钢门	平开 60 系列、含玻璃及安装	m^2	300.00	259.70	15.52
浮法玻璃	4mm	m^2	20.00	17.31	15.52
浮法玻璃	5mm	m^2	25.00	21.64	15.52
浮法玻璃	6mm	m^2	30.00	25.97	15.52
浮法玻璃	8mm	m^2	45.00	38.95	15.52
浮法玻璃	10mm	m^2	55.00	47.61	15.52
浮法玻璃	12mm	m^2	60.00	51.94	15.52
银镜	5mm	m^2	75.00	64.92	15.52
茶色玻璃	6mm	m^2	42.00	36.36	15.52
茶色玻璃	8mm	m^2	45.00	38.95	15.52
茶色玻璃	10mm	m^2	65.00	56.27	15.52
钢化玻璃	6mm	m^2	60.00	51.94	15.52
钢化玻璃	8mm	m^2	85.00	73.58	15.52
钢化玻璃	10mm	m^2	105.00	90.89	15.52
钢化玻璃	12mm	m^2	125.00	108.21	15.52
钢化玻璃	15mm	m^2	145.00	125.52	15.52
夹层玻璃	4mm+0.38mm+4mm	m^2	110.00	95.22	15.52
夹层玻璃	4mm+0.76mm+4mm	m^2	120.00	103.88	15.52
夹层玻璃	5mm+0.38mm+5mm	m^2	135.00	116.86	15.52
夹层玻璃	5mm+0.76mm+5mm	m^2	145.00	125.52	15.52
中空玻璃	5mm+9Amm+5mm	m^2	105.00	90.89	15.52
中空玻璃	5mm+12Amm+5mm	m^2	110.00	95.22	15.52
中空玻璃	6mm+9Amm+6mm	m^2	125.00	108.21	15.52
中空玻璃	6mm+12Amm+6mm	m^2	130.00	112.53	15.52
中空玻璃	8mm+12Amm+8mm	m^2	155.00	134.18	15.52
中空玻璃	10mm+12Amm+10mm	m^2	205.00	177.46	15.52

（续）

材料名称	型号规格及特征	单位	含税价(元)	除税价(元)	平均税率(%)
一、门窗、玻璃					
中空玻璃	12mm+12Amm+12mm	m^2	260.00	225.07	15.52
中空钢化玻璃	5Tmm+9Amm+5Tmm	m^2	165.00	142.83	15.52
中空钢化玻璃	5Tmm+12Amm+5Tmm	m^2	170.00	147.16	15.52
中空钢化玻璃	6Tmm+9Amm+6Tmm	m^2	190.00	164.47	15.52
中空钢化玻璃	6Tmm+12Amm+6Tmm	m^2	195.00	168.80	15.52
中空钢化玻璃	8Tmm+12Amm+8Tmm	m^2	260.00	225.07	15.52
中空钢化玻璃	10Tmm+12Amm+10Tmm	m^2	315.00	272.68	15.52
中空钢化玻璃	12Tmm+12Amm+12Tmm	m^2	375.00	324.62	15.52
钢化夹胶玻璃	6Tmm+0.76PVBmm+6Tmm	m^2	205.00	177.46	15.52
钢化夹胶玻璃	6Tmm+1.14PVBmm+6Tmm	m^2	235.00	203.43	15.52
钢化夹胶玻璃	8Tmm+1.14PVBmm+8Tmm	m^2	290.00	251.04	15.52
钢化夹胶玻璃	8Tmm+1.52PVBmm+8Tmm	m^2	340.00	294.32	15.52
钢化夹胶玻璃	10Tmm+1.52PVBmm+10Tmm	m^2	395.00	341.93	15.52
钢化夹胶玻璃	12Tmm+1.52PVBmm+12Tmm	m^2	455.00	393.87	15.52
二、石材、地砖、墙砖					
装饰金属马赛克		m^2	320.00	277.01	15.52
玻璃马赛克		m^2	240.00	207.76	15.52
墙面瓷砖	240mm×60mm	m^2	40.00	34.63	15.52
墙面瓷砖	300mm×450mm	m^2	60.00	51.94	15.52
墙面瓷砖	300mm×600mm	m^2	80.00	69.25	15.52
陶瓷地面砖	300mm×300mm	m^2	45.00	38.95	15.52
陶瓷地面砖	600mm×600mm	m^2	60.00	51.94	15.52
陶瓷地面砖	800mm×800mm	m^2	90.00	77.91	15.52
陶瓷地面砖	1000mm×1000mm	m^2	130.00	112.53	15.52
陶瓷地面砖	1200mm×1200mm	m^2	200.00	173.13	15.52
芝麻白花岗岩	600mm×600mm×20mm	m^2	75.00	64.92	15.52
泉州白花岗岩	600mm×600mm×20mm	m^2	95.00	82.24	15.52
承德绿花岗岩	600mm×600mm×20mm	m^2	150.00	129.85	15.52
浪花白花岗岩	600mm×600mm×20mm	m^2	105.00	90.89	15.52
万年青花岗岩	600mm×600mm×20mm	m^2	150.00	129.85	15.52
中国红花岗岩	600mm×600mm×20mm	m^2	120.00	103.88	15.52
中国黑花岗岩	600mm×600mm×20mm	m^2	110.00	95.22	15.52
丰镇黑花岗岩	600mm×600mm×20mm	m^2	120.00	103.88	15.52
蒙古黑花岗岩	600mm×600mm×20mm	m^2	90.00	77.91	15.52
珍珠花花岗岩	600mm×600mm×20mm	m^2	80.00	69.25	15.52

（续）

材料名称	型号规格及特征	单位	含税价(元)	除税价(元)	平均税率(%)
二、石材、地砖、墙砖					
黑白花花岗岩	600mm×600mm×20mm	m^2	120.00	103.88	15.52
白麻花岗岩	600mm×600mm×20mm	m^2	130.00	112.53	15.52
爵士白花岗岩	600mm×600mm×20mm	m^2	270.00	233.73	15.52
中华白花岗岩	600mm×600mm×20mm	m^2	320.00	277.01	15.52
大华白花岗岩	600mm×600mm×20mm	m^2	360.00	311.63	15.52
大白花花岗岩	600mm×600mm×20mm	m^2	110.00	95.22	15.52
金碧辉煌大理石	600mm×600mm×20mm	m^2	240.00	207.76	15.52
金线米黄大理石	600mm×600mm×20mm	m^2	260.00	225.07	15.52
埃及米黄大理石	600mm×600mm×20mm	m^2	310.00	268.35	15.52
莎安娜米黄大理石	600mm×600mm×20mm	m^2	700.00	605.96	15.52
大花绿大理石	600mm×600mm×20mm	m^2	305.00	264.02	15.52
啡网大理石	600mm×600mm×20mm	m^2	280.00	242.38	15.52
黑金砂大理石	600mm×600mm×20mm	m^2	390.00	337.60	15.52
印度红大理石	600mm×600mm×20mm	m^2	360.00	311.63	15.52
台湾红大理石	600mm×600mm×20mm	m^2	150.00	129.85	15.52
紫罗红大理石	600mm×600mm×20mm	m^2	340.00	294.32	15.52
汉白玉	600mm×600mm×20mm	m^2	430.00	372.23	15.52
三、木材、装饰板材、龙骨					
原木		m^3	1100.00	952.22	15.52
樟松板材		m^3	1700.00	1471.61	15.52
木方		m^3	1800.00	1558.17	15.52
胶合板	1220mm×2440mm×3mm	m^2	8.50	7.36	15.52
胶合板	1220mm×2440mm×5mm	m^2	11.50	9.95	15.52
胶合板	1220mm×2440mm×9mm	m^2	14.50	12.55	15.52
胶合板	1220mm×2440mm×12mm	m^2	19.50	16.88	15.52
胶合板	1220mm×2440mm×15mm	m^2	25.50	22.07	15.52
胶合板	1220mm×2440mm×18mm	m^2	29.00	25.10	15.52
密度板	1220mm×2440mm×9mm	m^2	12.00	10.39	15.52
密度板	1220mm×2440mm×12mm	m^2	19.00	16.45	15.52
密度板	1220mm×2440mm×15mm	m^2	21.00	18.18	15.52
细木工板	1220mm×2440mm×15mm	m^2	30.00	25.97	15.52
细木工板	1220mm×2440mm×18mm	m^2	35.00	30.30	15.52
铝塑板(室内)	1220mm×2440mm×3mm	m^2	45.00	38.95	15.52
铝塑板(室内)	1220mm×2440mm×4mm	m^2	78.00	67.52	15.52
铝塑板(室外)	1220mm×2440mm×3mm	m^2	54.00	46.75	15.52

（续）

材料名称	型号规格及特征	单位	含税价(元)	除税价(元)	平均税率(%)
三、木材、装饰板材、龙骨					
铝塑板(室外)	1220mm×2440mm×4mm	m^2	97.00	83.97	15.52
阳光板		m^2	95.00	82.24	15.52
亚克力板	1800mm×1200mm×3mm	m^2	70.00	60.60	15.52
拉丝不锈钢板	0.8mm	m^2	100.00	86.57	15.52
拉丝不锈钢板	1.0mm	m^2	110.00	95.22	15.52
拉丝不锈钢板	1.2mm	m^2	125.00	108.21	15.52
矿棉吸音板		m^2	24.00	20.78	15.52
石膏吸音板		m^2	45.00	38.95	15.52
纸面吸音板	3000mm×1200mm×9.5mm	m^2	8.00	6.93	15.52
纸面吸音板	3000mm×1200mm×12mm	m^2	11.00	9.52	15.52
防水石膏板		m^2	25.00	21.64	15.52
软膜天花	含骨架及安装费	m^2	180.00	155.82	15.52
奥松板	3mm	m^2	10.00	8.66	15.52
奥松板	5mm	m^2	13.00	11.25	15.52
奥松板	9mm	m^2	21.00	18.18	15.52
奥松板	12mm	m^2	25.00	21.64	15.52
奥松板	15mm	m^2	32.00	27.70	15.52
奥松板	18mm	m^2	40.00	34.63	15.52
水泥板	1220mm×2440mm×6mm	m^2	10.00	8.66	15.52
水泥板	1220mm×2440mm×8mm	m^2	14.00	12.12	15.52
水泥板	1220mm×2440mm×10mm	m^2	21.00	18.18	15.52
水泥板	1220mm×2440mm×12mm	m^2	23.00	19.91	15.52
铝单板	2.5mm(氟碳喷涂)	m^2	230.00	199.10	15.52
木挂板		m^2	240.00	207.76	15.52
木制吸音板		m^2	230.00	199.10	15.52
轻钢龙骨	不上人型、平面、300mm×300mm	m^2	31.00	26.84	15.52
轻钢龙骨	不上人型、跌级、300mm×300mm	m^2	35.00	30.30	15.52
轻钢龙骨	不上人型、平面、450mm×450mm	m^2	24.00	20.78	15.52
轻钢龙骨	不上人型、跌级、450mm×450mm	m^2	27.00	23.37	15.52
轻钢龙骨	不上人型、平面、600mm×600mm	m^2	21.00	18.18	15.52
轻钢龙骨	不上人型、跌级、600mm×600mm	m^2	24.20	20.95	15.52
轻钢龙骨	不上人型、平面、600mm×600mm 以上	m^2	18.50	16.01	15.52
轻钢龙骨	不上人型、跌级、600mm×600mm 以上	m^2	23.40	20.26	15.52
轻钢龙骨	上人型、平面、300mm×300mm	m^2	32.60	28.22	15.52
轻钢龙骨	上人型、跌级、300mm×300mm	m^2	36.50	31.60	15.52

（续）

材料名称	型号规格及特征	单位	含税价(元)	除税价(元)	平均税率(%)
三、木材、装饰板材、龙骨					
轻钢龙骨	上人型、平面、450mm×450mm	m^2	25.50	22.07	15.52
轻钢龙骨	上人型、跌级、450mm×450mm	m^2	28.60	24.76	15.52
轻钢龙骨	上人型、平面、600mm×600mm	m^2	22.60	19.56	15.52
轻钢龙骨	上人型、跌级、600mm×600mm	m^2	25.50	22.07	15.52
轻钢龙骨	上人型、平面、600mm×600mm 以上	m^2	19.80	17.14	15.52
轻钢龙骨	上人型、平面、600mm×600mm 以上	m^2	24.60	21.30	15.52
烤漆铝合金T形龙骨	600mm×600mm	m^2	25.00	21.64	15.52

参考文献

［1］ 内蒙古自治区建设工程标准定额总站. 内蒙古自治区房屋建筑与装饰工程预算定额：DNM3-101—2017［S］. 北京：中国建材工业出版社，2018.

［2］ 内蒙古自治区建设工程标准定额总站. 内蒙古自治区建设工程费用定额：DNM3-200—2017［S］. 北京：中国建材工业出版社，2018.

［3］ 内蒙古自治区建设工程标准定额总站. 内蒙古自治区施工机械台班费用定额：DNM0-10001-2017［S］. 北京：中国建材工业出版社，2018.

［4］ 内蒙古自治区建设工程标准定额总站. 内蒙古自治区混凝土及砂浆配合比价格：DNM0-10003—2017［S］. 北京：中国建材工业出版社，2018.

［5］ 住房和城乡建设部标准定额研究所. 建筑工程建筑面积计算规范：GB/T 50353—2013［S］. 北京：中国计划出版社，2013.

［6］ 住房和城乡建设部标准定额研究所. 建设工程工程量清单计价规范：GB 50500—2013［S］. 北京：中国计划出版社，2013.

［7］ 四川省建设工程造价管理总站，住房和城乡建设部标准定额研究所. 房屋建筑与装饰工程工程量计算规范：GB 50854—2013［S］. 北京：中国计划出版社，2013.